건설기계공학개론

이동인·이철희·이대엽·이승배 공저

INTRODUCTION TO
CONSTRUCTION MACHINERY
ENGINEERING

YAS MEDIA 야스미디어

건설기계공학개론

Introduction to Construction Machinery Engineering

펴 낸 날   2019년 2월 28일 1판 1쇄

저   자   이동인 · 이철희 · 이대엽 · 이승배(공저)
펴 낸 이   허복만
펴 낸 곳   야스미디어

편 집 기 획   나 인 북
표지디자인   나 인 북
등 록 번 호   제10-2569호

주   소   서울 영등포구 양산로 193 남양빌딩 310호
전   화   02-3143-6651
팩   스   02-3143-6652
이 메 일   yasmedia@hanmail.net
I S B N   978-89-91105-71-3 (93550)

정가 22,000원

머리말

건설기계산업은 소재, 부품에서부터 완성품에 이르기까지 기계산업 전반의 기술이 종합적으로 요구되는 기술 집약적 산업이며, 중장기적인 기술개발이 요구되는 분야이다. 최근에는 저소음, 저연비, 하이브리드 등 친환경·고효율 기술과 사용자의 안전을 중시하는 기술의 융·복합을 통하여 차세대 친환경 시스템의 형태로 변모하고 있다.

우리나라는 세계 건설기계 생산 5위 국가이며, 건설기계는 국가의 주력 기간산업 이지만, 관련 분야의 전문 기술 인력의 육성이 미흡하고, 대학 등에서의 기술교육 시스템이 거의 전무한 상황이다. 최근 정부에서는 이러한 산업 현실의 극복을 위하여 건설기계 R&D 전문인력 양성사업이 시행되어, 인하대학교 대학원에서는 2015년부터 건설기계공학과가 신설되었고, 저자들은 건설기계공학개론 과목을 신설하고 관련 공학교육을 실시하고 있다.

그리고 금번 지난 4년간 실시하여 온 건설기계 관련 강의를 토대로 건설기계공학개론 도서를 집필하게 되었다. 현재 국내에는 건설기계 분야의 공학도서로는 대부분 국가 기사 및 기능사 수험도서 중심이고, 공학적 이론 및 기술이 체계화된 도서가 없어서, 저자들은 대학교에서 교재로 활용 가능하도록 계획하였다.

본서에서는 건설기계 산업의 현황을 이해하고, 건설기계의 핵심 기술인 디젤엔진과 동력전달장치, 유압 및 센서 제어 등에 대하여 학습하며, 이를 바탕으로 현재 우리나라의 주요 장비인 굴삭기, 로더, 지게차의 구조 및 작동에 대하여 공부하고, 향후 미래 건설장비 기술에 대하여 살펴봄으로써, 건설기계의 공학적 지식을 습득할 수 있도록 하고자 하였다.

또한 건설기계와 산업적, 기술적 특성이 유사한 농업기계에 대하여도 산업현황 및 국내의 주력 생산제품인 농업용 트랙터를 중심으로 함께 다루었다.

끝으로, 본서의 출간에 도움을 주신 인하대학교, 한국산업기술진흥원 및 산업자원통상부의 관계자 모든 분들께 진심으로 감사를 드린다.

2019년 2월
저자 일동

■ 머리말

차 례

제 5 부   신기술 및 장래 건설기계 기술

차 례

건설기계 개요

Introduction to Construction Machinery Engineering

제 1 장 | 건설기계 개요

1.1 개요

본서에서는 건설기계와 같이 동력을 이용하여 각종 건설, 토목공사를 비롯하여 다양한 작업을 수행하는 기계 및 장비를 총칭하는 건설기계를 공학적으로 이해하고 학습하기 위한 교재이다.

국내에서는 건설기계의 명칭은 1966년 중기관리법에 의하여 중기(重機, Heavy Machinery)로 불리어지기 시작하였고, 이후 건설현장의 소형, 중형 및 대형의 모든 장비를 아우르는 의미에서 중장비(重裝備, Heavy Equipment) 라는 용어가 사용되고, 건설장비와 함께 건설용 트럭 및 공압기, 발전기 등의 소형 기계 등을 총칭하게 되었다. 1994년 국내 법규가 건설기계관리법으로 변경되어 건설기계(建設機械, Constrution Machinery)라는 용어가 공식적으로 자리잡게 되어, 이후 건설 관련 모든 기계 장비를 총칭하게 되었다.

건설기계와 함께 농업기계, 산업차량 등은 공학적, 기술적으로 그 구조 및 특성이 유사하며, ISO(International Organization for Standardization, 국제표준화기구)에서는 이와 같은 기계장비를 Earthmoving Machinery로 규정하고 있다. 건설기계를 포함하여 Earthmoving Machinery의 특징은 자동차와 같이 동력체와 주행체를 가지고 있어, 스스로 주행하는 기능을 갖추면서, 작업장치를 부착하여, 필요한 각종 작업을 수행하는 점이다. 따라서 기술적으로 자동차와 구조 작동 등에서 공통적인 요소가 많아서, 비도로용 (NRMM, Nonroad Mobile Machinery) 차량으로 규정하여, 배출가스 규정 등에 적용되고 있다.

3

1.2 건설기계 역사

인간은 고대로부터 도구를 사용하여 각종 작업을 할 수 있었고, 수천년 전 부터 이집트의 피라밋, 중국의 만리장성 등 수많은 세계의 고대 유적지는 상당한 수준의 기술과 도구가 사용되었음을 증명하여 주고 있다. 고대 건설공사에서는 힘을 증폭시키거나 전달하는 가장 대표적이면서 기본적인 도구인 지렛대, 도르래, 구름 장치와 밧줄 등이 이용되었고, 사람이나 우마가 끄는 물건을 나르는 운반차, 흙을 모으거나 고르는 장치가 이용되었다. 대규모 건설공사에서는 많은 인력이 동원되어야 했고, 높은 곳으로 중량물을 올려야 하는 경우는 먼저 주위에 흙을 쌓아 사면을 만들고 구름 장치와 인력과 가축의 힘을 이용하여 밧줄로 끄는 등의 수단이 사용되어졌으며 대부분 노동력에 의존하였던 것으로 추측되고, 공사기간의 장기화 그리고 때로는 생명의 희생까지 동반되었다.

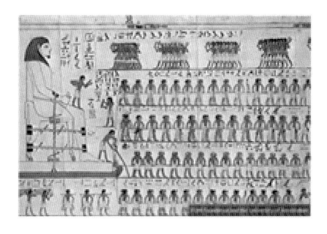

<그림 1-1> **피라밋 공사 모습**

중세에도 대규모 공사를 보다 정밀하게 단기간에 진행시키기 위한 수많은 노력이 지속되어 왔으며, 14세기 이탈리아에서 시작된 르네상스와 함께 과학기술도 부흥 발전하여 건설에 사용되는 기기들이 많이 개발되었고 16세기 후반에는 거대한 크레인을 사용한 대규모 공사도 진행되었다. 그림 1-2는 바티칸의 성베드로 성당 앞으로 오벨리스크를 이동시키는 1586년 당시의 기중기 공사의 모습을 보여주고 있다. 800명의 작업자, 140필의 말과 40개의 기중기가 사용되었고, 총 380마력의 동력이 사용된 것으로 추정되며, 옆으로 눕힌 후 약 240m 이동 후 다시 세우는 대공사였다.

<그림 1-2> 1586년 오벨리스크 이동공사 모습

(출처: www.romeartlover.it/Obelisks.html)

　17세기 이전에는 소나 말 등의 가축은 각종 공사용으로는 제한적으로 사용되었고, 그 이유는 가축의 사료를 포함한 총 비용이 사람의 노동력보다 비쌌기 때문이었다. 그러나 18세기에 이르러서 인건비의 급증으로 말 등의 활용이 증가되기 시작하여, 말을 활용한 각종 건설기계 및 산업장비가 개발되었으며, 이와 함께 증기를 활용한 새로운 동력원 개발도 적극적으로 시도되었다. 1705년 영국에서 Newcomen에 의하여 증기동력을 활용한 양수펌프가 개발되었고, 이 양수펌프를 개량하던 과정에서, 1767년 제임스와트가 증기기관을 발명하였다. 이후, 각종 산업 장비 및 도구 등에 증기 동력이 도입 적용되고, 기계화가 가속되면서, 동력원을 사용하는 각종 산업기계 및 건설기계가 개발되어 산업혁명에 큰 역할을 담당하게 되었다.

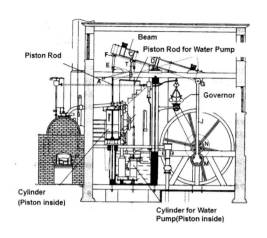

<그림 1-3> 제임스와트의 회전식 고압증기기관 개념도

19세기 후반 증기기관을 이용한 Steam Tractor, Steam Shovel, Steam Roller 등이 개발되었고, 1876년 오토의 가솔린엔진 발명과 1893년 디젤에 의한 디젤엔진의 발명으로, 고성능 고효율의 동력원이 공급되기 시작하였고, 또한 지렛대나 도르래, 구름장치, 밧줄 등의 기계식 동력전달장치를 대신한 고출력의 유압식 동력전달장치가 개발되면서, 건설기계도 급속도로 발달하였고, 20세기 중반에는 Tractor, Dozer, Motor Grader 등이 개발되었다. 이어서 오늘날의 굴삭기, 로더, 크레인 등과 같은 건설기계가 개발 보급되면서, 건설 공사에서 주요한 도구로 자리 잡게 되었고, 사회 기반시설의 확충을 위한 도로, 항만, 철도, 공항, 댐, 대규모의 주택공사 등의 건설 수요의 성장과 함께 기술적인 발전을 거듭하여 지금과 같은 고도의 제어장치를 갖춘 현대식 건설기계로 개발 발전되었다.

<그림 1-4> 건설기계 기본 시스템

건설기계는 그림1-4에서 볼 수 있듯이 동력체, 주행체 및 작업부의 3개 시스템으로 이루어져 있으며, 이 3개 주요 시스템의 발달 과정을 통하여 건설기계의 역사를 효과적으로 살펴

볼 수 있을 것이다.

동력체는 앞서 언급한 바와 같이 제임스와트가 증기기관을 발명한 이후 1858년 Clayton & Shuttleworth사가 Portable Steam Engine을 이용하여 Steam Tractor를 개발 양산하였다. Steam Tractor는 Road Roller의 견인, Combine Harvester 등에 사용되면서 미국 및 영국에서 급속도로 보급되었다. 1920년대 중반까지 증기기관이 주로 사용 되어왔으나, 내연기관이 개발된 이후에는 증기기관은 대부분 자취를 감추었고, 오늘날에는 건설기계 및 산업용 장비 등의 동력원으로 고효율의 디젤엔진이 가장 폭넓게 사용되고 있다.

<그림 1-5> Portable Steam Engine 모습

(19세기중반, 주로 농업용 트랙터등에 사용됨. 출처: wikipedia)

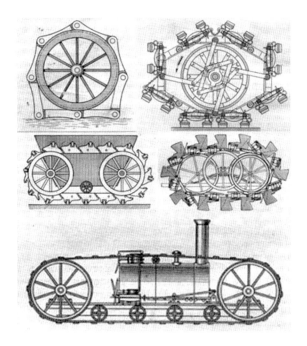

<그림 1-6> 19세기의 무한궤도 특허

최근에는 환경공해 등의 이슈로, 농업기계 및 건설기계 분야에도 천연가스 및 바이오디젤 등 친환경 엔진이 적용되기 시작하고 있다. 또한 자동차 분야와 마찬가지로 친환경 건설장비의 개발도 시도되고 있으며, 굴삭기 및 지게차를 중심으로 하이브리드 건설장비, 전기식 건설기계 및 연료전지 기술을 적용시킨 장비 개발도 다양하게 시도되고 있다.

건설기계의 주행체는 무한궤도형(Crawler Type)과 자동차와 같은 차륜형(Wheel Type)으로 구분되며, 무한궤도의 발달은 건설기계의 발달 역사와 함께 하고 있다. 무한궤도의 명칭은 영어로는 continuous track, crawler 및 caterpillar 등으로 불리어 진다. 특히 19세기에 이르기까지 지반이 약하고 도로 포장 등이 미비하여 작업장비의 주행 이동이 어려워서, 많은 사람에 의하여 Crawler의 개발이 시작되었다. 무한궤도의 개념은 1770년 Richard Lovell Edgeworth에 의하여 고안되었고, 이후 많은 연구자들에 의하여 다양한 특허가 출원되었다(그림 1-6). 1825년에는 영국의 G. Cayley가 보다 현실적인 트랙을 제안하였고, 1877년에는 러시아의 F. Blinov가 말이 끄는 마차의 무한궤도를 고안하게 되었다(그림 1-7). 1896년에는 증기기관이 장착된 트랙터로 까지 발전 개발되었지만, 당시의 재료기술 수준 등의 이유로 실용화 보급은 극히 제한적일 수 밖에 없었다.

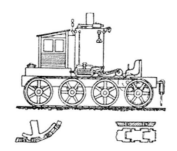

<그림 1-7> Blinov의 무한궤도식 Steam Tractor(출처: wikipedia)

<그림 1-8> Hornby사의 Steam Tractor(1908년, 출처: wikipedia)

1901년 미국의 A.O Lombard가 실용적인 Crawler를 개발하여, 목재 운반용 Crawler Tractor 및 기차 등에 적용하기 시작하였고, 현재의 Caterpillar 사의 전신인 Holt 사도 비슷한 시기에 실용적인 Crawler를 개발하였으나, 당시는 선회기구가 없고, 조향용 전륜이 별도 장착된 구조로 설계되어, 주로 농업용 Tractor로 보급되었다. 나중에는 트랙터 앞에 Blade를 달아서 농경 및 토지 정지작업 등에 활용하였는데, 이것이 오늘의 불도저 (Bull-Dozer)의 시초가 되었다.

영국에서는 Hornby 사가 Crawler를 자체 개발하여 증기기관식 Tractor에 장착시켰고 (그림 1-8), 지속적으로 트랙터를 개량하여 1913년에는 조향용 전륜이 필요없는 현대적인 설계를 완성하였으며, 세계 제1차 대전이 시작된 1916년에는 영국군의 세계 최초의 전차 Mark-I에 장착되었다(그림 1-9).

<그림 1-9> 영국군의 세계최초의 전차 Mark 1(1916년)

(출처: http://www.tanks-encyclopedia.com)

이후 Holt 사와 Lombard, Hornby 등 사이에서 관련 기술특허 분쟁이 있었고, 최종적으로 Holt사가 무한궤도 관련 특허를 매입하여, 이름을 Caterpillar로 부르기 시작하였다. (영국 군인이 이 트랙을 보고 애벌레가 기어가는 모습과 같다고 하여 무한궤도가 "caterpillar"로 불리어지기 시작하였다.) Holt는 1925년 이 이름을 사용하여 Caterpillar Tractor Company를 설립하였고, 오늘의 캐터필러가 되었다(Caterpillar, CAT). CAT 사는 1931년에 디젤엔진을 장착시킨 Tractor를 출시하였고, 이후 디젤엔진이 건설기계의 주력 동력원으로 자리잡게 되었다(그림 1-10).

<그림 1-10> 캐터필라사의 최초의 디젤 트랙터 모델 Sixty(1931)

(출처: 캐터필러 홈페이지)

동력체 및 주행체와 함께 작업장치의 발달 또한 건설기계와 역사를 함께 하였다.

19세기에는 주로 Tractor, Roller 등이 땅을 경작하거나 도로 포장용 기계가 주축을 이루어 왔으며, 땅을 굴착하고 퍼서 나르는 Power Shovel(굴삭기인 Excavator의 초기 장비) 도 개발 되기 시작하였다. 1836년 William Otis에 의해서 개발된 Otis Shovel은 본체가 나무로 이루어졌고, 나무를 태우는 보일러를 이용하여, 증기의 힘으로 작업장치를 위/아래로 움직이게 하고, 궤도 위를 이동하도록 제작되었다. 처음에는 작업부를 회전(Swing)시킬 수 없었으나, 1884년 영국에서 오늘날과 같이 자유로이 회전 가능한 Full swing shovel이 개발되었다.

유압기술을 적용한 굴삭기는 1882년 W.G Armstrong & Co(영국)가 영국 Hull 지역의 항만 건설에서 최초로 사용하였으며, 이후 20세기 초까지 항만 도로 및 운하 건설에 본격적으로 사용되었다(그림 1-11).

<그림 1-11> 파나마 운하 공사에 사용된 유압식 굴삭기(1908)

(출처: Wekipedia)

이후 많은 업체 및 개발자들에 의하여 발전을 거듭하여, 1948년 이탈리아의 Carlo & Mario Bruneri 형제가 오늘의 Wheel 굴삭기 개념을 설계 특허 출원한 후, 1954년 프랑스의 SICAM 사가 이 특허권을 매입하여 유압굴삭기 S25 모델을 제작하였으나, 초기에는 트럭에 장착된 형태로 고객이 구입하여 바퀴나 무한궤도를 설치하였다.

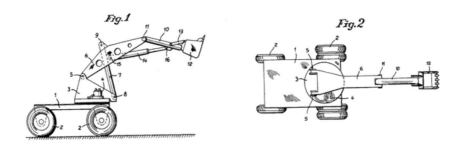

<그림 1-12> 이탈리아 Carlo & Mario Bruneri형제의 굴삭기 특허개념도(1948)

또 최초의 굴삭기 개발업체 중 하나인 프랑스의 Poclain사는, SICAM보다 앞선 1951년 유압펌프를 장착시킨 모델 TU를 개발하였다. Poclain사는 처음부터 케이블 및 윈치를 사용하지 않고 유압펌프 및 실린더를 적용하는 현대식 굴삭기를 개발하였으나, 초기에는 360도 회전은 불가능하였다. 360도 자유자재의 회전 기술은 1954년 Demag 사에 의하여

최초로 개발되었으며(그림 1-13), Poclain사는 1960년 TY45 모델에서 360도 회전기능을 처음 적용 하였고, 이후 1970년대 초에 이르러서는 거의 대부분의 제작사가 케이블식 굴삭기를 유압식으로 완전히 대체하기에 이르렀다. 우리나라에서는 Poclain 이라는 명칭이 굴삭기의 대명사가 되었지만, 포크레인 사는 현재는 굴삭기는 생산을 하지 않고, 유압펌프 등 핵심 부품 생산에 주력하고 있다.

<그림 1-13> Demag 사의 B504 모델 굴삭기(세계최초 360도 회전)

(출처: www.demag-bagger.de)

1.3 국내 건설기계 산업 개요

우리나라에서는 건설분야의 경우 비교적 늦게 건설기계의 활용이 시작되었지만 국토의 면적에 비해 꽤 높은 국내 건설시장의 수요에 힘입어 수입 대체 품목으로 생산되기 시작하였고, 비약적인 발전을 거듭하여 1961년 1,129대에 불과했던 등록대수가 1990년에 10만대 1995년 20만대를 돌파하였고, 2014년 말을 기준으로 43만여 대의 건설기계가 건설현장에서 활약하고 있으며, 해외 시장도 적극적으로 개척하여, 국내 주요 수출 산업의 한 부분으로 자리 매김하고 있다. (표 1-1 국내 건설기계 등록대수 참조)

이러한 국내 건설기계 산업의 역사는 경제개발과 함께 국내에 건설기계가 처음으로 건설현장에 등장하기 시작한 1960년대의 초동기, 건설기계 장비의 수요증가에 따라 수입대체 목적으로 기술제휴 등을 통하여 국내에서 건설기계 장비의 생산을 시작한 1970년대의 자립기가 있었다. 굴삭기를 중심으로 기술제휴를 탈피하고 국내 기술개발을 바탕으로 기술자립을 실현한 독자 고유 모델의 개발 생산과 건설기계의 수출 기반을 이룩한 1980년대의 성장기, 본격적으로 수출에 매진하여 무역수지 흑자를 이룩하여 수출 산업으로 자리매김하기에 이른 1990년대 이후를 발전기, 본격적인 수출과 미국, 유럽, 중국, 인도 및 브라질 등 해외에 생산 거점을 구축 현지시장 공략하여 주요 국내 대기업이 세계적인 건설기계업체로 도약하고, 본격적인 신기술 신제품 개발을 추진하게 된 2000년 이후의 도약기로 나눌 수 있다.

<표1-1> 건설기계 등록현황(연도별 : 1961~2016년)

(단위 : 대)

연도 건설기계명	'61	'70	'80	'90	'00	'10	'14	'16
총 계	1,129	7,165	24,741	118,740	259,859	374,904	430,094	465,296
1. 불도저	250	1,949	3,605	5,539	5,052	4,262	3,972	3,769
2. 굴삭기	–	–	2,926	33,633	79,770	117,306	133,388	139,562
3. 로더	66	609	3,419	6,622	12,239	16,686	20,624	22,979
4. 지게차	–	–	5,934	27,225	66,995	125,107	156,612	172,284
5. 스크레이퍼	5	67	84	42	28	19	21	21
6. 덤프트럭	56	868	1,193	20,210	47,573	54,981	54,395	58,798
7. 기중기	91	628	1,831	3,673	7,176	8,633	9,410	10,162
8. 모터 그레이더	55	222	407	861	989	784	768	736
9. 롤러	172	573	1,000	2,168	5,247	6,149	6,397	6,437
10. 노상안정기	–	–	5	3	2	1	1	1
11. 콘크리트 뱃칭플랜트	55	510	–	18	30	40	52	64
12. 콘크리트 피니셔			6	61	91	131	124	133
13. 콘크리트 살포기			18	32	19	4	4	4
14. 콘크리트믹서 트럭			3	10,755	19,491	22,179	23,179	25,442
15. 콘크리트 펌프			1,750	1,635	4,619	5,044	5,816	6,676
16. 아스팔트 믹싱 플랜트	16	137	82	21	17	12	7	7
17. 아스팔트 피니셔			–	411	654	781	869	923
18. 아스팔트 살포기			53	327	233	90	82	80
19. 골재 살포기			196	12	1	1	1	1
20. 쇄석기	44	112	91	286	462	426	426	413
21. 공기압축기	113	448	10	3,796	5,627	4,299	4,333	4,496
22. 천공기			188	1,098	2,909	3,261	4,820	5,133
23. 항타 및 항발기	–	–	1,542	114	225	667	770	870
24. 사리채취기			177	53	48	36	29	23
25. 준설선	–	–	97	100	176	251	231	212
26. 특수건설기계	–	–	58	45	186	431	592	638
27. 타워크레인	–	–	3,323	3,033		3,323	3,171	5,432
트레일러 및 기타	206	1,042	–	–	–	–	–	–

주) 1. '61~'74년 : 굴삭기, 지게차, 골재 살포기, 천공기, 항타 및 항발기, 사리채취기, 준설선은 기타에 포함
    2. '74년 이전에는 트레일러가 건설기계로 분류되었으나, '75년 이후 건설기계에서 제외

(1) 초동기(광복이후~1960년대)

1945년 이전에는 대부분 수동식 햄머를 사용하던 것이 고작이었고 실질적으로 건설기계가 사용된 것은 해방이후 미군정청이 2차대전 당시 사용하던 건설기계를 일부 우리정부에 기증함에 따라 처음으로 건설공사에 사용하였으며, 이후 미국정부의 경제원조로 토목공사용 건설기계인 불도저(Bulldozer), 덤프트럭(Dump Truck) 등과 도로공사에 주로 사용되는 모터 그레이더(Moter Grader), 로드롤러(Road Roller) 등을 도입하여 도로건설 및 보수, 교량건설, 하천공사 등 토목공사에 활용한 것이 우리나라 건설기계(산업)의 효시라 할 있다.

제1차 경제개발 5개년 계획이 기간산업의 확충과 공업단지조성 등을 위주로 수립됨에 따라 울산공업단지 조성공사, 남강댐 건설 공사, 경인·경부 고속도로 공사 등 대규모 건설사업이 활발히 추진되었다. 이러한 대규모 공사를 추진하기 위한 건설기계가 대부분 차관사업과 대일 청구권자금에 의하여 미국의 캐터필러(Caterpiller) 사와 일본의 고마쓰(Komatsu) 사 등으로부터 수입 사용하기 시작 하였다. 당시 우리나라 건설기계 생산능력은 전무하였고 정비에 필요한 일부 부품의 생산에만 국한되었던 수준이었다.

그러나, 건설기계 수입에 따른 외화 유출 최소화를 위하여 국내에 건설기계 산업의 필요성이 대두 되었으며, 막대한 국가재산인 건설기계의 운용관리, 국가 비상시 동원체제 구축, 차관자금 상환 등을 위한 제도 마련이 필요하여 건설기계관리법(당시 중기관리법)이 1966년 12월 23일 제정 공포되었다.

(2) 자립기(1970년대)

제3~4차 경제개발 5개년 계획(1972~1981)으로 국내에 중화학공업의 투자가 본격화 되면서 건설기계의 수요도 급격히 증가되어, 기존의 부품 생산 위주에서 완제품의 개발 생산이 필요하게 되어, 외국 업체들과의 기술제휴를 통하여 국산 건설기계의 생산이 시작되었다.

대표적으로는 대우중공업(현 두산인프라코어)이 국내에서 최초로 일본 구보타 및 히타치와의 기술 제휴로, 지게차 및 굴삭기의 조립 생산을 시작하였고, 이어서 볼보코리아의 전신인 현대양행이 불도저, 크레인, 로더 및 굴삭기 등을 기술제휴로 조립 생산하였다. 이와 함께, 현대자동차, 대우자동차(현 타타대우상용차) 등 자동차 회사에서 덤프트럭과

15

콘크리트 믹서트럭 등의 생산에 참여하는 등, 70년대 하반기에 이르러서는 괄목할 만한 건설기계 산업의 성장을 보였다.

그러나 이 시기에는 대부분 외국 부품을 수입하여 조립생산하던 수준이었기 때문에 참여업체별로 기업의 이윤극대화와 건설기계공업의 기술개발을 위하여 국내산업이 가능한 분야를 중심으로 국산부품의 연구개발에 힘쓰기 시작하였다.

한편, 관 보유에 국한되었던 건설기계의 민간보유가 보편화됨에 따라 건설기계의 대여업과 정비업의 육성이 필요하게 되는 등 사회적 요청에 따라 그동안 시행해 오던 건설기계관리법 내용에 건설기계 대여업, 정비업, 국산건설기계 제작과 관련된 시설기준, 형식승인 등의 내용을 골자로 한 건설기계 관리법령을 대폭 보완, 개정하게 되었다

통계적으로도 국내 건설기계 등록대수는 1970년대에 7,165대에서 1979년에는 23,674대로 3배 이상 급증하고, 그 종류 또한 다양화되기 시작하여, 국내 건설기계 산업의 자립기를 맞이하게 되었다.

(3) 성장기(1980년대)

우리나라 건설기계는 1970년대 후반기 외국과의 기술제휴에 의한 건설기계의 조립생산기가 정부의 산업합리화 조치를 거치면서, 일부 기종은 각 제작업체가 자체모델을 개발하여 내수시장에 판매함과 동시에 세계 시장에 진출하기 하기 시작하였다.

1980년대는 국가경제규모의 확대에 따른 도로·항만·공단 등 기간산업의 확장, 인구의 도시 집중화 현상에 따른 주택수요 해소를 위한 아파트건설, 국민생활 수준의 질적 향상과 대도시 교통난 해소를 위한 지하철건설 등 대단위 건설공사가 시행되었고 이에 따라 건설기계의 수요가 급증하였다. 그러나 건설기계의 제작기술 수준에서 볼 때, 생산기술은 선진국 수준에 접근했으나 설계기술이 취약하고, 또한 건설기계의 주요부품인 유압기기, 전자제어기기 등은 기술부족과 투자설비비 회수의 어려움이 있어 거의 전량 수입에 의존하였다.

1980년대의 국내 건설기계 산업은 70년대의 단순 조립 생산단계 및 자립화 단계를 거치면서, 독자 기술 확보를 위한 기술개발에 박차를 가하여, 80년대 중반 이후 국내의 주요 업체들은 자체 설계에 의한 독자 고유 모델을 개발 출시하였고, 또한 주문자 상표 부착 방식(OEM)에 의한 수출도 시작하였다.

1980년대 전반기에는 강원산업(주)가 쇄석기, 인천조선(주)가 콘크리트 뱃칭플랜트, 로울러, 지게차 등을, 아세아자동차(주)가 덤프트럭, 콘크리트 펌프(Concrete Pump Truck)를 생산하였고, 1980년대 후반부터는 건설기계의 호황으로 수산중공업(주)가 도로보수트럭, 아스팔트 살포기, 대흥기계공업(주)가 공기압축기, 국제종합기계(주)가 굴삭기, 인천중기제작소가 콘크리트 펌프(Concrete Pump Truck)를 생산하는 등 새로운 제작업체가 참여하여 국산건설기계 제작사가 20개사로 늘어났다.

주목할 점은 당시 국내의 어려운 교통 여건 등으로 인하여 개발 보급 시작된 휠타입 굴삭기의 경우 세계 시장에서의 경쟁력이 확보되어 우리나라 건설기계 수출에 큰 기여를 하게 되었다. 이 시점부터 건설현장에서는 굴삭기가 다양한 작업 용도로 인하여 급격하게 보급 사용되기 시작하였고, 세계 시장에서도 굴삭기가 규모 및 기술 개발의 선두 주자로 부각되게 되었다. 80년대 후반에는 본격적인 경쟁시대가 열려, 굴삭기의 경우 6개사가 참여하여 치열한 경쟁을 벌이게 되었다.

건설기계 등록대수를 보면 80년대 초기 2만여대에서 90년도에는 10만여대로 폭발적으로 증가 되었으며, 1990년도에는 3만여대를 생산하고, 이중 2만5천여대를 수출하는 수출산업으로 자리매김을 하게 되었다.

(4) 발전기(1990년대)

1990년대 초까지 계속된 건설공사의 호황에 힘입어 건설기계 시장의 급격한 신장과 함께, 많은 업체가 건설기계 제작에 신규 참여하여 약 30여개사로 늘어났고, 이들 제작사에서 굴삭기, 로더, 지게차를 비롯하여, 덤프트럭, 콘크리트믹서트럭, 콘크리트 펌프(Concrete Pump Truck), 기중기, 콘크리트 뱃칭플랜트 등을 생산 하였다.

이와 함께 독자 모델 개발 수출을 계기로 국내 업체들은 해외에 생산 거점을 확보 세계시장에 적극적으로 진출하기 시작하였으며, '90년대 말에는 IMF 구제금융 등의 여파로 구조조정의 아픔을 겪기도 하였지만, 2000년대에 들어서는 중국 시장의 성장 등에 힘입어 새로운 성장 전환기를 맞이하게 되었다.

1990년도 이전까지 전체 건설기계 수출의 97%가 OEM(주문자 상표 생산)방식의 수출이었으나, 국내 일부 제작업체들이 외국의 첨단기술을 받아들이고 독자적인 고유 모델을 개발하고 있으며, 이중 지게차, 굴삭기 등은 선진 외국 기술수준과 대등하여 세계시장에서 호평을 받고 있다.

본격적인 수출 및 해외시장 진출과 함께 특히 미국 유럽지역에서 요구되는 각종 환경 공해 및 안전 규제에 대응하기 위하여 기술 개발에도 집중 투자하여 세계 최고 업체들과 치열한 경쟁을 하면서 그 기술 격차도 좁히는 노력을 경주하게 되었다.

이 뿐만 아니라 완성차 위주에서 브레이커, 크랏셔, 버켓 등의 작업 장치 및 건설기계의 핵심 부품인 엔진 및 유압 부품의 제조 생산에도 주력하여, 주요 핵심 부품 기술의 자립화도 이룩하게 되었으며, 건설기계 제작사가 30여개로 증가되었다.

국내의 건설기계 등록 대수를 보면 1990년에 12만대 수준에서 2000년에는 26만여대 수준으로 늘었고, 특히 굴삭기는 8만여대, 지게차는 6만여대의 등록이 이루어 졌다

(5) 도약기(2000년대~현재)

2000년대 이후에도 국내 제작사의 세계시장 진출 노력은 계속되어, 적극적인 M&A를 통한 사업 확장이 시도되었으며, 새로운 제품 개발 노력도 함께 진행되었다. 두산인프라 코어는 미국의 소형 건설기계 제작사인 Bobcat을 인수 합병하였고, 현대중공업도 독일의 아틀라스사와 도로장비 부문의 전략적 제휴로 사업 품목을 확장하였다. 이러한 노력의 결과로 2013년에는 국내의 건설기계 산업의 규모는 생산 91억불로 세계6위, 수출 69억불로 세계5위의 건설기계산업 강국으로 성장하게 되었다(표 1-2).

국내의 건설기계 시장을 살펴 보면, 표 1-1에서 볼 수 있듯이, 굴삭기의 경우 다양한 작업 현장의 적용성에 힘입어 전체 건설기계 중 점유율이 꾸준히 증가하여 1980년대 후반에 이르러 총 건설기계 등록대수의 25% 이상을 점하였고, 2000년대 중반까지도 지게차 및 덤프트럭 보다 많은 등록대수를 보였으며, 현재 30% 이상의 점유율로 국내 건설기계의 핵심을 이루고 있으며, 국내 건설기계 관련기술을 선도하고 있다. 또한 그림 1-14에서 볼 수 있듯이 건설기계산업은 국내의 일반기계품목 중에서 국내총생산 기여도 및 수출에서 선두를 달리는 핵심 주력 산업이라 할 수 있다.

<표 1-2> 세계속의 한국건설기계산업의 위상

구 분		2009	2010	2011	2012	2013	2015	2020*
세계 (백만$)	생산(A)	109,800	151,785	181,840	186,167	163,361	133,371	232,948
	수출(B)	39,520	60,710	70,920	72,600	65,340	51,100	104,826
한국 (백만$)	생산(C)	4,078	7,478	11,160	10,226	9,078	7,148	17,690
	수출(D)	3,234	6,058	8,581	7,802	6,884	5,133	14,209
점유율 (%)	(C/A)	3.7	4.9	6.1	5.5	5.6	5.4	7.6
	(D/B)	8.2	10.0	12.1	10.7	10.5	10.1	13.5
2015년 한국 위상		생산규모 ; 71.5억불 세계 6위, 수출 ; 51.3억불 세계 5위						

(출처: 한국건설기계산업협회 통계, * 2020년은 예측)

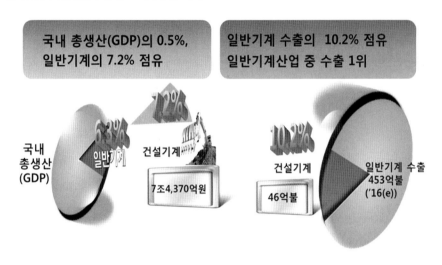

<그림 1-14> 국내에서의 건설기계산업의 위상

1.4 국내 농업기계 산업 개요

우리나라에서는 1949년 대동공업에서 석유발동기를 생산하여 도정, 양수, 탈곡 및 정지 작업등 주로 정치식 농작업 기계화가 시작되었다. 1960년대에는 한해대책 및 병충해 방제작업을 위하여 양수기 및 동력방제기가 도입 보급되기 시작하여, 식량 증산에 크게 이바지하였다.

1,2차 경제개발 5개년계획의 성공적 수행으로 인하여 농업노동력의 타산업으로 유출로 인한 농업노동력 부족이 심각하여지면서 제1차 농업기계화 5개년계획이 시행되고, 경운

기, 동력분무기, 양수기 및 소형농용엔진의 국산화가 추진되었다. 1970년대 말에는 제2차 농업기계화 5개년계획이 추진되어, 주로 벼농사용 이앙수확기, 바인더 및 콤바인의 국산화 및 보급이 추진되었다. 벼농사의 일관작업 기계화는 정부의 중점 정책으로 제3차 농업기계화 5개년계획까지 지속 추진되었고, 이앙작업 기계화율은 1993년에 92%, 수확작업은 1994년에 91%로 좋은 성과를 거두게 되었다.

그 결과 국내 농업기계는 기존의 경운기 및 방제분무기 중심에서 이앙기, 바인더, 콤바인 및 트랙터 등의 동력기계 중심으로 바뀌었고, 이러한 농업기계 제조에는 대동공업을 비롯, 동양물산, 한국중공업(현재 LS엠트론), 국제종합기계(2016년 동양물산이 인수합병) 및 아세아종합기계 등이 참여 하였다.

이와 함께 정부에서는 1980년부터 영농기계화 시범단지를 영농기계화 센터로 바꾸고, 트랙터, 이앙기, 콤바인, 방제기, 건조기 중 5대 이내의 농업기계는 전액 지원(보조 40%, 융자 60%) 공급하여 농업기계의 공동이용과 벼농사의 일관기계화를 적극적으로 추진하였다.

1990년대 이후는 시장개발, 식생활 변화, 농업구조 조정 등에 따라, 원예축산 및 밭작물의 기계화 정책이 추진되었고, 전작용 관리기가 개발 보급되어, 1993년에는 5만6천대의 관리기가 공급되었다.

그리고 농어촌구조개선 및 농산물유통개혁의 일환으로 1990년대 중반부터는 산지유통센터에서 청과물의 집하, 저장, 선별, 포장, 출하할 수 있는 수확후 관리 및 유통까지의 기계화가 추진되었다.

농업기계의 보급 현황을 살펴보면, 경운기는 2000년에 94만대를 정점으로 계속 감소하여 2014년에는 60만대 수준이고, 트랙터는 계속 증가, 현재는 28만대 수준, 관리기는 2000년부터 40만대 수준을 유지하고 있으며, 수확기중 콤바인은 8만대 수준을 유지하고 있다(표 1-3 국내 주요 농업기계 보유 현황).

표 1-4에는 국내의 주요 농업기계 생산 현황을 표시하였다. 경운기는 1995년 9만대를 정점으로 급격히 감소하여 최근에는 년5000대 이하 수준이며, 이앙기 및 콤바인도 2000년 이후는 생산이 급격히 감소되었으며, 이것은 국내의 벼농사의 감소 추세에 기인하고 있다. 반면 2000년대 이후는 농용트랙터 및 관리기가 주력 생산 기종이 되었다.

국내의 농업기계 생산 업체는 앞서 언급한 5개사가 트랙터 등 주요 장비를 생산하는 종합형 농업기계업체이며, 각종 작업장치 등 포함하면, 2014년 현재 등록된 업체로는 767개 사가 있다.

농업기계의 세계 시장규모는 2013년에 금액기준 약 149 Billion 달러 수준이고, 물량으로는 약 800만대 규모이며, 아시아시장을 중심으로 꾸준이 성장할 것으로 예상되고 있으며, 우리나라는 전세계시장의 약 1.1% 내외를 차지하고 있다.

수출은 2014년 8.6억불의 실적으로, 건설기계의 약1/8 수준이며, 주로 중소형트랙터가 약 60%을 차지하고 있고, 작업기가 7%로 그 뒤를 따르고 있다. 2010년 이후 수출규모가 수입을 초과하여 무역수지 흑자를 이루고 있으며, 그 흑자폭도 계속 증가될 것으로 예상된다. 특히 수출 규모의 증가는 1990년 이후 약 20%의 연평균성장률을 보여, 향후 농업기계산업이 주력 수출산업으로 성장할 것으로 예상된다.

수입도 꾸준히 증가되고 있으며, 주로 대형트랙터, 대형콤바인 및 축산기계 등이 주축을 이루고 있다.

<표 1-3> 국내 주요 농업기계 보유 현황

기종 \ 년도	1990	1995	2000	2005	2010	2014
동력경운기	751,236	868,870	939,219	819,684	698,145	609,864
농용트랙터	41,203	100,412	191,631	227,873	264,834	277,234
동력이앙기	138,405	248,009	341,978	332,393	276,310	220,204
바인더	55,575	66,960	72,315	60,008	–	–
콤바인	–	–	86,982	86,825	80,973	75,970
관리기	–	239,496	378,814	392,505	407,706	396,550

<표 1-4> 국내 주요 농업기계 생산 현황

기종 \ 년도	1990	1995	2000	2005	2010	2014
동력경운기	52,707	89,350	7,005	4,793	3,877	5,003
농용트랙터	16,441	16,192	23,315	31,594	30,343	48,171
동력이앙기	41,603	29,345	20,854	5,640	7,312	2,988
바인더	10,015	3,768	–	–	–	–
콤바인	15,392	6,754	11,714	4,136	3,816	2,728
관리기	25,479	51,091	9,890	17,837	18,551	23,225

(출처: 2015 농업기계연감)

＜표 1-5＞ 국내 농업기계 수출입 현황

구 분		1995	2000	2010	2014
내수	억원(A)	4,523	10,561	10,506	9,004
수출	백만$(C)	14.5	134.8	433.6	861.4
	억원(B)	104	1,698	4,770	9,475
	연평균성장률%	–	25	19	19
수입	백만$(D)	61	132	419	540
	연평균성장률%	–	8	10	10
수출/내수	%(B/A)	2.3	16.1	45.4	105.2
무역수지	억불(C-D)	-46.5	2.8	14.6	321.4
수출/수입	%(C/D)	24	102	103	160

(출처: 2015 농업기계연감)

1.5 건설기계 관련 산업의 특성

건설기계 관련 산업은 협의의 의미로는 기계적인 동력을 이용하여 각종 공사 및 작업을 효율적, 능률적으로 수행하고 활용되는 장비를 제조하는 산업을 의미한다. 넓은 의미로는 상기의 건설기계와 관련된 제조, 매매, 임대, 정비, 폐기 등의 모든 산업을 총체적으로 지칭할 수 있다.

통상 산업적인 측면에서 일반적인 협의의 개념으로 사용되며, 자동차산업등과 마찬가지로 부품생산에서 조립에 이르는 종합제조 산업으로, 농업기계 산업도 유사한 특성을 갖고 있다고 할 수 있다.

(1) 경제적 특성

건설기계 및 농업기계산업은 품목이 광범위하므로 다품종 소량생산이 불가피하고 대규모의 시설 투자가 요구되는 자본집약적 산업이다. 또한, 3만여개의 부품 조립 생산의 형태로 각 기종별 일괄생산이 불가하여, 대량 생산체제를 위한 경제적 생산규모가 요구되며 경제수량 미달에 따른 원가 부담으로 기업 자체적인 기술개발 투자가 매우 어려운, 규모의 경제가 요구되는 산업이다.

내수에 의존할 경우 전방산업인 건설업 및 농림축산업에 민감한 반응을 보이는 산업으로 특히 건설기계의 경우 건설경기의 기복이 심한 우리나라의 경우 계획 생산이 어려워 수출에 사활을 걸어야 하는 수출 지향형 산업이다.

농업기계의 경우는 농업기계화 등의 정책자금 지원에 크게 의존하며, 농업관련 환경 변화, 특히 노동력 축소, FTA 등 시장 개발 확대 등으로 인하여, 역시 수출 활성화가 필요하다.

가공단계에서 정밀한 기술을 요하고 정보통신(IT) 등 첨단기술의 융복화가 급속하게 진행되고 있으며, 일괄 대량 생산의 메리트가 큰 특성을 지닌 부가가치가 높은 산업이다.

중장비 등은 대당 가격이 비싸고 중량이 무거운 제품으로, 재고 누증에 따른 운전자금 압박과 해외 수출시 운송비가 수출가격 경쟁력에 중요한 요인으로 작용하는 특성이 있다.

건설기계 및 농업기계의 제조, 매매, 임대, 정비, 폐차 등에 이르기까지 관련 종사자가 매우 다양한 산업이며 기계, 전기, 전자, 소재, 건설, 농림축산, 해양 조선 등 산업 전반에 걸쳐 상호 연관된 산업으로의 파급효과가 큰 국가 기간산업이다.

과거에는 정책 산업으로 육성하기 보다는 규제에 더 중점을 두었으며, 이러한 영향으로 연구소, 학계 등 관련 분야가 취약하고 블루칼라로 인식되어 건설기계 및 농업기계산업 기피현상으로 열악한 환경에 처해 있으며, 수요의 패턴이 보유개념에서 Rental 산업으로 변화하고 있는 산업이다.

(2) 기술적 특성

건설기계 및 농업기계산업의 기술적 특성으로는 소재 및 부품에 이르기까지 기계 산업 전반의 기술이 종합적으로 요구되며, 기술개발 기간이 길고 장기적인 기술투자가 필요한 기술집약적 산업이고, 핵심 원천 기술의 경우 해외 도입 및 기술제휴에 의존이 불가피하다.

엔진, 동력전달장치(변속기 및 액슬 등), 유압장치(모터, 펌프, 밸브류), 전자제어장치 등 다양한 부품의 가공, 조립 산업으로 관련 부품산업(표준화, 공용화)의 기술 확보가 경쟁력을 좌우하고 있으며, 가공, 공정관리 등 종합적인 생산기술력이 경쟁력에 미치는 영향이 크며, 제품의 주기가 긴 산업으로, 환경 친화적 장비의 개발 등 특수, 신기종 개발의 효과가 매우 큰 산업이다.

선진국의 경우 인간공학적 설계와 메카트로닉스화가 급속히 진전되어, IT화, 융복합화, 무인화, 자동화가 급속히 적용되고, 제조기술은 중국 등 개발도상국에 이르기까지 성숙되어 경쟁이 더욱 치열해지고 있다.

다기능 고효율의 작업장치(Attachments 류)의 개발 가능성이 무궁무진하여, 관련 산업 전반에 미치는 영향이 지대한 산업이며, 운전자의 안전, 기능의 다양성 및 효율화가 증대되고 있다.

2000년대 이후에는 각국의 환경 안전 규제 등의 강화에 따라, 국내외적으로 배기가스, 소음 등 법적 규제가 강화되어 기술적 대응이 필요하며, 2015년 이후 발효된 유럽의 Stage 1V(미국의 Tier4 Final) 규제는 자동차의 최신 규제인 Euro6와 동등 수준으로, 자동차 분야와 마찬가지로 고도의 기술적 대응이 필요한 상황이다.

건설기계의
구조와 분류

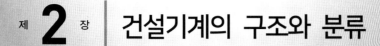

제 **2** 장 │ 건설기계의 구조와 분류

2.1 건설기계의 기본 구조

건설기계는 종류가 너무 다양하여 그 구조를 일반화 시키는 것은 어렵지만, 기본적으로 스스로 주행하기 위한 주행장치, 작업을 수행하는 작업장치 및 원동기(동력원)로 구성된다. 단, 주행장치와 작업장치는 완전하게 별도로 구분되지는 않는 경우도 많이 있다.

2.1.1 주행장치

건설기계의 주행장치는 크게 트랙터(Tractor) 방식과 하부주행체 방식으로 나누어진다. 건설기계에서의 트랙터는 견인력만 갖춘 장비를 의미하며, 단독적인 작업을 하지 못하고, 각종 작업장치를 부착하여야 건설기계의 원래의 기능을 수행할 수 있는, 주행시스템을 의미한다. 일반도로에서 트레일러를 견인하는 상용트럭의 트랙터도 큰 의미에서는 같은 개념 범주에 속한다고 할 수 있다. 초창기의 건설기계는 대부분 트랙터가 별도로 제작되었고, 여기에 필요에 따라서 작업장치를 부착하는 개념으로 시작되었다.

(a) 도저   (b) 농용 트랙터   (c) 트랙터 트럭

<그림 2-1> **트랙터방식의 예**

트랙터방식은 도저, 로더 및 농용트랙터 등에서 대표적으로 사용되고 있으며, 단독으로 주행 가능한 트랙터에 각각의 작업 장치를 장착하고 있다. 이러한 장비를 모두 트랙터형 장비라 부르며, 트랙터에 작업장치(어태치먼트, Attachment)를 장착시키기 위한 시스템이 구비되어, 작업장치를 작동시키기 위한 작동기구 및 제어조작 장치가 포함되어 있다.

하부주행체 방식은 굴삭기, 이동식크레인 등과 같이 상부구조(상부 선회체와 작업장치)와 하부주행체가 결합되고, 상부구소는 하부주행체에 내하여 선회 가능하도록 설계되어 있다. 보통 하부주행체 단독으로 주행하는 것은 불가능하지만, 트럭을 하부주행체로 사용하는 경우는 당연히 하부주행체 단독으로 주행하는 것도 가능하다.

이외의 다른 여러 가지 방식도 건설기계에서 채택 가능하며, 대부분 트랙터방식 혹은 하부주행체 방식의 기본 구조를 활용하는 경우가 대부분이다.

(a) 굴삭기 (b) 크레인(all terrain) (c) 트럭 크레인

<그림 2-2> 하부주행체 방식 예

주행장치 중 동력전달 장치에 대하여는 제3장의 "3.3 동력전달 장치"에서 학습할 수 있으며, 본 절에서는 건설기계의 대표적 주행장치인 무한궤도에 대하여 살펴보기로 한다.

건설기계는 트랙터방식과 하부주행체 방식으로 크게 구분 되지만, 두가지 장비 모두 기계 및 장비를 이동시키는 주행장치에 따라서 각각 무한궤도(Crawler) 방식과 차륜(Wheel) 방식으로 다시 나누어지며, 차륜 방식의 구조 및 작동은 일반 자동차의 경우와 유사하여, 타이어를 비롯한 주요 부품 등은 대부분 자동차용 부품과 공용으로 사용되는 경우가 많다.

무한궤도(Crawler, Continuous Track)는 자동차용으로는 거의 사용되지 않고, 일반적으로는 건설기계의 주행 장치로 인식되는 경우가 많으며, 무한궤도를 포함한 주행장치를 트랙장치라고도 한다. 특히 트랙장치는 건설기계의 원가의 약 20% 내외를 차지하는 값비싼 구성품이며, 교체 정비 등 유지 비용 측면에서도 장비의 총 유지비용 중 약 50% 정도를 차지할 정도로 많은 비용이 소요되어, 트랙장치의 설계는 매우 중요하다.

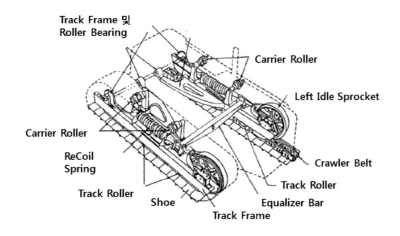

<그림 2-3> Crawler Track 장치

트랙장치는 트랙프레임, 리코일스프링, 상부롤러(캐리어롤러), 하부롤러(트랙롤러), 구동스프로켓, (좌/우)아이들러(스프로켓), 트랙 등으로 구성된다. 엔진으로 부터의 동력을 받아 구동스프로켓(Drive Sprocket) 이 외주에 걸쳐진 궤도를 회전시킴으로써 장비가 주행하게 된다. 아이들러(Idler)는 리코일스프링(Recoil Spring)을 통하여 롤러 프레임에 취부되어, 전후로 이동 가능한 구조로 되어, 주행 중 전방 혹은 후방으로부터 오는 충격을 완화시켜, 크롤러 및 장비의 파손을 방지하고 운전이 원활하도록 해주는 역할을 한다.

스프로켓은 일체형과 분할형 및 분해형이 있으며, 부품의 교환 및 용접의 편리성 등으로 분할형 혹은 분해형이 주로 사용된다.

크롤러는 중간 부분은 상부롤러와 하부롤러에 의하여 지지되며, 상부롤러의 위치와 수량은 크롤러의 크기에 따라서 다르지만, 궤도의 처짐을 지탱하고 회전위치를 정확하게 유지하는 기능을 수행하므로, 중소형기종에서는 1개, 대형기종에서는 2개 정도 사용하는 것이 일반적이다.

하부롤러는 트랙프레임 아래에 3~7개 설치되며, 장비의 전체 무게를 궤도위에 균등하게 분배하면서 진동하고 궤도의 회전 위치를 정확히 유지시킨다. 하부롤러를 균등하게 배치하면, 특정 위치에서 진동이 발생하기 쉽기 때문에, 부등간격으로 배치시키는 것이 바람직하다.

구동스프로켓은 외부로부터 충격을 직접 받아서 종감속기어 등에 악영향을 줄 수 있으므로, 최근에는 구동스프로켓의 위치를 높여서, 외부 충격을 방지시키고 있으며, 그림 2-4와 같이 맨 후방에는 아이들러가 추가되고, 구동스프로켓은 상대적으로 높은 위치에 설치하여 삼각형 모습으로 된다.

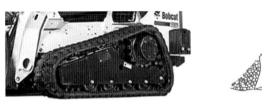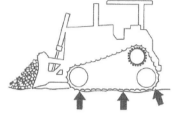

<그림 2-4> **고위치 스프로켓 적용 예**

트랙장치는 트랙프레임 각각 좌우에 설치되는데, 험지에서의 작업 및 운전이 많기 때문에, 좌우 트랙이 높이 차이 및 진동 등에 견딜 수 있도록, 현가장치가 필요하고, 일반적으로 이퀄라이저바(equalizer bar) 혹은 이퀄라이저 스프링을 좌우 트랙 사이에 설치하게 된다. 소형 장비에서는 좌우트랙과 프레임을 고정시키는 고정식이 많이 사용되며, 요철이 심한 험지 등에서 주로 작업이 이루어지는 장비는 트랙 전체가 요철에 맞추어 유연하게 움직일 수 있도록 하는 유연 시스템이 하부롤러에 적용되기도 한다.

트랙은 트랙슈, 링크, 핀 및 부싱 등으로 구성되며, 스프로켓, 아이들러, 상·하부롤러와 접촉하면서 스프로켓에서 동력을 받아 회전하게 된다. 트랙은 링크에 슈가 볼트로 설치되고, 부싱 속에 핀을 끼워 결합한다. 이 핀은 바깥쪽에 위치하는 링크에 강하게 압입되며, 슈의 굴곡은 부싱과 핀에 의하여 만들어진다.

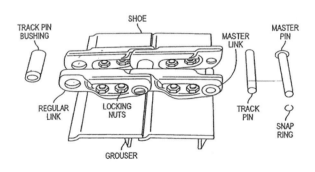

<그림 2-5> **트랙의 구조**

2.1.2 원동기

건설기계는 거의 대부분 디젤엔진을 원동기로 사용하며, 소형장비를 중심으로 일부에서 가솔린엔진, 가스엔진 및 전동기 등이 사용되고 있다. 가솔린엔진의 경우는 대부분 소형 장비에서만 사용가능한데, 최근에는 LPG등의 가스연료도 많이 사용된다. 전동기는 실내 및 터널 작업 등, 배출가스가 문제가 되는 장소 혹은 특수한 용도에서 주로 사용되고 있다.

디젤엔진은 가솔린 엔진에 비하여 열효율이 우수하고, 일부 국가를 제외하고는 대부분의 나라에서 가솔린 보다 경유의 가격이 정책적으로 저렴하게 책정되어 경제성 면에서 더욱 유리하여, 연료 비용이 많이 드는 건설기계의 특성상 주 동력원으로 자리매김하고 있다. 또한 가솔린 엔진에서와 같은 출력증가시의 노킹 문제가 없기 때문에 디젤엔진에서는 기통당 배기량을 크게 할 수가 있어서 고출력이 가능하고, 엔진이 저속에서도 높은 토크를 발생시킬 수 있어서 상대적으로 저속에서 엔진이 작동되어, 엔진 회전부의 마모 등을 최소화 시킬 수 있으므로, 효율 증대와 함께 장시간 내구성이 크게 향상된다. 그리고 배기 및 냉각 손실이 가솔린 엔진 대비 적어서 장비의 냉각장치도 소용량으로 가능하게 되어 원동기의 탑재 장착면에서도 유리하다.

건설기계에서 사용되는 디젤엔진은 트럭 등 상용차량용 엔진과 대부분 유사한 특성을 갖고 있으며, 많은 엔진 업체에서는 상용차용 엔진을 기본으로 하여 건설기계용 엔진을 개발·제작 공급하고 있다.

최근에는 환경 공해 규제도 상용차와 동일한 수준으로 요구되어, 기술적으로는 소형엔진에서도 직접분사식 연소방식을 사용하고 있으며, 초고압 전자제어 커먼레일 연료분사장치, 터보과급기 및 인터쿨러 등 최신의 고효율 저배기 엔진 기술이 모두 적용되고, 배기재순환장치와 함께 DOC(디젤산화촉매), DPF(디젤 매연 여과장치) 및 SCR(선택적 환원 저감장치) 등의 디젤 후처리 촉매 장치도 적용되어 엄격한 배출가스 규제에 대응하고 있다.

이와 함께, 운전자 및 주변의 소음을 최소화 시키고 운전자의 편의성을 위하여, 엔진룸의 밀폐화, 흡음재 설치, 엔진 마운팅 능동제어 기술 등도 적극적으로 개발 적용되고 있다.

디젤엔진의 작동 원리 및 주요 시스템 등에 대하여는 제3장의 "3.1 디젤엔진"에서 학습하기로 한다.

2.2 건설기계 분류

일반적으로 건설기계는 용도, 기능 및 사용지역 등에 따라 구분 분류하고 있으며, 주행방식, 동력장치 등에 의하여도 구분할 수 있고, 최근에는 배출가스 대응 기준에 따라서도 구분하기도 한다.

건설기계가 사용되는 공사는 크게 토목공사와 건축공사로 나누어지고, 토목공사는 도로, 철도, 하천 등 대상에 따라서 분류되고, 다시 교량, 포장, 터널 등 공정별로 분류되는데, 이러한 대상, 공정 및 공법에 따라서 사용되는 건설기계가 나누어지고, 작업에 따라서도 굴삭, 적재, 운반 등으로 다양하게 구분되며, 또한 공법 기술이 발달하면서 새로운 건설기계가 개발되면, 기존 분류로 구분하기 어려운 경우도 있다.

현재 국내에서는 건설기계관리법에 의하여 27개 기종으로 정의되고 있으며, 단, 건설기계관리법의 규정은 터널보링머신(TBM, Tunnel Boring Machine) 등 최근 각종 공사에 주요한 공사용 장비로 사용되는 기계들이 누락되어 있는 문제가 있어, 이의 보완이 필요하다. 건설기계관리법에 규정된 27개 기종에 대한 개요는 2.3절에서 살펴보기로 한다.

농업기계 또한 건설기계와 그 구조 특성도 매우 유사하고, 국내의 관련 산업 생태계도 공통적인 요소가 많아서 함께 살펴보고자 한다. 농업기계는 주로 농업의 작업용도에 의하여 분류되며, 국내에서는 농기구도 모두 농업기계의 종류에 포함되지만, 본 교재에서는 농기구는 농업기계의 범주에서 작업장치로 분류하고, 주행체와 동력체를 포함하는 농업동력기계(Agricultural Power Machinery) 만을 다루었다.

(1) 용도에 따른 분류

① **토공기계** : 굴삭기, 도저, 로더, 스키드스티어로더, 스크레이퍼, 모터 그레이드 등
② **운반기계** : 지게차, 덤프트럭, 크레인, 콘크리트 믹서트럭, 콘크리트 펌프, 콘크리트 믹서트레일러, 기중기 등
③ **포장기계** : 롤러, 노상안정기, 콘크리트 피니셔, 콘크리트 살포기, 아스팔트 피니셔, 아스팔트 살포기, 골재 살포기, 노면 파쇄기 등
④ **기타 기계** : 콘크리트 뱃칭플랜트, 아스팔트 믹싱 플랜트, 쇄석기, 천공기, 항타 및 항발기, 사리채취기, 공기압축기, 콘크리트 펌프 등

(2) 기능에 따른 분류

굴삭기계, 운반기계, 적재기계, 정지기계, 다짐기계, 포장기계, 굴착기계, 골재생산기계, 도로용기계 등

(3) 사용지역에 따른 분류

육상기계, 해상기계, 농업기계, 광산기계 등

(4) 주행 방식별 분류

무한궤도형(Crawler type), 타이어형(Wheel type), 레일형(Railtype), 케이블형(Cable type), 정치형 플랜트(Stationary Plant) 등

(5) 농업동력기계 분류

① 경작 및 동력 : 농업용트랙터, 동력경운기, 관리기 등
② 이앙, 이식 : 동력이앙기, 이식기 등
③ 수확기 : 콤바인, 바인더 등
④ 기타 : 병충해방제용기(동력분무기), 관개용(양수기) 등

2.3 건설기계의 종류 및 정의

본 장에서는 국내의 건설기계관리법에서 규정하는 27개의 건설기계의 종류에 대하여 간략하게 살펴보고자 한다(각 건설기계별 사진은 제작사의 홈페이지 및 카달로그의 제품 사진 인용).

(1) 불도저(Bulldozer)

<그림 2-6> 불도저

(출처: www.kocema.org)

불도저(Bulldozer)는 트랙터(tractor)에 블레이드(blade : 토공판, 배토판 또는 삽날이라고 함)을 부착하고 10~100m 이내의 작업거리에서 송토(흙밀기, 즉 흙 운반), 굴토(흙파기), 확토(흙 넓히기) 등을 할 수 있는 건설기계의 기본형이다. 무한궤도(캐터필러) 또는 타이어식 2가지로 구분되며, 크기는 작업가능 상태의 중량(ton)으로 한다.

불도저의 의미 * Bull 황소 + Doze 졸다 = Bulldozer 황소를 재우는 기계이다.

(2) 굴삭기(Excavator)

굴삭기는 크롤러식과 휠식이 있으며, 배수로 묻기, 파이프묻기, 건물기초 바닥파기, 토사적재 등 거의 모든 건설작업에 효과적으로 사용된다.

휠굴삭기는 고무 타이어로 차체가 지지되어 기동성이 좋고 포장된 도로 및 실내에서도 작업할 수 있는 장점이 있다.

크롤러굴삭기는 경사지 등 험지에서의 작업이 가능하며 궤도에 의해 차체가 지지되기 때문에 휠굴삭기에 비해 견인력이 좋다.

굴삭기의 구조는 상부선회체, 하부주행체 및 작업장치 등으로 구성되며 상부선회체의 앞부분은 핀에 의해 붐과 작업장치가 연결되어있고 하부는 선회베어링에 의해 연결되어 있다. 상부선회체의 왼쪽에는 조종실, 오른쪽에는 연료 탱크와 오일 탱크, 뒤쪽에는 엔진과 펌프가 설치되어 있다.

(a) Crawler 굴삭기   (b) Wheel 굴삭기

<그림 2-7> 굴삭기

(3) 로더(Loader)

로더는 건설 공사 현장에서 토사나 골재를 덤프 차량에 적재 및 운반하는 기계로, 대규모의 건설현장에서 작업능률이 효과적이다.

휠로더는 전륜(全輪)구동식이 주로 사용되며 기동성이 우수하고 주행속도가 빨라 포장도로에서 우수한 작업성능을 발휘한다.

로더의 동력전달장치는 자동차의 동력전달 장치와 거의 유사하며 로더의 용량은 로더가 1회 골재를 퍼서 토출해 낼 수 있는 양을 말한다.

(a) Track Loader   (b) Wheel Loader

<그림 2-8> 로더

(4) 지게차(Fork Lift Truck)

지게차는 공장 또는 항만, 공항 등에서 하역 작업 및 화물을 운반하는데 주로 사용되는 기계로, 일반적으로 전륜 구동과 후륜 조향을 하고 있으며 보통 1톤~10톤까지가 대부분

이지만 그 이상의 대형 장비도 생산되고 있다. 지게차는 동력원에 따라 엔진식과 전동식, 구동형태에 따라 단륜식과 복륜식, 작업용도에 따라 하이마스트, 로드 스테빌라이저, 트리플 스테이지 마스터, 스키드 포크, 힌지 버킷, 로테이팅 포크 등 여러 종류로 분류된다.

상용 트럭의 적재함에 지게차 작업 부분을 장착한 차량은 특수건설기계로 분류된다.

<그림 2-9> 지게차

(5) 스크레이퍼(Scraper)

스크레이퍼는 작업거리가 멀 때 토사 절토, 운반작업용으로 주로 고속도로나 비행장 등 규모가 큰 건설 현장에서 사용된다. 적재용량 $3m^3$ 이상 자주식이 건설기계 범위에 속하고 규격은 보올의 평적용량으로 표시한다.

스크레이퍼의 종류는 트랙터에 의해 견인되는 피견인식 스크레이퍼와 자체엔진에 의해 구동되는 자주식 스크레이퍼가 있다. 피견인식 스크레이퍼는 500m이내의 작업에, 자주식 스크레이퍼는 500m~1,500m의 작업에 효과적이다.

<그림 2-10> 스크레이퍼

(6) 덤프트럭(Dump Truck)

덤프트럭은 적재용량 12톤 이상의 것을 건설기계라 하지만, 이 중에서 20톤 미만의 것으로 화물운송에 사용하기 위하여 자동차관리법에 의해 자동차로 등록된 것은 제외된다. 화물 및 골재 등의 원거리 수송에 효율적으로 사용할 수 있어 토목, 건축공사 등에서 자주 편리하게 사용된다. 덤프트럭의 종류에는 적재함을 후방으로 경사시켜 하역할 수 있는 리어 덤프형과 측방으로 경사시켜 하역하는 사이드 덤프형, 리어 덤프형보다 후방 경사각이 큰 크렌 로우딩 덤프형, 적재함 바닥을 열어 밑으로 하역할 수 있는 버텀 덤프형, 적재함을 상승시켜 후방으로 하역하는 리프트 덤프형 등이 있다.

<그림 2-11> 덤프트럭

(7) 기중기(Crane)

동력을 사용하여 하물을 달아 올리고 상하·전후·좌우로 운반하는 기계 또는 기계 장치를 말한다. 롤라식 또는 휠식으로 강재의 지주 및 선회장치를 가진 것이 건설기계에 해당하며, 궤도(레일)식인 것은 제외한다.

기중기는 그 용도나 형식에 따라 트럭식(도로형) 크레인, 크롤러식 크레인, 러프테레인 크레인, 올테레인 크레인 등으로 구분할 수 있으며, 노선상을 이동하는 철도크레인, 수상을 이동하는 플로우팅 크레인도 이동식 기중기에 속한다.

기중기의 운동으로는 화물을 달아 올리는(내리는) 권상(권하), 레일을 따라 트롤리가 이동하는 횡행, 수직축을 중심으로 하여 지브 등이 회전하는 선회, 기중기의 지브가 그 지브를 중심으로 하여 상하로 운동하는 기복, 달아올린 하물을 그 높이를 바꾸지 않고 지브의 기둥 쪽으로 끌어당기거나 밀어내는 인입 등이 있다.

<그림 2-12> 크레인

(출처: www.kocema.org)

(8) 모터 그레이더(Motor Grader)

그레이더는 정지작업에 주로 사용되는 자주식의 것으로 표면장비라고도 하며, 작업 범위는 땅고르기, 배수파기, 파이프 묻기, 경사면 절삭, 제설작업 등 여러 작업에 사용된다. 그레이더의 규격은 배토판의 길이(m)로 표시한다. 구조는 메인프레임에 운전석을 중심으로 앞부분에는 블레이드 장치와 이를 지지하는 작업 동력장치, 뒷부분에는 주행동력을 전달하는 동력전달장치와 각부의 동력을 조종하는 조종장치가 장착 되어있다.

<그림 2-13> 모터 그레이더

(9) 롤러(Roller)

롤러는 공사의 막바지에 지반이나 지층을 다지는 기계로서 전압장치를 가진 자주식과 피견인식 진동 롤러 등이 있다. 로드 롤러는 자체중량에 의하여 흙이나 아스팔트를 평면으로 다지는 일을 하고 타이어식 롤러는 흙이나 아스팔트를 반죽하여 다지는 일을 한다. 롤러는 주행속도가 느리므로 타 건설기계에 비해 방열기 용량이 크고 전후진을 자주하므로 전후진 장치가 변속기 내에 있지 않고 따로 설치되어 있으며, 자체중량은 5톤급 장비가 주로 사용된다.

롤러의 종류는 다짐 방식에 따라 자체 중량을 이용하는 전압형식, 진동을 이용하는 진동형식, 충격력을 이용하는 충격형식 등이 있으며, 각 형식에 따라 다음과 같은 기종들이 있다.

① **전압형식** : 탠덤 롤러, 타이어 롤러, 매카덤 롤더 등
② **진동형식** : 진동 롤러, 진동 분사력 캠팩터 등
③ **충격형식** : 래머, 탬퍼 등

<그림 2-14> 롤러

(10) 노상안정기(Road Stabilizer)

노상안정기는 노상에서 전진하며 토사를 파쇄 또는 혼합하며, 유재 살포작업도 가능한 기계로 혼합폭과 깊이를 유지할 수 있는 성능을 갖고 있다.

노상안정기의 구조는 유제탱크, 가열장치, 로터, 푸드, 압송펌프 등으로 구성된다. 유제탱크의 용량은 탱크안에 저장할 수 있는 유제의 유효용량으로 표시되며 가열장치는 유

제탱크 안의 아스팔트 등을 보온하기 위하여 버너 등으로 가열하는 장치이다. 유제를 밀어 보내는 펌프의 용량은 단위 시간당 토출량으로 표시한다.

<그림 2-15> 노상안정기

(11) 콘크리트 뱃칭플랜트(Concrete Batching Plant)

콘크리트 뱃칭플랜트는 저장부에서 시멘트, 자갈, 모래, 물, 혼합재 등을 계량기에 의해 소정의 배합비율로 신속 정확하게 계량하여 혼합 장치에 공급하면 여기서 믹서로 균일한 고능률로 혼합하여 아직 굳지 않은 상태의 생 콘크리트를 생산하는 설비이다.

종류는 그 형상에 따라 탑형, 골재 하차장 계량형, 간이형으로 나뉘며 이중 탑형이 가장 많이 사용된다. 또한 조작 방식에 따라 수동식, 반 자동식, 자동식, 전자동식이 있고 계량 방식에 따라 개별 계량방식과 누가 계량방식이 있다.

성능은 단위 시간당 콘크리트 혼합 능력으로 표시되며 1시간당 20배치 즉, 1배치당 3분으로 계산한 값을 호칭능력으로 정하고 있다. 구조는 수재부, 저장부, 계량부, 믹서부로 구성된다.

<그림 2-16> 콘크리트 뱃칭플랜트

(출처: www.kocema.org)

(12) 콘크리트 피니셔(Concrete Finisher)

콘크리트 피니셔는 콘크리트 스프레더가 깔아 놓은 콘크리트를 평탄하고 균일하게 다듬질하기 위해 1차 스크리드, 바이브레이터, 피니싱 스크리드 등의 정리 및 사상 장치를 가진 원동기를 설치한 기계이다.

규격은 시공할 수 있는 표준폭으로 나타내며 1차 스크리드가 콘크리트 표면에 일정한 두께로 포설하면 바이브레이터가 진동과 압력을 주어 다지며 피니싱 스크리드가 예각의 칼날을 이용하여 평탄하게 절삭하여 작업을 수행한다.

콘크리트 피니셔의 구조는 거푸집 위의 레일 위를 주행하고 1차 스크리드와 바이브레이터는 더 돋는 양만큼 퍼스트 스크리드를 높게 하며 양자를 유압장치에 의하여 소요의 높이로 유지시킬 수 있는 구조로 되어 있다.

<그림 2-17> 콘크리트 피니셔

(출처: www.kocema.org)

(13) 콘크리트 살포기(Concrete Spreader)

콘크리트 살포기는 콘크리트 분배기 또는 콘크리트 디스트리뷰터라고도 한다. 콘크리트 펌프에 의하여 배관을 통해 압송되어진 생콘크리트를 형틀 내로 분사하는 기계이다. 배관을 붐 등에 장착하고 공중으로부터 콘크리트를 공급·분배하는 것으로 자립 마스트식, 셀프 크라이밍식, 크롤러 탑재식 등 여러 가지가 있다.

<그림2-18> 콘크리트 살포기

(출처: www.kocema.org)

(14) 콘크리트 믹서트럭(Concrete Mixer Truck)

믹서트럭은 시멘트, 모래, 쇄석, 물을 혼합하는 배처 플랜트에서 건설 현장까지 콘크리트를 운반하는 용도로 사용되며, 다음과 같이 분류된다.

① Agitator Type ; 굳지 않을 정도로만 섞으면서 대부분 완전히 비벼진 콘크리트 운반

② Wet Type ; 계량된 재료를 드럼내에서 운행 중 믹싱하면서 현장까지 운반(1시간 이상 거리)

③ Dry Type ; 장거리 운송시, 물 이외 재료 드럼내 투입 운반, 현장에서 일정량 물 주입 혼합하여 타설.

그림과 같이 뒤쪽으로 기울어진 입구를 갖고 있는 항아리와 같은 모양으로 더블 스파이럴 블레이드가 드럼 내측으로 고정되며, 드럼은 일정하게 회전한다.

주입 및 믹싱(애지테이팅)과 배출은 드럼의 회전 방향을 반대로 해서 실행된다.

규격은 혼합 또는 교반장치의 1회 작업능력(m^3)을 표시한다.

<그림 2-19> 콘크리트 믹서트럭

(15) 콘크리트 펌프(Concrete Pump)

물을 보내는 펌프와 마찬가지로 흡입밸브, 배출밸브, 피스톤을 갖추고 있다. 긴 철관 속의 콘크리트에 피스톤으로 단속적인 압력을 가하여 앞끝에서 밀어낸다. 터널 속과 같은 좁은 곳이나, 높은 곳에 콘크리트를 운반하는 데 적합하며, 계속적으로 보낼 수 있어 능률 적이다.

원동기를 가진 이동식과 트럭 적재식인 것을 말하며, 수송량은 콘크리트의 성질, 특히 비빔 정도나 보내는 거리에 따라 달라진다.

규격은 시간당 배송능력(m^3/hr)로 표시하나, 최대 수직 붐길이(m)로 표시하기도 한다.

<그림 2-20> 콘크리트 펌프

(16) 아스팔트 믹싱 플랜트(Asphalt Mixing Plant)

아스팔트 믹싱 플랜트는 아스팔트 도로공사에 사용되는 포장재료를 혼합·생산하는 기계로서 골재 공급장치, 건조 가열장치, 혼합장치, 아스팔트 공급 장치와 원동기를 가진 것을 말하며 트럭식과 정치식이 있고 장비규격은 시간당 생산량으로 표시한다.

구조는 골재 저장통의 골재가 피이더를 통해 엘리베이터를 타고 드라이어에 공급된다. 드라이어는 3~7도 경사로 회전하며, 투입된 골재는 중유 버너로 가열하여 골재를 건조시킨다. 건조된 골재는 핫 엘리베이터를 통해 진동 스크린에 저장되며 각 입자 크기별로 선별되어 계량장치에 공급된다.

<그림 2-21> 아스팔트 믹싱 플랜트

(17) 아스팔트 피니셔(Asphalt Finisher)

아스팔트 피니셔는 아스팔트 플랜트로 부터 덤프트럭에 운반된 혼합재를 노면위에 일정한 규격과 두께로 깔아주는 기계이다.

소형은 호퍼 용량 1~2톤, 대형은 호퍼 용량이 5~6톤 정도이며 자체중량은 13~14톤 정도이다.

구조는 스크리드 기준면에 대해 가로, 세로의 변화 각을 조정할 수 있는 자동 스크리드 제어 장치와 강력한 4대의 바이브레이터에의해 스크리드 전체에 진동을 가하여 균일한 포장을 하는 고정장치가 있으며, 그 밖에도 혼합 이송량 제어장치, 스크리드, 피더 등이 있다.

<그림 2-22> 아스팔트 피니셔

(18) 아스팔트 살포기(Asphalt Distributer)

아스팔트 살포 장치를 가진 자주식의 것으로 아스팔트탱크, 가열장치 및 살포장치 등을 갖춘 기계가 이에 속하며, 아스팔트 분배기 또는 아스팔트 디스트리뷰터라고도 한다.

아스팔트 포장공사에서 최초에 포장하고자 하는 면에 디젤 버너에 의해 발생된 열로 유제탱크의 외기를 가열, 액상의 아스팔트를 살포바아 또는 스프레더를 통해서 살포하며, 최초에 표면에 살포하는 작업을 프라임코트라 하고 노후된 포장면 위에 살포하는 작업을 씰코트라 하는데 이것은 일종의 접착제 역할을 한다.

규격은 아스팔트탱크의 용량(L)으로 표시한다.

<그림 2-23> 아스팔트 살포기

(19) 골재 살포기(Aggregate Spreader)

골재 살포기는 도로 활주로 등의 노반 공사에 필요한 각종 골재, 소일 시멘트, 성토 등의 재료를 소요의 폭(2.3~4.5m), 소요두께(최고 300mm)에 맞추어 신속하게 살포하는 자주식의 것으로 휠식 또는 크롤러식 주행장치 외에 골재 살포장치, 다짐장치 및 원동기 등으로 구성된 기계가 이에 속한다. 따라서 다져진 노면을 수정하는 에지와 노반 이동용 피더 등을 추가로 장착한 노반 형성기도 포함된다.

규격은 노반재 표준 부설폭(m)으로 표시한다. 골재 살포기에는 무한궤도형식과 타이어 형식이 있으며 주행장치 이외에 골재 살포기, 다짐장치, 원동기 등이 있다.

<그림 2-24> 골재 살포기

(20) 쇄석기(Crusher)

쇄석기(Crusher)는 도로공사 및 콘크리트 공사에서 골재를 생산하기 위하여 원석을 부수어 자갈을 만드는 기계이며, 보통 20kW 이상의 원동기를 가진 것으로 쇄석장치와 피터, 컨베이어, 스크린 등을 조합하여 원석을 파쇄, 분류하는 기계이다.

종류로는 조 크러셔, 롤러 크러셔, 콘 크러셔, 자이러토리 크러셔, 임팩트 크러셔, 로드 밀 크러셔 등이 있다

<그림 2-25> **쇄석기(Crusher)**

(21) 공기압축기(Air Compressor)

공기압축기는 공기를 압축 생산하여 높은 공압으로 저장하였다가 필요에 따라서 각 공압 공구에 공급하여 작업을 수행할 수 있도록 하는 기계이다.

공기토출량이 매분당 $2.83m^3$ 이상의 이동식의 것을 건설기계라 하며 종류로는 2륜식과 4륜식이 있다. 공기 생산과정에 의한 분류로는 피스톤식 공기압축기와 베인식 공기압축기가 있다.

피스톤식 공기압축기는 1, 2차 실린더에서 압축공기를 생산하여 냉각기로 보내지고 냉각기에서는 냉각팬에 의해 강제통풍에 의한 냉각작용을 하고 냉각된 압축공기는 3차 고압 실린더로 들어가 또다시 압축을 하게된다.

베인식 공기압축기의 경우, 공기가 여과기를 통해서 저압펌프에 들어가 압축되어 냉각기로 들어가 냉각이 이루어지고 이 공기가 다시 고압펌프로 들어가 공기탱크에 저장된다.

<그림 2-26> **공기압축기**

(출처: www.kocema.org)

(22) 천공기(Drilling Machine)

회전력, 충격력을 이용하여 암반을 천공하는 장비로, 압축공기나 유압에 의해 작동되며, 크롤러식 또는 굴진식으로 천공 장치를 가진 자주식의 것을 말하며 크롤러식은 차대 위에 프레임, 붐, 드리프터 등이 장착되고, 굴진식은 외벽지주 데스크 등의 본체에 유압 잭, 동력장치, 측량 및 배토장치 등의 작업장치를 가진다.

천공기는 노천광산, 토목공사 현장의 지표면 천공, 터널 또는 지하광산에서의 천공, 석유 시추 및 지하수 개발 등의 천공 및 암벽 절개면의 보강을 위한 천공 작업에 사용된다.

천공의 방식에 따라서 타격식, 회전식, 회전타격식으로 분류 가능하며, 일반적으로 다음 3가지 방식이 주로 사용된다.

① Top hammer drilling(THD) : 회전력, 충격력
② Down the hole drilling(DTH) : 회전력, 충격력
③ Rotary drilling(RD) : 회전력

<그림 2-27> 천공기와 천공방식

(출처: www.kocema.org)

(23) 항타 및 항발기(Pile Driver)

항타 및 항발기는 붐에 파일을 때리는 부속장치를 붙여서 드롭 해머나 디젤 해머로 강관파일이나 콘크리트파일을 때려 넣는데 사용된다. 항타기는 기초공사시 교주항타, 기중 박기, 말목항타, I빔 및 H빔의 항타작업에 효과적이다.

규격은 원동기 장치를 가진 것으로 해머 또는 뽑는 장치의 중량이 0.5톤 이상인 것을

건설기계라 하며, 종류로는 에너지 공급방식에 따라 드롭 해머, 증기 또는 압축공기 해머, 디젤 또는 가솔린 해머, 진동 항타기 등으로 분류한다.

<그림 2-28> 항타기

(출처: wikipedia)

(24) 사리채취기(Gravel Digging Equipment)

사리채취기는 사리(자갈 및 모래) 채취장치가 있는 원동기를 가진 것으로 강, 바다 또는 육상에서 자갈, 모래 등을 채취하고 원하는 크기로 파쇄 및 선별하는 건설기계이다.

구조는 버킷장치, 선별장치, 파쇄장치, 전동장치 등을 본체에 탑재하고 있으며 대선, 대차, 탑재식은 건설기계에 속하나 정치식은 건설기계에 포함되지 않는다. 설치에 의한 분류로 유닛식과 트레일러 탑재식이 있으며, 규격은 시간당 사리 채취량(m^3)으로 나타낸다.

<그림 2-29> 사리채취기

(출처: www.kocema.org)

(25) 준설선(Dredger)

강·항만·항로 등의 바닥에 있는 흙·모래·자갈·돌 등을 파내는 시설을 장비한 배로, 펌프식, 버킷식, 디퍼식, 그래브식 등이 있다.

펌프식의 규격은 준설펌프 구동용 주기관의 정격출력(HP)으로, 버킷식은 주기관의 연속 정격출력(HP)으로, 디퍼식은 버킷용량(m^3)으로, 그래브식은 그래브 버킷의 평적용량(m^3)으로 각각 표시한다.

<그림 2-30> 준설선

(26) 특수 건설기계

건설기계관리법에서는 다음의 7기종의 장비를 특수 건설기계로 정의하고 있다.

① 도로보수트럭(Road Repairing Trucks)

도로보수장치를 가진 자주식의 것으로 차대위에 원동기, 호퍼, 아스팔트혼합재(아스콘)
이송장치 등을 가진 도로보수기계가 이에 속한다. 규격은 호퍼의 용량(m^3)으로 표시한다.

<그림 2-31> 도로보수트럭

<그림 2-32> **노면 파쇄기**

② 노면 파쇄기(Road Milling Machines)

노면 파쇄장치를 가진 자주식의 것으로 도로를 연속하여 파쇄할 수 있는 파쇄장치와 원
동기를 가진 기계가 이에 속한다. 규격은 최대 파쇄폭(m)으로 표시한다.

③ 노면측정장비(Road Measuring Machines)

노면측정장치를 가진 자주식의 것으로 도로의 포장상태 등 노면 상태를 측정할 수 있는
장치와 원동기를 가진 기계가 이에 속한다. 규격은 작업가능상태의 자중(톤)으로 표시한다.

<그림 2-33> 노면측정장비

④ 콘크리트 믹서트레일러(Concrete Mixer Trailers)

콘크리트 혼합 장비를 가진 비자주식의 것으로 규격은 1회 혼합할 수 있는 콘크리트 생산량(m^3)으로 표시한다.

<그림2-34> 콘크리트 믹서트레일러

⑤ 수목이식기(Tree Transfer Machines)

수목 채취 및 운반장치를 가진 자주식의 것으로 수목의 채취 및 운반장치와 원동기 등을 가진 기계가 이에 속한다. 규격은 작업가능 상태의 자중(톤)으로 표시한다.

⑥ 아스팔트 콘크리트재생기(Ascon Repaving Equipment)

포장된 아스팔트 콘크리트를 굴착, 재생하는 기계로서 가열장치, 굴착장치, 재생장치 등을 가진 것이 이에 속한다. 규격은 최대 굴착폭(m)으로 표시한다.

⑦ 터널용 고소작업차(High-Lift Work Platforms)

터널 등 고소작업을 할 수 있는 타이어 식으로 원동기 및 붐, 버킷 등을 갖춘 기계가 이에 속한다. 규격은 정격하중(톤)으로 나타낸다.

<그림 2-35> 수목이식기   <그림 2-36> 아스팔트 콘크리트재생기

<그림 2-37> 터널용 고소작업차

(27) 타워크레인(Tower Crane)

건축물 또는 구조물 주위의 고소에 설치되는 권상, 선회 및 횡행동작을 할 수 있는 건설기계이며, 수직타워의 상부에 위치한 지브를 선회시켜 중량물을 상하, 전후 또는 좌우로 이동시킬 수 있는 정격하중 3톤 이상의 것으로 원동기 또는 전동기를 가진 것을 말하며, 다만 공장등록대장에 등록된 것은 제외한다.

종류로는 T형 타워크레인은 국내에서 주종을 이루는 형식으로 주로 작업반경내에 장애물이 없을 때 사용하며, L(Luffing)형 타워크레인은 고공권 침해 또는 타 건물에 간섭이 있을 경우 사용하고, 지브를 상하로 움직여 작업물을 인양한다.

<그림 2-38> 타워크레인

(출처: wikipedia)

53

2.4 농업기계의 종류 및 정의

본 장에서는 국내의 주요 농업기계에 대하여 간략하게 살펴보고자 한다(각 농업기계별 사진은 제작사의 홈페이지 및 카달로그의 제품 사진 인용).

(1) 농업용트랙터(Farm Tractor)

농작업에 사용되는 각종 작업기를 견인하거나 또는 동력을 전달하여 농작업을 수행할 목적으로 설계된 종합 농업기계이다.

농업용트랙터는 주로 경운(耕耘)·쇄토(碎土) 등의 작업과 탈곡기의 동력원으로 이용되었으나, 시대의 변천에 따라 더 많은 작업을 할 수 있도록 개량되었다. 오늘날의 농업용트랙터는 여러 가지 농작업을 수행하기에 알맞은 구조와 특성을 가지고 있다. 예를 들면, 쟁기·로터리 등을 부착하여 경운·쇄토 작업을 할 수 있을 뿐만 아니라 파종·중경·제초·병충해 방제·양수·탈곡 등 각종 농작업의 동력원으로 이용되고 있다.

<그림 2-39> 농업용트랙터

(2) 동력경운기(動力耕耘機, Power Tiller)

논밭을 갈거나, 흙덩이를 부수고, 땅을 고르거나, 씨뿌리기·운반 등과 같은, 이동하면서 하는 작업과 탈곡·양수와 같이 정지상태에서 하는 작업의 원동력을 공급하는 기계이다. 규모가 작고 탑승하지 않고 작업한다는 것을 제외하면 트랙터와 크게 다를 바가 없다.

작업기를 바꾸어서 여러가지 농작업을 수행할 수 있다는 면에서 경운기는 농업동력화의 핵심이 되는 기종이라 할 수 있다.

경운기는 작업기의 장착(裝着) 및 이용법 등에 따라, 단순히 작업기를 뒤쪽에 달고 견인하는 견인형(牽引形)과 작업기가 경운기 기관의 동력으로 작동하는 구동형(驅動形)으로 나눈다. 그러나 요즈음은 견인작업과 구동작업을 모두 수행할 수 있는 견인·구동 겸용형이 대부분이다.

쟁기와 트레일러를 경운기에 연결하여 견인작업을 할 수 있고, 또 로터리경운기·탈곡기·양수기 등을 연결하여 회전동력을 줄 수 있게 된 것이다.

경운기는 탑재한 엔진의 출력에 따라서 6~10 PS(대형), 3~6 PS(중형), 3 PS(소형)의 3단계로 구분할 수 있다.

<그림 2-40> 동력경운기

(3) 관리기(管理機, Cultivator)

소형 다목적 농업기계로 밭농사 작업의 기계화 촉진을 위하여 1987년 말 농가에 선을 보여 보급 초기에는 과수원의 중경 제초 작업과 퇴구비 설치를 위한 골타기 및 골파기작업에 이용되었으나 최근에는 하우스내 파종, 이식상(移植床)조성을 비롯하여 배수구설치 등 다용도로 이용되고 있다.

<그림 2-41> 관리기

(4) 동력 이앙기(移秧機, Rice Transplanter)

모를 심는 기계로, 모내기 기계라고도 하며, 주행장치에 따라 차륜형과 플로트형으로 나뉘며, 보행용과 승용형으로 구분된다.

이식장치의 구조에 따라 줄모·매트모 ·틀모 등으로 구분되고, 매트모는 육묘작업의 노력과 비용이 적게 들고 파종작업의 기계화가 쉽기 때문에 많이 이용된다. 이앙 조수(條數)에 따라 2조용·4조용·6조용 등으로 구분되며, 2조·4조 이앙기는 보행용이고 6조 이상은 승용이 많다.

이앙기의 구조는 사용하는 모의 종류에 따라 조금씩 다르기는 하나, 대체로 플로트, 식부장치, 엔진, 모탑재대, 주행장치 등으로 구성되어 있다.

플로트는 물이 있는 논에서 기계가 작용할 때, 심는 깊이가 일정하게 유지될 수 있도록 받치는 기능을 하며, 식부장치는 모를 적당한 포기로 나누어 땅에 옮겨 심는 역할을 한다. 조간(條間)거리는 보통 30cm로 고정되어 있고, 주간(株間)거리는 소요되는 평당 포기수에 따라 조정이 가능하다.

<그림 2-42> **동력이앙기**

(5) 콤바인(Combine)

곡물 등 종자작물을 수확하는 농업기계로, 논밭 위를 주행하면서 벼·보리·밀 등의 곡물을 베고, 이어서 탈곡을 하고, 선별과 정선을 하는 데 사용한다. 콤바인이라는 명칭은 예취작업과 탈곡작업을 동시에 수행한다는 점에서 '결합'의 의미로 쓰인 것이다.

콤바인의 구조는 주행부, 예취부, 예취된 작물을 탈곡부로 옮겨주는 반송부, 곡물을 탈곡, 선별, 정선하는 탈곡선별부, 곡물을 탱크 또는 포대에 이송하는 곡립처리부, 볏짚처리부 등으로 되어 있다.

콤바인은 크게 자탈형(自脫型)과 보통형으로 나누어진다. 자탈형이란 자동탈곡기에서 비롯된 말로, 자동탈곡기에 주행장치·예취부 및 반송장치를 추가한 것이라 할 수 있다. 자탈형 콤바인은 일본에서 처음 개발되고 우리나라에는 1969년에 처음 도입되어 사용된 것으로, 이삭 부분만 탈곡부에 넣어 탈곡하는 수선공급식(穗先供給式) 콤바인이다.

보통형 콤바인은 서양에서 맥류의 수확을 목적으로 발달된 것으로서, 예취한 줄기와 이삭을 동시에 탈곡기에 통과시켜 탈곡하는 것이 자탈형과 크게 구분되는 점이다.

<그림 2-43> **콤바인**

건설기계 공학

Introduction to Construction Machinery Engineering

제 **3** 장 │ 건설기계 공학

3.1 디젤엔진

3.1.1 개요

건설기계의 동력원으로는 현재는 거의 대부분 디젤엔진이 사용되고 있다. 그 핵심 이유는 열효율의 우수성 때문이다. 디젤엔진은 가솔린 엔진에 비하여 효율이 약 30% 정도 우수하기 때문에, 가동 시간이 길고, 연료소비량이 많으며, 대부분 사업용으로 사용되는 건설기계, 농업기계를 비롯한 모든 산업용의 주력 동력원으로 사용되고 있다.

디젤엔진이 이와 같이 다양한 용도에 적용되기 때문에, 승용차용으로만 용도가 국한되는 가솔린엔진과 달리, 디젤엔진은 사용용도를 고려하여 엔진이 개발되어야 한다. 즉, 차량용은 속도 및 주행 부하에 따라 엔진의 출력이 제어되지만, 굴삭기에서는 유압펌프를 일정 속도로 구동하여야 하므로, 부하가 변동되어도 엔진 회전속도는 일정 속도를 유지하도록 운전되어야 하고, 로더나 지게차의 경우는 주로 저속에서 작업을 하므로 저속 고토크 특성이 필요하다. 그림 3-2에는 건설기계의 각 용도에 다른 엔진의 부하 및 속도 대응 특성을 비교하였다.

건설기계는 고출력을 요구하는 장비가 많고, 저속에서도 큰 토크 및 동력을 요구하기 때문에, 배기량이 큰 엔진이 필요한 바, 가솔린 엔진으로 대응할 경우는 노킹 등의 이슈로 배기량 및 출력 등에 제한을 받게 되어, 채택 적용하기가 어렵다.

건설기계는 대부분 사업용으로 사용되므로, 건설기계의 동력원인 디젤엔진도 총소유비용(TCO, Total Cost of Ownership)의 최소화가 매우 중요하며, 따라서 가동시간의 극대화, 연료비용 최소화, 정비 최소화 등을 통하여 TCO를 낮추어야 하며, 이외에도 장비에서의 엔진 탑재성, 냉각수 및 작업유 등의 방열량, 고출력 고토크 특성, 운전 조작의 용이성,

안전성, 사용 가능한 연료 및 오일 규격, 배기규제 인증 여부, 각종 편의성 및 운전 작업 정보 제공 등도 건설기계용 동력원 선정에 중요한 항목이다.

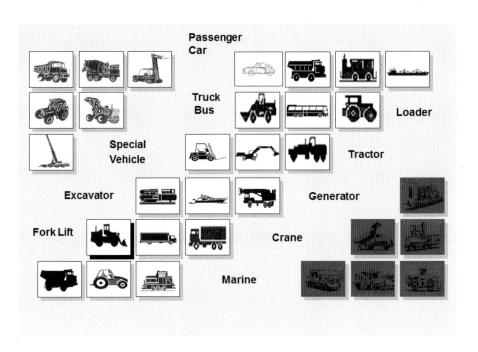

<그림 3-1> 디젤엔진의 다양한 용도

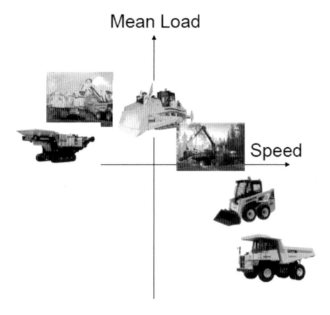

<그림 3-2> 건설기계의 운전 특성 비교

3.1.2 디젤엔진의 작동 원리 및 특징

연료가 갖고 있는 화학적(열)에너지를 기계적 에너지로 특히 회전력으로 바꾸어 주는 장치를 엔진(기관)이라 하며, 실린더내에서 연료를 연소시켜, 열에너지를 발생시키는 열기관을 내연기관이라 한다. 내연기관은 다시 사용하는 연료 및 연소 방식에 의하여 불꽃점화(Spark Ignition) 엔진과 압축착화(Compression Ignition) 엔진으로 구분되고, 디젤엔진은 압축착화엔진에 속한다.

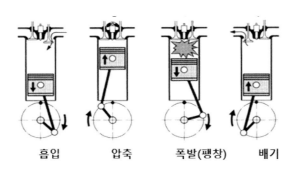

흡입   압축   폭발(팽창)   배기

(a) 4행정 디젤 작동 사이클

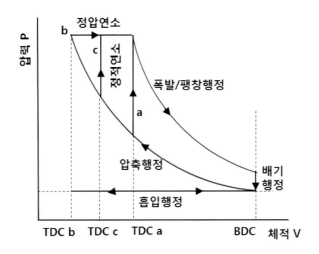

(b) 디젤엔진 열역학 사이클
(a: Otto Cycle, b: Diesel Cycle, c: Sabathe Cycel)

<그림 3-3> 4행정 디젤엔진의 작동 및 열역학 사이클

내연기관의 사이클은 흡입-압축-폭발-배기의 4개의 행정으로 구성되는 4행정기관과 흡입, 압축, 폭발의 상승행정과 팽창, 배기, 소기의 하강 행정의 2행정으로 구성되는 2행

정기관으로 나누어진다.

건설기계에서는 앞서 언급한 바와 같이, 가솔린엔진도 사용 가능하고, 2행정기관도 간혹 적용되기도 하지만, 최근 대부분의 건설기계에는 4행정 디젤엔진이 채택되고 있다.

가솔린엔진이 사용하는 Otto Cycle은 그림3-3(b)의 열역학 사이클 선도에서 a의 정적연소 경로를 따라가며, 이론 디젤사이클은 b의 정압연소 경로를 사용하지만, 실제의 디젤엔진은 사바테사이클인 c의 경로에 가깝게 작동된다. 그림에서 보듯이 디젤엔진의 압축비는 가솔린엔진의 10수준 보다 훨씬 높은 17~20 수준의 압축비를 사용하게 되어, 높은 열효율을 얻을 수 있다.

표 3-1에는 디젤엔진과 가솔린엔진의 특징을 비교하였다. 디젤엔진은 높은 압축비를 사용하여, 실린더내에 고압 고온의 압축공기에 고압의 경유를 분사하여, 자기착화 시키는 압축착화 연소 방식을 사용하고 있다. 따라서 연료로는 세탄가가 높은 경유(Diesel Fuel)을 사용하여 하며, 황산화물 및 미세입자 등의 배출물을 최소화 시키기 위하여 초저유황 경유를 사용하고 있다.

<표 3-1> 디젤엔진과 가솔린엔진의 특징 비교

Engine	Gasoline Engine (1867)	Diesel Engine (1892)
Inventor	Nikolaus August Otto	Rudolf Diesel
Fuel	Gasoline, Alcohol, LPG	Diesel, Kerosene, Heavy Oil
Self-ignite	bad	good
	Higher Octane Number	Higher Cetane Number
Flash point	> - 25 deg C	> 55 deg C
Ignition	Spark Ignition	Self ignition
Mixture	Induction of mixture	Induction of air only
	Homogenous	Heterogeneous
Compression Ratio	Low	High
Control of Power	Throttling	injection quantity
Efficiency	Lower (25 ~ 35 %)	Higher (30 ~ 45%)
Specific Power	Higher	Lower
Max. Speed	Higher(~ 12,000 rpm)	Lower(<4,500 rpm)
Noise & Vibration	Better	Bad
Emission	CO	PM, Smoke

디젤엔진의 작동에 관련된 주요 변수들은 다음과 같다.

엔진의 배기량(Swept Volume, Displacement) Vd는 다음과 같이 구한다.

$$Vd = \frac{\pi}{4} B^2 S N_c$$

여기서 B는 실린더 보어, S는 피스톤 행정, Nc는 실린더 수를 뜻한다.

엔진의 출력(Power Output, P)은 시간당 발생되는 일을 의미하며, 따라서 축에서 발생되는 회전력인 토크(Torque, T)와 엔진회전속도(engine speed, n)의 곱에 비례하게 된다.

$$P = T \cdot (2\pi n) = 2\pi Tn$$

$$P_{(kW)} = T_{(Nm)} n_{(rpm)} / 9{,}549$$

$$P_{(PS)} = T_{(kgm)} n_{(rpm)} / 716.2$$

엔진의 토크는 실린더내에서 연소되는 연료의 열에너지에 엔진 열효율을 곱하여 얻을 수 있고, 연소 가능한 연료량은 실린더의 배기량에 따라서 결정되므로, 결국 엔진 출력은 다음과 같이 표현 가능하다.

$$Power \propto f(fuel\,mass, \eta_{comb})$$

$$\propto f(Air\,Mass, Fuel/Air, \eta_{comb})$$

$$Power = Vd \cdot \eta_V \cdot FAR \cdot \eta_{comb} \cdot n_{engine}$$

여기서 FAR 은 연공비(Fuel-Air Ratio), ηv는 체적효율, ηcomb는 연소효율을 뜻한다.

이로부터 엔진의 출력을 증대시키기 위하여는 엔진 배기량을 증대 시키거나, 엔진의 체적효율의 향상, 연료량 증대, 연소효율 증대 및 엔진 회전속도 증대 등의 방법이 적용될 수 있다. 건설기계의 경우, 엔진 회전속도를 증가시키면, 엔진의 내구성이 악화되고, 엔진에서 구동되는 냉각팬 등의 보기류의 소요동력이 급증하여 엔진 연비가 악화되기 때문에 채택하기가 곤란하며, 배기량을 키우는 경우는, 장비에서의 탑재가 어렵고 복잡하여지기 때문에, 과급을 통하여 동일한 배기량에서도 필요한 연소공기를 증대시켜, 연료를 많이 연소시키는 방법이 주로 활용되고 있다.

3.1.3 디젤엔진 연소

디젤엔진은 17이상의 높은 압축비를 사용하므로, 상사점 직전에서는 600℃ 이상에 이르고, 여기에 수백기압 이상의 고압의 연료가 분사되면, 순간적으로 연료와 공기가 혼합되어, 자기 착화되어 연소가 시작되고, 폭발하게 된다. 이러한 디젤의 연소과정은 착화지연기간(Ignition Delay Period)과 예혼합연소(Premixed Combustion), 그리고 확산연소(Diffusive Combustion)의 3개 과정으로 나누어지게 된다.

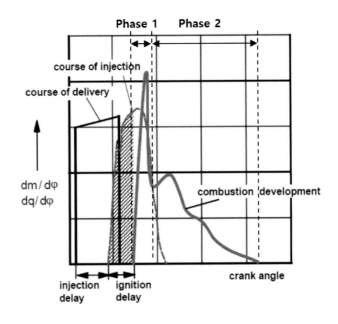

<그림 3-4> 디젤엔진의 연소과정 개념도

착화지연기간은 연소준비 기간이라 할 수 있으며, 인젝터에서 실린더내로 분사되는 연료가 미립화되어 공기와 혼합되고, 증발되어, 자기착화점에 이르기까지의 과정이다. 1~4ms 가량의 시간이 소요되며, 착화지연 기간은 연료의 착화성(세탄가), 실린더내 공기의 압력 및 온도(압축비), 연료 분무의 미립도 및 분무 상태, 연소실내의 공기의 와류 강도 등에 의하여 좌우된다.

예혼합연소(Premixed Combustion, Phase 1)는 자기착화 시점까지의 분사된 연료 중 연소 준비가 완료된 연료들이 동시에 폭발적으로 연소되는 과정이다. 이로 인하여 실린더 내 압력을 급격히 증가시키게 되며, 연료의 세탄가가 높고 압축비가 높을수록, 착화지연

기간이 짧아진다. 반면에, 연료의 분사시기가 너무 빠르면, 상대적으로 연료 분사시의 공기의 온도 압력이 낮아지므로, 착화를 지연시키게 된다. 착화지연 기간이 길어지면, 지연기간 중 연료 분사량이 증가되고, 자기 착화시 초기 폭발 가능한 예혼합연소량이 증가되어, 실린더내 최고 압력을 증가시키고, 상대적으로 열효율도 향상되지만, 압력상승 속도가 급증하여 연소소음이 커지고, 질소산화물 발생 또한 많아지게 된다. 동일 분사 조건에서는 연료의 세탄가가 높아지면, 엔진의 효율이 향상 된다.

확산연소(Diffusive Combustion, Phase 2) 과정은 앞의 폭발적인 예혼합연소 이후에는 실린더내 온도 압력은 상당히 높아져 연료의 착화에는 문제가 없지만, 연료와 공기의 혼합이 필요하며, 연소실내에서의 연료 액적의 확산 혼합속도에 따라서 연소 속도가 좌우되기 때문에, 확산연소로 불리운다. 확산연소 기간이 너무 지연되면, 피스톤의 하강 행정 중에 연소가 이루어지므로, 연소 효율의 악화 원인이 될 수 있다.

디젤엔진에서 열효율을 극대화시키면서도 질소산화물을 최소화 시키기 위하여는 예혼합연소량을 적정 수준 이하로 유지하면서도 연소 종료시간이 너무 길어지지 않도록 연소를 제어시켜야 한다. 이를 위하여는 착화지연을 짧게 하고, 분사율을 높여주는 것이 필요하므로, 연료분사는 상사점 부근으로 가능한 늦추면서, 초고압으로 분사하여 분사율을 극대화 시키고, 분사기간을 짧게 유지시키는 방법이 주로 사용된다.

이러한 디젤연소의 가장 큰 이슈는 초기 연소는 자기 착화에 의존하기 때문에, 자기착화성이 우수한 세탄가가 높은 연료가 필요하며, 온도가 매우 낮은 저온에서는 착화성이 악화되어, 시동성이 악화되고, 착화지연이 길어져서 착화시 너무 많은 연료가 순간적으로 폭발하여 디젤 노킹이 발생될 수 도 있다. 따라서 디젤엔진은 세탄가가 양호한 연료와 함께 고압축비를 사용하게 되었다. 이전에는 연료분사장치 및 연소실 설계 기술 등이 미흡하여 소형엔진에서는 와류실이나 부실을 이용하여 1차 착화를 시킨 후 실린더내에서 2차 연소를 진행시키는 간접분사식 연소방식(IDI, Indirect Injection System)을 사용하기도 하였으나, 최근에는 주로 직접분사식 연소방식(DI, Direct Injection System)이 사용되고 있으며, 흡기 및 배기 밸브를 각각 2개씩 사용하는 4밸브 시스템을 적용하여, 연료 인젝터를 연소실 중앙에 수직 배치함으로써, 공기와 연료의 혼합을 최대한 극대화시키는 설계가 주로 사용되고 있다.

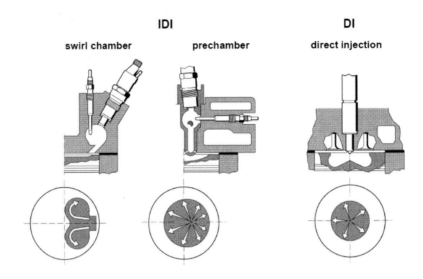

<그림 3-5> 디젤엔진의 연소방식 비교

또 하나의 문제는 매연(Smoke) 문제이다. 연료는 압축된 공기 중으로 분사되어 짧은 시간에 공기와 혼합되어야 하므로, 실제로 연소실 내에서의 연료 공기 혼합 상태는 완전 균일한 상태가 되기 어렵고, 따라서 일부 연료는 공기와 혼합되지 못하여 완전연소 되지 못하고 매연 상태로 배출되며, 입자상물질 및 초미세입자를 과다 배출하는 단점을 갖고 있다. 이의 해결을 위하여 실린더내로 공기가 유입될 때, 와류(Swirl)가 강하게 생성되도록 실린더 헤드의 포트 및 연소실을 설계하고, 초고압으로 연료를 분사시켜 연료분무 입자를 미세 미립화시켜, 연료와 공기의 혼합을 향상시킴으로써 매연 및 미세입자 발생을 저감 시킨다.

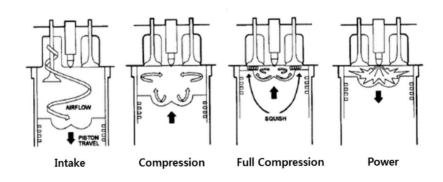

<그림 3-6> 디젤엔진 연소실내 공기 유동

3.1.4 디젤엔진의 주요 구조 시스템

디젤엔진은 경유 연료를 연소시켜서 회전력을 발생시키는 열기관이며, 그림 3-7과 같이, 연료 및 연소 시스템, 흡기시스템, 배기시스템, 윤활 및 냉각 시스템과 함께, 발생된 동력을 축으로 전달시키는 구동시스템과 주요 시스템이 필요한 적정 시기에 맞추어 작동되도록 하는 타이밍계통 등으로 구성된다.

디젤엔진의 주요 부품 시스템은 가솔린 엔진 등과 마찬가지로 실린더 블록, 실린더 헤드, 밸브 구동장치, 흡배기 장치, 연료분사장치, 기타 보조장치 등으로 구성되며, 여기에 엔진과는 별도로 차량이나 장비에 탑재되지만, 배출가스 후처리장치가 포함된다.

실린더블럭과 헤드는 주물로 제작되고, 엔진의 대부분의 부품이 블록 및 헤드의 내외부에 조립되거나 장착된다. 따라서 블록 및 헤드는 출력 성능을 비롯하여 연소방식, 냉각계통, 윤활계통, 흡배기계통 및 연료분사시스템에 따라서 세밀하게 검토되어야 하며, 시스템 레이아웃, 구조 강도, 각종 베어링, 동력전달계통 부품 등의 선정 등과 함께 설계가 진행된다.

디젤엔진은 17~20 수준의 높은 압축비를 사용하기 때문에, 실린더내 최고 폭발압력이 매우 높아 고강성 구조가 요구된다. 최근에는 고성능 고출력 경향으로 250bar 이상의 폭발압에 견딜 수 있는 강도 설계가 요구되고 있으며, 실린더 블록과 실린더 헤드는 모두 주물이 주로 사용되고 있으며, 블록과 헤드사이의 가스켓으로는 스틸제가 주를 이루고 있다. 또한 기통간 적정 냉각수 통로 확보가 필요하고, 최근 주물 기술의 발전에 따라서 주물 두께를 작게하면서도 냉각을 최적화시키는 경량화 설계에 집중하고 있다.

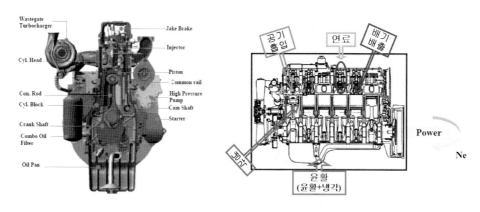

<그림 3-7> 디젤엔진의 기본 구조 단면도

  실린더 블록에는 피스톤 접촉 부위에 라이너를 설치하는 것이 일반적이지만, 기통당 1리터 이하의 소형엔진의 경우는 라이너를 삭제하고 실린더 내면을 필요한 가공 처리하여 사용하는 추세이다.

  실린더 헤드의 하면은 연소시의 고온 고압의 폭발로 인하여 국부적으로 집중적인 열부하를 받게 되어, 내부의 냉각 통로 설계가 매우 중요하고, 특히 매연 감소를 위하여 인젝터를 중앙에 수직으로 설치하는 4밸브 구조를 사용하게 되어, 흡입공기 및 배기 배출의 통로가 되는 포트의 설치 또한 매우 중요하다.

  실린더 블록에는 피스톤 및 연결봉(커넥팅로드, Connecting Rod)의 조립체가 삽입되고, 그랭크축에 연결되어 연소시 발생되는 에너지를 왕복운동에서 회전운동으로 바꾸어 플라이 휠로 전달하게 된다.

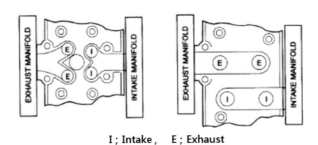

I ; Intake ,   E ; Exhaust

<그림 3-8> 실린더 헤드 내의 흡배기포트 배치

<그림 3-9> 디젤엔진의 밸브트레인과 동력 발생 기구 구조

피스톤의 경우, 출력 증가에 따른 열부하 대응을 위하여, 오일 냉각을 위한 통로가 설치되며, 오일 제트를 이용, 피스톤 냉각용 오일을 공급하게 된다. 또, 알루미늄 재질로는 200bar 이상의 연소 폭발압에 견딜 수 있는 강도가 부족하기 때문에, 고출력 엔진에서는 스틸제 피스톤의 적용이 필요하다.

밸브시스템의 경우 소형 고속 엔진에서는 가솔린엔진과 마찬가지로 OHC(Overhead Cam) 방식이 많이 채택되고 있으나, 중대형 엔진에서는 그림3-9와 같은 OHV(Overhead Valve) 구조가 일반적이어서, 캠축은 실린더 블록내에 설치되며, 캠축은 내구 수명 등의 이유로 타이밍 기어 방식이 주로 적용되고 있다. OHV 방식의 밸브트레인은 캠축이 태핏(Tappet)과 푸쉬로드(Push Rod)를 통하여 실린더 헤드에 설치된 로커암(Rocker Arm)을 작동시키고, 로커암이 캘리퍼(Caliper)를 거쳐 밸브를 필요한 시점에 개폐시키게 된다.

흡기계통은 가솔린엔진과는 달리 흡기 스로틀 밸브(Throttle Valve)가 없으며, 매연 저감 및 출력 증대를 위하여 배기터보과급기 및 인터쿨러가 대부분 사용되고 있다. 이전의 자연흡입식 엔진과 비교하여 보면, 터보과급 인터쿨러 엔진의 경우, 동일 배기량에서 출력을 2~3배로 증대시킬 수 있고, 연비 및 배출가스도 대폭 향상 개선 가능하다. 최근의 배출가스 규제 기준에 대응하기 위하여서는 (건설기계와 농업기계 배출가스 허용기준은 표3-2 참조) 반드시 터보과급 인터쿨러 방식의 적용이 필수적이다.

건설기계는 사용 환경이 대기 공기의 질이 나쁜 경우가 많기 때문에, 공기청정기의 선정이 매우 중요하다. 광산이나 토목 공사 등에서는 먼지가 많고, 모래 등의 미세 입자가 엔진 내부로 유입되어 엔진 소착 혹은 과다 마모 등의 품질 문제의 원인이 되기 때문에, 습식 공기청정기를 사용하는 경우가 많다.

냉각장치는 냉각수펌프, 수온조절기(Thermostat), 라디에이터, 냉각팬(Cooling Fan) 및 냉각수필터 등으로 구성되며, 라디에이터는 차량이나 장비에 장착된다. 냉각장치는 엔진의 주요 부위를 냉각시켜 과열을 방지하는 기능을 수행하며, 냉각이 부족하면 과열이나, 피스톤 등 주요 부품의 소착의 원인이 되기도 한다. 반면 냉각이 과도하면 열손실이 증가되어, 연비 악화로 이어지므로, 적절한 냉각 성능 매칭이 필요하다.

특히 건설기계의 경우는 장비가 대부분 저속으로 운전되거나 정지상태에서 작업을 하게되어, 외부 공기에 의한 냉각이 어려워, 장비에 탑재시에 냉각계통의 설치 및 매칭에

세심한 주의 노력이 필요하며, 대용량의 냉각팬이 요구되는 경우가 많고, 이 경우 소음이 크게 증가하여 소음 저감 대책이 필요하게 된다. 또한 냉각팬이 소요 동력이 매우 커서 연비 악화에 큰 영향을 미치게 되므로, 최근에는 전자제어 냉각팬 클러치를 적용하거나, 전동팬의 사용이 증가되고 있다.

또 한랭지나 열지 등 운전 작업이 많기 때문에, 냉각수가 얼거나 비등하는 것을 방지하기 위하여 반드시 부동액을 사용하여야 하고, 실린더내부의 라이너 외주면에 이물질 등 부착에 의한 캐비테이션(Cavitation) 등의 품질 문제를 방지를 위하여 냉각수 필터 및 부식 방지제 등을 사용하기도 한다.

윤활장치는 주요 부품의 윤활과 함께 냉각 기능을 함께 담당하고 있다. 윤활장치는 오일팬, 오일펌프, 오일필터, 오일냉각기 및 조절밸브 등으로 구성되며, 크랭크축, 캠축, 피스톤, 밸브계통 및 터보과급기 등 엔진 오일에 의한 윤활 및 냉각이 필요한 개소에 엔진 오일을 펌프로 가압하여 공급시켜 주게된다. 건설기계에서는 사용 환경이 열악하고 장시간 고부하 운전 하는 경우가 많고, 굴삭기 등과 같이 경사지 작업이 많아서, 윤활계통도 상대적으로 용량 및 윤활유 등의 선정이 매우 중요하다.

굴삭기용으로 사용되는 경우는 오일팬 형상 및 용량을 잘 선정하여, 30~40 도 경사지에서 운전되어도 오일이 원활하게 공급되면서, 또한 CCV(Closed Crankcase Ventilation) 라인이나 흡입계통 등으로 오일 유입이 없도록 시스템이 설계되어야 한다.

사용되는 엔진 오일은 최근에는 DPF, DOC를 비롯하여 SCR, LNT 등의 배기 후처리 촉매 장치가 사용되므로, 촉매의 성능 및 내구성에 영향을 주는 오일 피독 현상 등이 없도록 오일 성분 및 규격 선정을 하여야 한다.

3.1.5 디젤 연료분사장치

디젤엔진의 연료분사장치는 고온 고압으로 압축된 공기 중에 적정량의 연료를 적절한 시기에 미립화 상태로 분사하여, 최적의 연소가 이루어지도록 하는 것이다. 따라서 디젤엔진에서 가장 핵심적인 시스템이라 할 수 있다.

연료분사장치의 첫 번째 기능은 출력에 필요한 적정 연료량을 제어하는 것이다. 차량이나 장비에서 속도 혹은 작업 부하 등에 따라서 요구되는 출력 등에 맞추어, 적절한 연료량을 연소실에 공급할 수 있어야 한다.

그리고 디젤엔진은 연소가 자기 착화 방식으로 이루어지기 때문에, 최적의 연소를 위하여는 적정량의 연료가 정확한 시점에 분사되어야 한다. 따라서, 디젤연료분사 장치에는 반드시 분사시기를 엔진 속도 및 부하의 변동 등 운전 조건에 맞추어 제어 가능한 타이밍 제어 기구가 필요하다. 특히 엔진 속도가 증가되어도 사이클내에서 적정 연료 분사 시작 및 종료점이 최적화 유지되어야 하며, 출력 증가에 따른 연료분사량 증가시에도, 분사기간이 적정 범위를 벗어나지 않도록 유지되어야, 배출 가스 및 성능 연비의 악화를 방지할 수 있다.

이와 함께 연소과정에서 설명한 바와 같이 연료의 분무 상태가 공기와의 혼합 및 연소과정에 결정적 영향을 주게 되므로, 연료 분사노즐도 분무의 패턴과 분공경 등이 잘 선정되어야 한다. 즉, 분무는 항상 미립화 되어 증발 및 착화가 용이하도록 하여야 하고, 분사된 연료 분무가 연소실 내에서 공기와 잘 혼합되도록 적절한 관통도(Penetration)가 있어야 하며, 연료 분무 사이의 충돌이나 연소실 벽면과의 충돌이 없으면서, 연소실 내 전체 공기를 효율적으로 잘 이용할 수 있도록 연료 분무 배치 등이 설계 되어야 한다.

이러한 연료장치의 최적화는 엔진 및 차량 혹은 건설기계에서의 운전 조건에 따른 미세한 최적화 작업이 필요하며, 특히 최근에는 배출가스 후처리장치와 연계되어, 배출가스 및 연비 등을 최적화시키는 매칭 및 캘리브레이션 작업에 상당한 노력과 기간이 소요되고 있다.

그림 3-10에는 디젤엔진의 연료분사 시스템을 기계식과 커먼레일 전자제어시스템을 비교하여 나타내었다.

연료탱크내의 연료는 연료공급펌프에 의하여 연료필터를 거치면서 수분과 이물질등이 제거되어 연료분사펌프에 공급되며, 분사펌프에서 엔진의 요구되는 적절한 연료량이 고압으로 압축되고, 고압연료관을 지나 인젝터에서 연소실내로 분사된다.

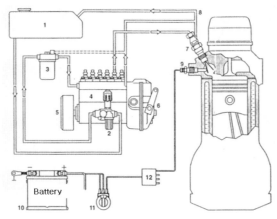

1. Fuel Tank
2. Fuel-supply pump
3. Filter
4. Pump
5. Timer
6. Governor
7. Injector
8. Injection Pipe
9. glow plug

(a) 기계식 연료분사 시스템

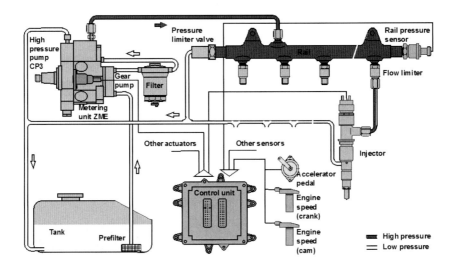

(b) 커먼레일 전자제어 연료분사 시스템

<그림 3-10> 디젤 연료분사 시스템

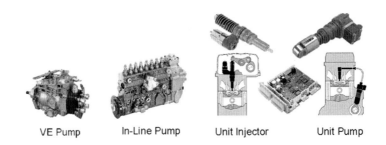

<그림 3-11> 디젤 연료분사펌프 종류

74

디젤엔진에서 연료를 고압으로 압축시켜 주는 연료분사펌프에는 열형타입(In-line Type)과 분배형(Distribution type) 분사펌프가 있다.

열형 분사펌프는 엔진의 기통수와 동일한 개수의 플런저가 펌프하우징 내에서 일렬 수직으로 배치되고, 펌프의 캠축에 의하여 상하운동 하면서 연료를 압송하는 방식으로, 직렬엔진과 유사한 구조를 갖고 있으며, 몸체의 양끝단에 조속기(Governor, 거버너)와 타이머(Timer) 가 장착되어 있다. 분배형 분사펌프는 기통수 만큼의 플런저가 펌프 캠축에 반경방향으로 설치되어 로타리 펌프로도 불리우며, 거버너, 타이머 등이 몸체 내에 설치된다.

열형 및 분배형 모두 4행정 디젤엔진에서는 엔진 2회전당 1사이클이 수행되어야 하므로, 엔진 2회전당 분사펌프는 1회전의 속도로 회전된다.

분배형 펌프는 고속 운전이 용이하지만, 최고 압력이 상대적으로 낮아서, 일반적으로 기통당 1리터 미만의 소형 고속엔진에 주로 사용되고, 열형 펌프는 소형에서 대형엔진 까지 폭넓게 적용되고, 최대 1,000 bar 수준까지 연료를 분사시킬 수 있다.

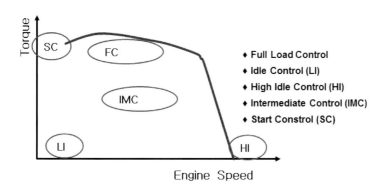

<그림 3-12> **연료분사펌프에서의 거버너의 제어 기능**

거버너의 기본 기능은 속도를 제어하는 것으로 엔진의 최고회전속도를 제한하여 주고(무부하최고회전속도, High Idle), 공회전시 엔진이 정지되지 않도록 속도를 일정하게 유지시켜주며(Low Idle), 엔진의 용도에 따라서 임의의 중간회전속도 영역에서 운전속도를 운전자의 요구에 따라 일정하게 유지시켜 준다(Intermediate Control). 또한 시동시에는 정상 운전시 보다 많은 연료량이 필요하며(Start Control), 엔진의 정상 운전 속도 구간에서 페달을 최대로 밟았을 때의 최대 연료량을 제어하여 매연, 연소압력, 배기가스 온도 등에 문제가 발생하지 않도록 전부하 토크 특성(Full Load Control)을 만들어 주게 된다.

디젤엔진은 출력 및 속도를 엔진에 분사되는 연료량으로만 제어하므로, 연료분사펌프의 거버너는 디젤엔진의 가장 핵심 제어장치라 할 수 있으며, 차량의 가속페달이나 건설기계의 운전 레버가 거버너에 연결되어 엔진을 제어하게 된다.

기계식 연료분사펌프에서는 분사펌프에서 연료를 송출하는 시점과 인젝터에서 연료가 분사되는 시점 간의 시간차를 분사지연이라 하고, 인젝터에서 실린더내로 분사시작점과 연료가 착화되는 시점과의 시간차를 착화지연이라 한다. 분사지연은 연료고압관의 길이에 따라 통과 시간이 결정되고, 고압관내에서의 연료 압력의 전달 속도는 연료 밀도에 비례하고, 착화지연도 대부분 물리적으로 시간이 결정되므로, 이와 같은 지연기간은 엔진속도에 상관없이 일정한 시간이 필요하게 된다. 이 시간은 크랭크 각도로 보면 엔진 회전속도에 비례하여 함께 각도가 증가되므로, 상사점 부근에서 항상 최적 연소를 발생시키기 위하여, 엔진속도 증가시 분사펌프에서의 연료 송출 시기를 앞당겨 주는 진각(進角) 기구가 필요하며, 이 기능을 담당하는 장치를 타이머(Timer) 라고 한다.

타이머는 일반적으로 원심추(Flyweight)와 스프링으로 구성되고 분사펌프 구동축과 분사펌프의 캠축 사이에 장착되며, 구동축의 회전속도가 증가되면 원심력이 커져서 캠축의 회전을 진각시키게 된다.

최근 배출가스 규제가 강화됨에 따라, 입자상물질 및 질소산화물 등의 저감을 위하여 1,200 bar 이상의 초고압 연료분사가 필요하고, 또한 분사시기 및 연료량의 보다 유연한 제어가 요구됨에 따라, 기존의 열형 혹은 분배형 분사펌프로의 대응은 특히 매연 및 입자상물질의 규제 대응하기에는 기술적으로 한계점에 이르게 되었고, Unit Injector 혹은 Unit Pump 등의 새로운 연료장치가 개발되어, 전자제어 초고압 분사가 가능하게 되었지만, 엔진 속도에 관계없이 저속부터 초고압으로 연료를 분사시키기 어렵고, 또 저속 영역에서는 Pilot 분사나 다단 분사가 어려우며, 특히 배기 후처리 장치 제어를 위한 후분사(Post Injection)가 불가능한 단점은 계속 있었다.

1998년말 엔진속도에 관계없이 초고압분사가 가능하고, 엔진 운전 조건에 맞추어 최적의 연료분사 시기 및 연료량 제어가 가능하며, 특히 Pilot 및 Post 분사를 포함한 다분사 기능까지 갖춘 커먼레일 연료분사 시스템(Commonrail Fuel Injection System)이 개발 실용화 되었다.

커먼레일 시스템은 기존의 기계식 연료분사방식과는 달리, 고압연료펌프와 인젝터사이에 커먼레일(Common Rail)을 설치하여 커먼레일에 항상 초고압의 연료를 저장하여 놓고, 인젝터에 밸브를 장착하여 초고압의 연료를 원하는 시점에 분사 가능하도록 함으로써, 연료의 분사압력 생성과 연료 분사를 독립적으로 수행 가능한 연료분사 시스템이다.

연료는 엔진 각 실린더별 분사시기와 상관없이 고압펌프에 의하여 압축되어 커먼레일에 저장되며, ECU(Electronic Control Unit)에 의하여 인젝터의 솔레노이드 밸브가 작동되어 연소실 내로 연료의 분사가 이루어진다. 따라서 엔진의 저속 구간에서도 초고압 분사 및 파일로트(Pilot) 분사가 가능하고, 별도의 거버너나 타이머 없이 필요한 시점에 자유롭게 분사량 및 분사시기의 제어가 가능하므로, Pilot 분사, Post 분사를 포함하여 다단 분사도 가능하게 되었다.

커먼레일 시스템을 사용하면서, 초고압 연료분사는 기본이고, 유연한 최적 연소제어가 가능하게 되고, 특히 분사시기 및 분사횟수의 제한이 없어지면서, 디젤엔진의 고질적 문제인 매연 및 입자상물질, 저온시동성 등이 획기적으로 개선 가능하게 되었고, 질소산화물 등의 배출가스의 저감, 연소소음 저감 등과 함께, 연비 효율 향상, 고출력 고성능 등의 효과가 커서, 소형 승용 디젤엔진에서부터 건설기계용 대형 디젤엔진에 이르기까지 대부분의 디젤엔진에 적용되게 되었다.

커먼레일 시스템은 기본적으로 고압펌프, 연료필터, 커먼레일, 인젝터, ECU, 관련 센서 및 액추에이터 등으로 구성되며, 연료라인은 저압라인과 고압라인으로 구분되고, 물리적 연결없이 전기적 신호로 이루어지는 제어계통으로 구성된다.

저압 연료계통은 연료탱크, 공급펌프, 연료필터, 리턴라인을 포함한 저압연료 라인으로 구성되며, 연료는 공급펌프에 의하여 필터를 거쳐 고압펌프로 공급된다. 특히 커먼레일은 초고압으로 작동되기 때문에 연료내의 미세한 이물질이나 수분이 연료계통에 치명적인 손상을 줄 수 있어서, 기계식 연료장치에 비하여 더욱 미세한 여과가 가능한 필터 사용이 필요하다.

공급펌프는 승용차 등과 같이 저압연료라인이 길고 복잡한 경우, 연료탱크내에 별도의 공급펌프를 설치하는 것이 필요하지만, 건설기계나 상용트럭 등에서는 고압펌프에 장착된 공급펌프가 그 기능을 수행하고, 연료필터는 중소형 엔진에서는 공급펌프 이전에 장착시키는 경우가 많지만, 중대형 엔진에서는 공급펌프와 고압펌프 사이에 위치시키는 경우가 일반적이다.

인젝터에서 실린더내로 분사되고 남거나, 고압펌프와 커먼레일의 압력 조절 밸브로부터 빠져나온 연료는 리턴라인을 통하여 다시 연료탱크로 되돌아 간다.

고압연료계통은 고압펌프, 고압연료라인, 커먼레일 및 인젝터로 구성된다. 고압연료펌프는 통상 1,200 bar 이상의 고압으로 연료를 압축시킬 수 있으며, 최근에는 최대 3,000bar도 기술적으로 가능하게 되었다. 기존의 연료분사장치에서는 각 기통의 분사시기에 맞추어 압축이 진행되었지만, 커먼레일 방식은 엔진 타이밍과는 독립적으로 고압을 유지시킬 수 있도록 고압펌프가 구동되어야 한다. 고압펌프는 기존의 연료분사펌프 위치에 장착되고, 기계식펌프와 달리 엔진의 캠축 회전속도(크랭크축의 1/2)로 구동될 필요는 없으며, 인젝터에서의 연료 분사에 영향을 받지 않고, 커먼레일내의 연료 압력이 목표 수준을 잘 유지시킬 수 있도록 엔진 기통수 및 최대 연료 분사량 등을 고려하여 고압펌프와 엔진회전속도의 비율이 설계된다. 통상 엔진 속도의 1/2 수준에서 4/3 범위에서 설정되며, 최대 3,000rpm 수준 이하로 사용된다.

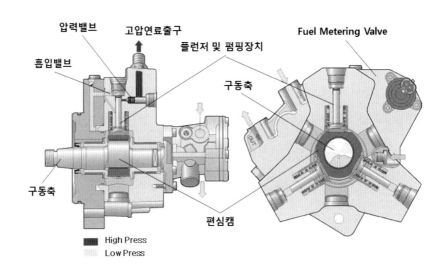

<그림 3-13> 커먼레일용 고압 펌프

커먼레일은 고압의 연료를 저장하는 장치로, 엔진의 모든 기통의 인젝터가 하나의 레일을 공동으로 연결 사용하지만, V형 엔진 등에서는 2개의 레일을 사용하는 경우도 있다.

인젝터에서 연료가 분사되는 동안 분사압력이 일정한 수준으로 잘 유지되어야 하며, 부하 및 속도가 증가되어, 연료 분사량이 증가되어도, 레일내의 압력 변동이 최소화 되도록 용량이 설정된다. 레일에는 압력센서와 압력제한밸브(Pressure Limit Valve)가 설치되어, 엔진 운전조건에 맞추어 목표 압력을 제어 유지시키며, 압력이 과도하게 높아지면, Pressure Limit 밸브가 작동되어 자동으로 연료를 리턴라인으로 빠져 나가도록 한다. 커먼레일과 고압펌프 및 인젝터와의 연결은 제한이 없고, 레일에 설계된 연결구를 엔진의 레이아웃 등에 적합하게 선택 사용이 가능하다.

커먼레일 시스템에서 사용되는 인젝터는 노즐 및 노즐홀더 부분은 기존 기계식 분사노즐과 동일한 구조 방식을 사용하지만, 상부에 전자제어 가능한 밸브가 장착되어 있다.

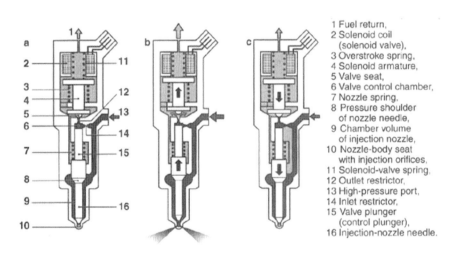

1 Fuel return,
2 Solenoid coil (solenoid valve),
3 Overstroke spring,
4 Solenoid armature,
5 Valve seat,
6 Valve control chamber,
7 Nozzle spring,
8 Pressure shoulder of nozzle needle,
9 Chamber volume of injection nozzle,
10 Nozzle-body seat with injection orifices,
11 Solenoid-valve spring,
12 Outlet restrictor,
13 High-pressure port,
14 Inlet restrictor,
15 Valve plunger (control plunger),
16 Injection-nozzle needle.

(a) 노즐닫힘 및 정지, (b) 노즐열림 / 분사시작, (c) 노즐닫힘 / 분사종료

<그림 3-14> 커먼레일 인젝터의 작동 개념

커먼레일용 인젝터는 그림 3-14와 같은 구조로 되어있으며, 특히 인젝터 상부에 설치된 솔레노이드 밸브가 ECU로 부터의 제어 명령에 따라서 작동되어, 하부의 노즐 니들 상하에 작동되는 힘의 균형에 의하여 분사를 시작하고 종료하도록 되어 있다.

정지시(그림의 a)에는 4번 솔레노이드 아마추어 하단의 볼이 5번 밸브시트에 안착되어 6번의 밸브제어실(Valve Control Chamber)의 압력이 8번의 노즐 니들 압력실의 압력과 똑같은 레일압력이 유지되므로, 16번의 니들은 노즐 오리피스를 막음으로써 분사는 정지된 상태를 유지하게 된다. ECU가 솔레노이드 밸브에 전기적 신호를 주게 되면(그림의 b),

솔레노이드 아마추어는 스프링힘을 극복하고 상승하게 되어, 밸브제어실의 압력이 연료 리턴라인과 통하게 되어 압력이 낮아지게 된다. 따라서 고압의 노즐 니들 압력실의 압력과 밸브제어실 압력의 차압이 7번의 노즐 스프링힘을 이기게 되고 노즐 니들이 상승하게 되어, 연료의 분사가 시작된다. ECU가 솔레노이드 밸브로의 전기적 신호를 중단하게 되면, 솔레노이드 아마추어는 다시 스프링 힘에 의하여 하강하여 밸브제어실로의 통로를 차단하게 되고, 밸브제어실 압력은 다시 레일압력과 같은 고압으로 상승하여, 니들 상하의 압력차가 없어지면서, 노즐 스프링의 힘에 의해 니들은 닫히게 되고, 분사는 종료된다(그림 c).

일반적으로 인젝터의 제어는 솔레노이드 방식이 가장 많이 사용되지만, 개폐 응답성을 더욱 향상시키기 위한 Piezo Type 밸브가 소형 승용 엔진에 적용되기도 한다.

이러한 커먼레일 시스템은 앞서 언급한 바와 같이 고성능 고효율 저배기 엔진 성능의 구현 등에 큰 기여를 하고 있지만, 인젝터에 항상 초고압의 연료가 공급되고 있기 때문에 관련 부품의 품질에 이상이 발생하여, 인젝터의 니들에서 연소실로 연료가 누설되면, 엔진이 압축과정에서 파손되거나, 이상 연소를 비롯한 심각한 품질 및 안전 문제 등을 발생시킬 수 있다. 따라서 인젝터 및 커먼레일에는 인젝터에서의 연료 누설(Leakage)를 감지하여 연료의 이상 분사를 방지할 수 있는 안전장치가 필요하며, 인젝터의 솔레노이드 밸브 부위의 재질 및 조도 등의 내마모 품질이 매우 중요하다. 이와함께 인젝터의 연료 입구 혹은 커먼레일의 인젝터 연결구에 설치되는 Flow Limiter 가 연료 누설 발생시 연료 공급을 차단하여 주는 기능을 수행하기도 한다.

ECU(Electronic Control Unit)는 커먼레일 시스템을 제어하는 핵심 장치이며, 최적의 연료 분사 제어를 위하여, 필요한 엔진 및 차량 혹은 장비의 운전 정보를 모두 수집 분석하기 때문에, ECU는 커먼레일 시스템을 비롯하여 함께 제어 작동이 필요한, 엔진 및 차량의 각종 시스템을 함께 제어하고, 운전자에게 각종 필요한 정보를 제공하고 있으며, 차량이나 장비의 변속기, 후처리 장치 등의 전용 제어장치와 통신을 통하여 엔진의 필요한 정보를 제공하기도 한다.

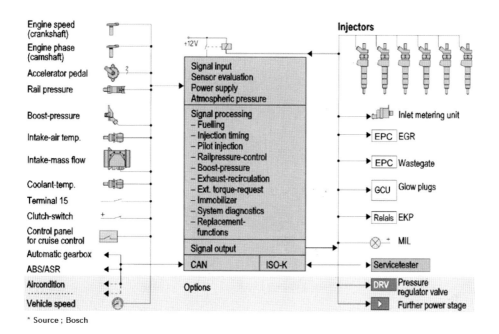

<그림 3-15> 디젤엔진 커먼레일 시스템의 전자제어 시스템

ECU는 기본적으로 인젝터에서의 필요한 연료 분사량 및 분사시기를 계산하고 제어 명령을 내어주며, 이러한 계산 분석은 각종 센서로 부터의 신호, ECU내에 저장된 엔진 작동 관련 맵(Map) 및 변속기 등의 제어장치와의 통신 데이터 등을 기초로 연산하고, 필요한 제어 명령을 인젝터를 포함하여 엔진 냉각팬, 배기재순환장치, 시동 및 시동보조장치, 터보과급장치 등에도 보내어 주며, 차량의 변속기와 제동장치, 건설기계의 유압시스템의 제어장치를 비롯하여 각종 작업장치의 제어장치와 CAN 통신 등을 통하여 필요한 정보를 주고 받기도 한다. 특히 최근에는 DPF, SCR 및 LNT 등의 후처리 시스템의 제어를 엔진 ECU가 직접 수행하기도 하고, 후처리 장치의 제어기와 통신을 통한 상호 제어를 하기도 한다.

최근에는 배출가스 규제가 더욱 엄격하여 지고 있다. 실 도로 주행 배출가스 규제(RDE, Real Driving Emission)와 함께, 운행 중의 배출가스 과다 배출 감시위한 OBD(On-Board Diagnostics) 도입 강화 등으로 커먼레일 시스템용 ECU는 그 기능이 더욱 확장되어 가고 있으며, 개발시 관련 시스템과의 최적 매칭 및 캘리브레이션 등의 업무 범위가 더욱 많아지고, 세심한 작업이 필요하여, 개발 기간 및 비용에 큰 부담이 되고 있다.

3.1.6. 디젤 과급 시스템

디젤엔진의 출력을 증대시키기 위한 과급장치로는 배기터보과급기가 사용되고 있다. 배기터보과급기는 배기가스로 배출되는 엔진의 에너지(연료에너지의 약 30% 내외)를 터빈을 통하여 회수하여, 원심식 압축기를 구동시켜, 흡입공기를 압축하여 엔진에 공급되는 흡기량을 증가시켜 주는 장치이며, 압축과정 중 흡기 온도가 증가되어 흡기 밀도가 감소되는 것을 인터쿨러에서 냉각시켜 고밀도의 흡기를 엔진에 공급하게 된다. 이와 같은 터보과급 인터쿨러 방식의 채택으로 엔진 출력은 약 2배 이상 증대 가능하고, 연비도 30% 이상 향상 된다. 또 연소 공기의 충분한 확보에 의하여 매연이 대폭 저감되고, 질소산화물도 저감되는 효과가 있어, 현재는 모든 디젤엔진이 사용용도 등에 관계없이, 터보과급 인터쿨러 방식을 사용하고 있다.

디젤엔진은 대기압이 낮은 고산지 등에서 사용되면, 대기 밀도 저하에 따라 흡입공기량이 감소되므로 출력이 저하되지만, 터보과급엔진을 사용하면, 과급기가 대기 밀도 저하를 일부분 보상하는 기능이 있어서, 건설기계 등과 같이 고산지 운전 작업이 많은 장비에서 매우 효과적이다.

이와 같은 많은 장점에도 불구하고, 터보과급기는 속도형 열기계인 터빈을 이용하기 때문에 용적형 열기계인 엔진과의 적정 매칭이 어려워, 엔진의 저속회전구간에서는 상대적으로 시간당 배기 유량이 작으므로 터보과급기에 의한 공기량 증대가 작고, 고속 구간에서는 오히려 필요한 양보다 훨씬 많은 공기기 공급되는 불균형이 발생하게 된다.

따라서 터보과급기를 엔진의 고속역에 맞추면 저속 토크가 부족하게 되고, 저속역에 매칭시키면, 출력 증대 효과가 미미하여 지는 문제가 있다.

또한 터빈에서의 에너지 추출과 압축기에서의 흡기 공급 및 연소 과정 까지의 시간 지연(Turbo Lag) 이 있어서, 저속 급가속 운전시 응답성이 지연되는 문제가 있다. 이의 개선을 위하여 소형터빈을 적용하고, 배출가스량이 과도할 경우 바이패스 시키는 Wastegate 터보과급기나 속도에 따라서 배기터빈을 가변화 시켜주는 VGT, VNT 등의 가변터보과급기가 최근 많이 채택되고 있다.

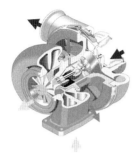  

(일반터보과급기, Wastegate Type, VNT , 좌에서부터)

<그림 3-16> 배기터보과급기 종류

3.1.7. 디젤 배기 후처리 시스템

디젤엔진의 주요 유해 배출 물질에는 매연(Smoke), 입자상물질(PM, Particulate Matter), 질소산화물(NOx), 탄화수소(HC) 및 일산화탄소(CO) 등이 있으며, 현재 국내에서 적용되고 있는 건설기계와 농업기계 배출가스 허용 기준은 표 3-2와 같다. 이 수준은 세계에서 가장 엄격한 기준으로, 유럽의 Stage IV, 미국의 Tier4-final과 동등 수준이며, 디젤차량의 Euro6 기준과도 기술적으로는 동등한 수준이다.

<표 3-2> 우리나라의 비도로 장비(건설기계와 농업기계) 배출가스 허용 기준

(적용 시기 2015년 1월 1일 이후)

원동기 출력범위	CO	NMHC	NOx	PM	Test Mode
8kW 미만	8.0g/kWh 이하	7.5g/kWh 이하 (탄화수소 및 질소산화물)		0.4g/kWh 이하	NRSC모드 및 NRTC모드
8kW 이상 19kW 미만	6.6g/kWh 이하	7.5g/kWh 이하 (탄화수소 및 질소산화물)		0.4g/kWh 이하	
19kW 이상 37kW 미만	5.5g/kWh 이하	4.7g/kWh 이하 (탄화수소 및 질소산화물)		0.03g/kWh 이하	
37kW 이상 56kW 미만	5.0g/kWh 이하	4.7g/kWh 이하 (탄화수소 및 질소산화물)		0.03g/kWh 이하	
56kW 이상 130kW 미만	5.0g/kWh 이하	0.19g/kWh 이하	0.4g/kWh 이하	0.025g/kWh 이하	
130kW 이상 560kW 미만	3.5g/kWh 이하	0.19g/kWh 이하	0.4g/kWh 이하	0.025g/kWh 이하	

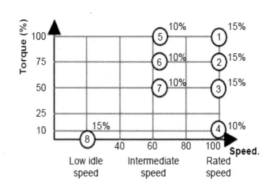

(a) NRSC 모드

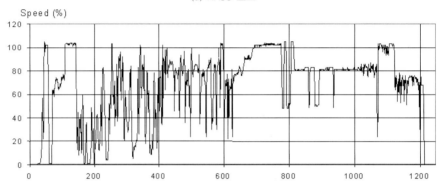

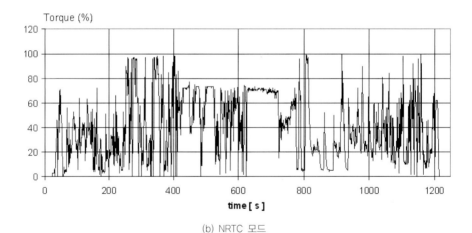

(b) NRTC 모드

<그림 3-17> 비도로장비용 디젤엔진 배출가스시험 모드

이러한 유해 배출 물질을 억제하기 위하여 엔진에서는 초고압 연료분사 및 전자제어 등 새로운 연소 기술을 적용하고, 터보 인터쿨러, 배기 재순환(EGR, Exhaust Gas Recirculation) 등의 배출가스 저감 대책 등을 적용하지만, 최근의 엄격한 배출가스 규제 기준을 맞추기는 불가능하며, 따라서 배출가스 후처리 장치를 적용하여 규제 기준에 대응하게 된다.

디젤엔진은 기본적으로 희박연소 방식이어서 배출가스 중에 산소가 매우 많이 포함되기 때문에 가솔린엔진에서 사용되는 삼원촉매를 적용할 수 없다. 또한 연료를 실린더 내 직접 분사하고 자기 착화시키기 때문에 매연 및 입자상 물질이 과다 배출될 수 밖에 없다.

이러한 디젤엔진의 특성을 고려하여, 디젤 매연 여과장치(DPF, Diesel Particulate Filter Trap), 디젤산화촉매(DOC, Diesel Oxidation Catalyst), 질소산화물 저감(DeNOx) 촉매 장치 등이 최근 개발되어 승용차용으로부터 건설기계용 디젤엔진에 이르기까지 적용되고 있다.

DPF는 디젤엔진에서 배출되는 매연 및 입자상물질(PM, Particulate Matter)을 여과 시켜주는 장치이다. 그림 3-18에서 볼 수 있듯이 실린더 모양 내부에 사각형 혹은 다각형의 채널이 설치되고, 채널의 양끝단의 입출구가 교대로 막혀진 필터의 구조를 갖고 있어서, 통과되는 배출가스 중의 매연이나 입자상물질이 통로에 포집(filtering, trapping) 되는 원리이며, DPF는 필터, 촉매, 캐닝 및 재생 장치 등으로 구성된다.

DPF는 장시간 운전 사용되면, 포집된 물질의 양이 증가되어 DPF 전후의 압력차이가 증가되고, 필터 전체를 막게 되므로, 포집된 입자상물질을 태워 없애 주어야 하며, 이 과정을 재생(Regeneration) 이라 한다. 재생 중에는 고열이 발생되어 필터가 과열 파손되지 않도록 하여야 하며, soot의 연소를 촉진시키기 위하여 필터부에 촉매를 코팅하고 있다.

재생 기술은 버너나 히터 등을 사용하는 강제(Active) 방식과 필터 촉매 처리 등의 수동(Passive) 방식으로 구분되지만, 최근에는 연료의 후분사(Post Injection) 및 DOC에 의한 온도 제어를 이용하는 방법이 일반적으로 사용되고, 저속 저부하 운전이 과다하여 재생에 필요한 배기가스 온도의 확보가 곤란한 건설기계 등에서는 버너 및 히터를 사용하게 된다.

엔진의 ECU는 DPF에 설치된 차압센서로부터 필터 전후의 압력 차이를 모니터링하면서, 일정 수준 이상이 되면, 후분사 등의 연소제어나 DOC의 상류에 설치되는 연료 노즐을 작동시켜 배기가스 온도를 증가시켜 Soot를 재생시켜서 DPF 전후의 적정 압력을 유지시킨다. 재생이 반복되면, Soot 가 타고 남은 재(Ash)가 축적되어, DPF의 작동에 영향을 주므로, 일정 기간 사용 후에는 별도의 청소를 통하여 내부에 쌓인 재를 제거 시켜 주어야만 한다.

필터의 재질은 세라믹 재질의 코디어라이트(Cordierite) 필터, SiC 필터가 주로 사용되며, 벽두께, 셀의 개수, 평균기공 크기 및 다공도 등에 따라서 필터의 포집 효율이 변화되지만, 통상 90% 이상의 효율을 얻을 수 있다.

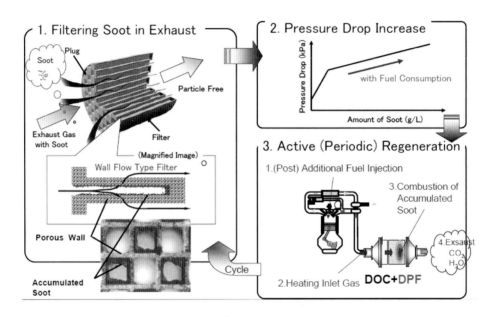

<그림 3-18> DPF의 작동 원리

디젤산화촉매(DOC)는 가솔린엔진에서 사용되는 삼원촉매기술 중 산화촉매 부분을 이용하는 것으로, 배기가스 중의 탄화수소(HC)와 일산화탄소(CO)를 80% 이상 감소시키고, 입자상물질 중의 용해성 유기물질(SOF, Soluble Organic Fraction)도 함께 제거시키는 기능을 갖고 있다. 이와 함께, 앞서 설명한 바와 같이 DPF 재생 기능 및 SCR 촉매의 성능 향상을 도와주는 역할도 수행하게 된다.

DOC 및 SCR, LNT 등의 촉매 장치는 모두 같은 종류의 담체를 사용하며, 필터와 달리 채널 양끝단이 모두 열려있는 구조로 되어 있고, 채널 표면에 귀금속을 코팅하여, 유해 물질이 산소와 만나서 산화 반응을 촉진시켜 주게 된다. 촉매 물질로는 백금(Pt, Platinum)과 팔라듐(Pd, Palladium)이 주로 사용되며, 연료 중의 유황 성분과 만나면 황피독이 발생되어 반응이 급격이 악화되므로, 30 ppm 이하의 초저유황경유의 사용이 반드시 필요하다.

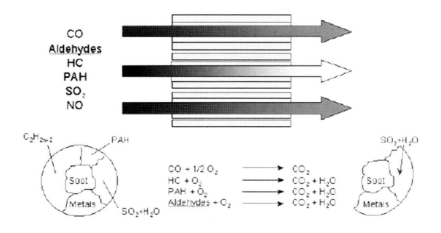

<그림 3-19> DOC의 작동 원리

디젤엔진의 질소산화물(NOx)은 배기가스 중의 산소 농도가 많아서 가솔린엔진의 삼원
촉매의 환원촉매 기능의 사용은 불가능하지만, 최근 희박 공연비 조건에서 작동되는 Urea
SCR(Selective Catalystic Reduction, 선택적 환원저감) 기술과, LNT(Lean NOx Trap)
기술이 상용화 개발되어, 엔진에서의 저감 기술은 EGR 기술과 함께 사용되고 있다.

SCR 촉매는 암모니아를 환원제로 사용하여 질소산화물을 환원 저감시키는 기술로, 발
전소 및 공장 등에서는 이미 널리 사용되고 있다.

SCR의 기본 반응은 환원제로 분사되는 Urea 용액의 증발 및 열분해와 수분해 과정을
통한 암모니아의 추출, 질소산화물의 환원 반응으로 이루어진다.

- Urea 증발 및 열분해: $(NH_2)_2CO + H_2O \rightarrow 2NH_3 + CO_2$

$$(H_2N)_2CO \rightarrow HNCO + NH_3$$

  HNCO의 수분해   : $HNCO + H_2O \rightarrow NH_3 + CO_2$

- SCR 환원 반응

  Fast 반응   : $2NH_3 + NO + NO_2 \rightarrow 2N_2 + 3H_2O$

  Slow 반응   : $4NH_3 + 4NO + O_2 \rightarrow 4N_2 + 6H_2O$

  Very Slow 반응   : $8NH_3 + 6NO \rightarrow 7N_2 + 12H_2O$

SCR 시스템은 환원반응이 이루어지는 SCR 촉매, 환원제인 Urea 공급 시스템(Urea Injector, Urea Supply Pump, Urea Tank 및 Dosing Control Unit) 등으로 구성되며, SCR 촉매 전후에는 온도센서 및 NOX 센서가 장착되어, Urea의 적정 분사 제어에 사용된다.

SCR 촉매로는 시스템이 개발 실용화된 Euro4 단계에서는 Vanadia 계열이 주로 사용되었지만, 중금속 등에 의한 2차 공해 배출 등의 우려로 현재는 대부분 Fe 혹은 Cu를 사용하는 Zeolite 계열 촉매가 사용되고 있다.

SCR 촉매를 사용하면, Urea 공급장치 비용이 비싸고, 차량 및 장비에 장착이 복잡하여지며, 운행 중 항상 연료에 추가하여 Urea를 주입하여야 하는 단점이 있지만, 질소산화물의 저감 능력이 우수하고 (90% 이상) 연비 향상의 장점이 커서 Urea 비용을 포함한 총연료비는 오히려 감소되는 경제적 효과가 커서 사용 운전시간이 길고, 높은 부하에서 운전되어 연료비용이 많이 드는 건설기계 및 상용 디젤엔진에서는 폭넓게 사용되고 있다.

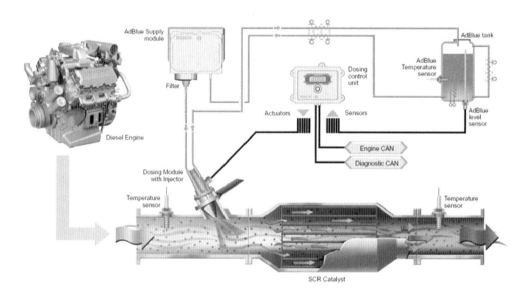

<그림 3-20> SCR 시스템 구성도

LNT(Lean NOx Trap)은 희박운전영역에서 질소산화물을 촉매내에 흡장하였다가, 농후 운전영역에서 이를 방출하여 N2로 환원 재생시키는 방식으로, 가솔린엔진에서 개발된 기술을 기본으로 하여 최근 디젤엔진까지 확대되고 있다.

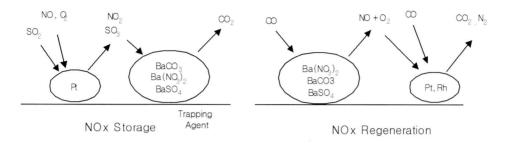

<그림 3-21> LNT 촉매의 기본 반응

디젤엔진은 이와 같은 LNT 촉매에서의 NOx의 흡장 및 재생 반응을 위하여 배출가스 중의 산소농도 제어가 필요하며, 따라서 연소후반기에 연료를 후분사(Post Injection) 시켜야 하므로, 반드시 커먼레일 시스템과 같이 후분사가 가능한 연료 분사장치를 적용하여야 한다.

LNT 장치는 Urea 등의 별도의 환원장치가 필요 없으므로, 시스템이 단순하고, 전체 비용이 저렴한 장점이 있지만, 질소산화물 저감 효율이 SCR에 비하여 상대적으로 나쁘고, 공연비 조절 등에 사용되는 연료의 추가 사용으로 인한 연비 악화가 크고, 실린더내에서 후분사된 연료가 엔진 오일로 유입되어 피스톤과 피스톤링의 내마모성을 악화시키고 연료소모를 증가시키는 등 단점도 많다.

최근 소형의 승용 디젤자동차에서 LNT 기술이 많이 추진되고 있으며, LNT 만으로 규제 대응이 어려운 경우는 LNT + SCR의 복합 시스템도 적극 검토 개발되고 있다. 그러나 운전시간이 길고, 고부하 운전이 많은 건설기계 및 중대형 차량, 상용 차량용 디젤엔진 SCR 시스템이 주로 사용 되고 있다.

3.2 유압장치

3.2.1 개 요

동력전달 방식에는 유압, 전기, 공기압력 등의 여러 가지 방식이 있지만, 방식마다 장단점을 충분히 고려하여 가장 적합한 방식을 선택해야 한다. 유압 방식은 이들 방법 중 대동력의 전달에 적합하므로 주로 유압 방식과 전기방식 혹은 공기압력을 조합하여 사용한다.

<표 3-3> 유압 기호

명칭	기호	명칭	기호
압력 계측기		필터	(1) (2) (3)
압력계		드레인 배출기	수동 배출　　자동 배출
차압계		드레인 배출기붙이 필터	수동 배출　　자동 배출
유면계		가열기	
온도계		온도 조절기	
단동 실린더	상세 기호　　간략 기호	압력 스위치	
복동 실린더	(1) (2)	2포트 수동전환 밸브	
릴리프 밸브		3포트 전자전환 밸브	
시퀀스 밸브		5포트 파일럿전환 밸브	
무부하 밸브		교축 밸브 가변 교축 밸브	상세 기호　　간략 기호
감압 밸브			
체크 밸브	(1)	스톱 밸브	
카운터 밸런스 밸브			

90

(1) 장점

동력 밀도(power density), 즉 장치의 단위 질량 당 출력 동력이 매우 크다. 예를 들면 10kW 직류 전동기의 동력/질량은 0.01kW/N, 유압 모터의 동력/질량은 0.1~0.7kW/N임에 따라서 유압모터는 비행기, 차량 등 가동형 장치 사용에 유리하다. 두 번째로 엑추에이터의 힘(또는 토크) 특성 및 부하 강성이 커서 매우 넓은 속도 범위에 걸쳐 일정한 힘이 발생할 수 있고 부하 강성(load stiffness)이 큼에 따라 유압 유체의 압축성이 낮고 밸브에서의 누설이 적음으로 외부로부터의 부하 변동에 따른 엑추에이터의 위치 변동이 작다. 또한, 부하의 운동에 관하여 매우 정밀한 제어가 가능하고 제어 응답의 신속성이 높다. 밸브나 가변 용량형 펌프를 사용하여 부하의 운동을 제어하며 유압 모터 내부의 관성 모멘트가 작고, 부하 강성이 크므로 신속한 응답 특성을 가진다. 따라서 급가속, 급정지, 속도의 반전이 쉽다.

(2) 단점

유압 시스템 구성 요소의 하나로써 유압 동력원이 필수적이고, 유압 유체 속의 오염물질은 유압 시스템의 고장 혹은 부품의 수명을 단축시킨다. 보편적인 유압 유체인 석유계 유압유는 가연성 물질이므로 고온에 노출될 시 화재의 위험이 크다. 그 외에 유압 시스템은 상대적으로 소음이 큰데, 고압화 및 경량화 될 시 소음은 더욱 증가한다. 유압 시스템의 정특성 및 동특성은 비선형 특성을 가짐에 따라 제어하는데 어려움이 따른다. 또한 에너지 효율이 다소 낮은 편이며, 가벼운 부하를 구동하는 데에는 전기식보다 상대적으로 불리하다.

3.2.2 유압유

(1) 유압유의 역할

유압유는 다양한 사용조건에서 동력을 정확하게 전달하여야 하며, 요소의 운동 부분에 대한 윤활작용이 좋아야 한다. 또한, 유압장치에서 발생된 열을 방출하여야 하며 압력을 유지하도록 유압유는 쉽게 누설되지 않아야 하고, 방청성, 방식성이 좋아야 한다.

(2) 유압유의 조건

① 적당한 점도를 가지며, 온도가 변하여도 점도가 크게 변하지 않아야 한다. 점도를 잘못 선정하면 효율이 저하되고 소음 발생 및 압력손실이 증가하고 누설이 발생하게 된다.

② 기포로 인하여 소음과 캐비테이션 침식이 일어나면 작동 불량이 발생하므로 소포성이 양호해야 한다.

③ 물이 혼합되어 유화(emulsion)된 작동유를 사용하면 윤활성 저하 및 마모가 촉진되므로 수분 등의 불순물과 분리성이 좋아야 한다.

④ 열에 대한 안정성이 좋아야 하며, 저온에서 유동성이 좋아야 한다.

⑤ 압축성이 작을수록 좋으며, 체적탄성계수가 크면 응답성에서 유리하다.

(3) 유압유의 분류

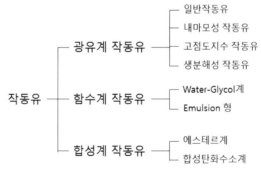

<그림 3-22> 작동유의 분류

① 석유계(광유계) 작동유

윤활성, 방청성이 우수하여 터빈유계 산업기계용으로 많이 사용된다. 차량용, 건설기계용은 터빈유 이외에 가솔린 엔진오일이나 디젤엔진 오일 등을 사용한다.

② 함수계, 합성계(난연성) 작동유

함수계, 합성계(난연성) 작동유는 화재위험이 있는 유압장치에 사용하고 함수계 작동유는 물의 비등에 따른 캐비테이션 발생이 쉽고, 전기분해로 금속의 부식을 일으키기 쉽다.

③ 유압유 점도 계산

Viscosity Index(VI)란 점도 지수로써 온도에 따라 동점도가 얼마나 급격하게 변하는지 나타내는 숫자이다. 1929년 VI 도입 당시, 변화가 가장 큰 Gulf 오일을 0으로 두고, 변화가 가장 작은 Pennsylvania 오일을 100으로 임의로 정하고, 100도씨(210화씨)에서 점도가 시료와 동일한 표준 점도 지수 기름에 대해 38도씨(100화씨)에서 측정한 점도의 차에서 일정한 계산식으로 구한다.

$$VI\% = \left(\frac{L-U}{L-H}\right)100$$

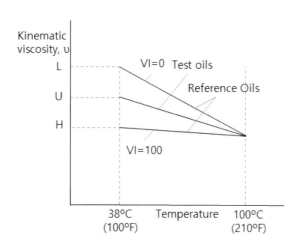

<그림 3-23> Viscosity Index(VI)

3.2.3 유압펌프

전동기나 내연기관 등의 원동기로부터 공급받은 기계적 에너지(축 토크)를 밀폐된 케이싱 내에서 회전차의 회전이나 실린더 내에서 피스톤의 왕복운동에 의해 기계적 에너지를 유압유의 압력에너지로 변환시키는 기능을 하는 것을 유압펌프라 한다. 펌프는 입구부와 출구부가 분리되어 토출량이 일정한 펌프를 용적형 펌프, 토출량이 변하는 펌프를 비용적형 펌프라 한다.

(1) 기어 펌프

케이싱 안에서 물리는 두 개 이상의 기어에 의하여 액체를 흡입 쪽으로부터 토출 쪽으로 밀어내는 형식의 펌프로써, 구조가 간단하고 운전보수가 용이하며 가격이 저렴하다는 장점과, 정토출량이며 저압·소토출량이라는 단점이 있다. 또한, 두 개의 이가 동시에 접촉하는 경우에 두 점 사이의 밀폐공간에 유체가 유입되고 밀폐된 공간은 흡입구나 송출구로 통하지 않으며 폐입된 유체의 압력이 밀폐용적의 변화에 의하여 변화하는데, 이러한 현상을 폐입현상이라고 한다. 이 현상은 압력의 변화에 의해 베어링 하중의 증대, 기어의 진동 및 소음을 발생시키는 원인이 된다. 또한, 기어 펌프는 외접식, 내접식으로 분류된다.

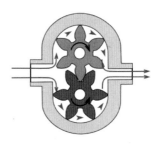

<그림 3-24> 외접식 기어 펌프

<그림 3-25> 내접식 기어 펌프

(2) 베인 펌프

베인 펌프는 공작기계, 프레스 기계, 사출 성형기 등의 산업기계장치 및 차량용에 많이 사용되며 정토출량형과 가변토출량형이 있다. 베인 펌프의 특징으로는 적당한 입력포트, 캠링을 사용하므로 송출 압력에 맥동이 작다는 것과 펌프의 구동동력에 비하여 소형이라는 장점이 있다. 또한 장점으로 베인의 선단이 마모되어도 압력저하가 일어나지 않고 비교적 고장이 적고 보수가 용이하다. 단점으로는, 베인, 로더, 캠링 등이 접촉 활동을 하므로 공작 정도를 높게해야 하고 좋은 재료를 선택해야 하며, 부품 수가 많고 가공도가 높아서 고가이다.

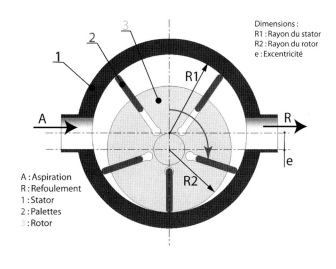

Dimensions :
R1 : Rayon du stator
R2 : Rayon du rotor
e : Excentricité

A : Aspiration
R : Refoulement
1 : Stator
2 : Palettes
3 : Rotor

<그림 3-26> 베인 펌프

(3) 피스톤 펌프

피스톤 펌프의 종류에는 레이디얼 피스톤 펌프, 엑시얼형 피스톤 펌프 등이 있으며 구조가 복잡하여 제작단가가 높다는 단점이 있으나 피스톤의 상하 운동에 의한 펌핑 작용으로 높은 압력을 발생하고, 가변 토출량형이며 고효율을 낼 수 있을 뿐만 아니라 수명이 길고 소음이 작다는 장점이 있다.

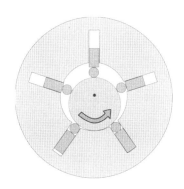

<그림 3-27> 레이디얼 피스톤 펌프

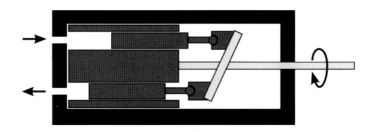

<그림 3-28> 사판식 액시얼 피스톤 펌프

(4) 스크류 펌프

케이스, 스크류, 로터를 조합한 것으로 이들 로터는 이중 나사로 되어있고 서로가 맞물려 있다. 가운데 로터를 회전시켜줌으로써 흡입된 기름은 스크류의 맞물린 골을 따라 항상 일정량의 기름을 토출한다. 이 펌프는 저압용으로서 윤활유 펌프, 연료 펌프, 화학 공정에서 폐수 이송 및 고점성 유체 이송에 주로 이용됐는데 최근에는 더욱 큰 용량도 존재한다. 스크류 펌프의 특징은 적극적인 실링(sealing) 기능을 가지고 있지 않고 운전 음이 낮으며, 맥동이 없어서 안정된 흐름이 얻어진다는 것이다.

<그림 3-29> 스크류 펌프

3.2.4 유압 제어 밸브

유압 작동기가 필요한 일을 정확하게 처리하기 위해서는 유압유의 유량, 압력, 흐름의 방향을 제어해야 하므로 이를 위해 사용되는 기기를 유압 제어 밸브라고 한다.

(1) 압력 제어 밸브

① 릴리프 밸브(relief valve)

유압 시스템에서 유압 펌프는 항상 기름을 토출하고 있으므로 엑추에이터 역시 항상 작동하게 된다. 엑추에이터는 토출된 기름을 소비하지 않기 때문에 압력은 계속 높아져서 결국 어느 약한 부분으로 폭발할 것이다. 따라서 압력이 높아지지 않게 유압유가 빠져나가는 길을 만들어주는 밸브를 릴리프 밸브라고 한다. 릴리프 밸브에서 빠져나간 기름은 탱크로 복귀되며 압력이 필요 이하로 내려가지 않도록 항상 일정한 유압을 유지하도록 제어된다.

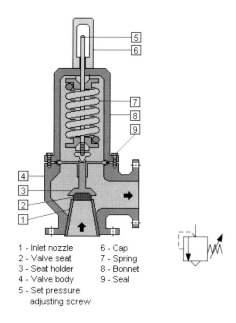

1 - Inlet nozzle
2 - Valve seat
3 - Seat holder
4 - Valve body
5 - Set pressure
    adjusting screw
6 - Cap
7 - Spring
8 - Bonnet
9 - Seal

<그림 3-30> 릴리프 밸브

② 감압 밸브(reducing valve)

릴리프 밸브가 입력 쪽 압력 즉 1차 압력을 제어한다면 감압 밸브는 출력 쪽 압력인 2차 압력을 제어하기 위해 설정 압력 이상의 기름을 흐르지 않게 사용하는 밸브이다.

③ 시퀀스 밸브(sequence valve)

시퀀스 밸브는 순차 작동 밸브라고도 불리며, 회로의 압력에 따라 주로 엑추에이터의 작동 순서를 제어하는데 사용된다. 종류로는 내부 파일럿 형, 외부 파일럿 형으로 구분된다.

④ 무부하 밸브(unloading valve)

회로 내의 압력이 설정 압력에 도달되었을 때 이 압력을 떨어뜨리지 않고 펌프의 송출 유량을 탱크로 되돌리기 위하여 사용되는 밸브이다. 주로 고압 소용량의 펌프와 저압 대용량의 펌프가 조합하여 사용될 때 자동 변환 회로에 사용된다.

⑤ 카운터 밸런스 밸브(counter balance valve)

카운터 밸런스 밸브는 부하가 급격히 제거되었을 때 그 자중이나 관성력 때문에 소정의 제어를 못 하게 된다거나 램의 자유 낙하를 방지하기 위하여 귀환유의 유량에 상관없이 일정한 배압을 걸어주는 밸브이다.

(2) 유량 제어 밸브

유량 제어 밸브란 압유의 유량, 즉 속도를 바꾸어 주는 것으로, 말하자면 유압 모터나 실린더의 속도를 조절하는 밸브라고 할 수 있다. 유량을 조절하는 원리는 초크, 오리피스 두 가지 종류가 있다. 초크는 단면적에 비해서 유로가 길며 오리피스는 반대로 단면적에 비해 유로가 짧다.

<그림 3-31> Orifice flow

① 스로틀 밸브(throttle valve)

유압 구동에서 가장 많이 사용되는 밸브 중의 하나이다. 교축 전후의 압력 차이를 크게 하여도 비교적 작은 유량도 조정하기 쉽게 되어있으며 입구와 출구의 구분이 없다. 밸브의 교축 부분은 헐거운 테이퍼 혹은 가는 V자형의 홈이 만들어져 있다.

② 압력&온도 보상형 유량 조절 밸브

압력의 변화에도 불구하고 유량이 변하지 않도록 만들어진 밸브를 압력 보상 형 유량 조절 밸브라고 한다. 또한, 유압유의 점도는 온도에 따라서 변화하게 되는데, 점도가 변하여서 유량이 변하면 곤란하므로 이를 보상하기 위한 것을 온도 보상형 유량 조절 밸브라고 한다.

(3) 방향 제어 밸브

방향 제어 밸브란 유압유의 흐름을 통과, 정지시키거나 또는 흐름의 방향을 제어하여 엑추에이터의 시동과 정지 또는 운동 방향을 바꾸어 주는 밸브를 말한다.

① 방향 제어 밸브(directional control valve)

방향 제어 밸브는 포트에 의해서 2포트, 3포트, 4포트 등으로 분류되며 위치에 의해서 2위치, 3위치, 4위치 등으로 분류되어 보통, 포트와 위치의 조합에 의해 분류한다. 또한, 중립위치에서의 모양에 따라 센터 블록, 센터 탠덤, P 포트 블록, 센터 오픈 등으로 분류할 수도 있다.

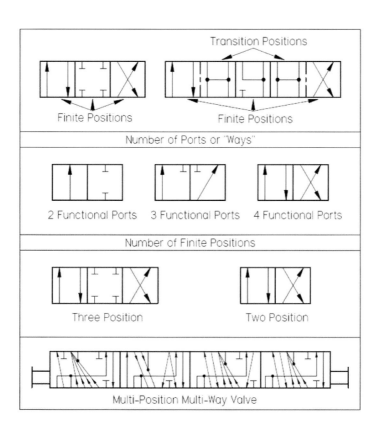

99

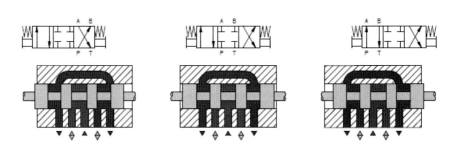

<그림 3-32> 방향제어 밸브 구분 예시

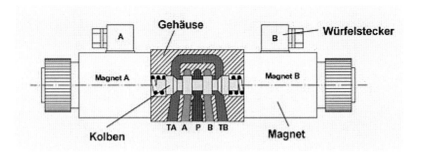

<그림 3-33> 방향 제어 밸브

② 체크 밸브

엑추에이터가 복귀 시 부하의 작용과 같은 이유로 기름이 펌프 쪽으로 역류한다면 펌프 등에 심각한 영향을 미치게 된다. 따라서 이 역류를 방지하기 위하여 한 방향으로는 저항 없이 흐르고 반대 방향으로는 흐르지 않는 기구가 필요함에 따라 라인체크 밸브를 사용한다.

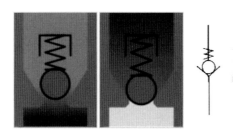

<그림 3-34> 체크밸브

3.2.5 엑추에이터

유압 펌프로부터 공급된 작동유의 압력 에너지를 기계적인 에너지로 변환하는 장치를 총칭하여 유압 엑추에이터라고 한다. 유압 엑추에이터는 운동 형식에 따라 직선 왕복 운동을 하는 유압실린더와 연속 회전 운동을 하는 유압 모터 및 일정한 회전 각도의 회전 운동을 하는 회전 실린더로 분류된다.

(1) 유압실린더

유효 단면적 및 압력차에 비례하며 직선 운동을 하는 엑추에이터로써, 굴삭기, 크레인, 로더를 비롯한 대부분의 건설기계에서 엑추에이터로 활용된다.

<그림 3-35> 굴삭기의 유압실린더 예시

<그림 3-36> 유압실린더

(2) 요동 엑추에이터(swing actuator)

한정된 각도 이내에서 회전운동을 하는 엑추에이터로, 직접 회전 출력이 얻어지는 베인형, 직선 운동을 얻은 후 다시 회전 운동으로 변환하는 피스톤형 등이 있다.

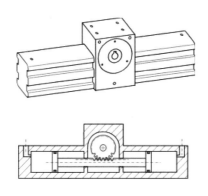

<그림 3-37> 요동 엑추에이터

3.2.6 건설기계 유압 시스템

건설기계의 유압 회로도를 살펴보면, 유압 탱크 안의 유압유가 메인 펌프와 연결되어있다. 작업을 하게 되면 탱크 안의 유압유를 메인 펌프로 끌어당겨 메인 컨트롤 밸브로 유압유를 보내주게 되고, 각각의 건설기계에 따라 각종 작업장치의 유압기기들을 구동하게 된다. 모든 동작을 하고 필요 없는 유압유는 다시 컨트롤 밸브와 유압 탱크에 연결되어있는 호스를 통하여 유압 탱크로 들어오게 되고, 이러한 순환 작업을 계속해서 반복한다. 건설기계의 종류별로 유압 시스템 작동 원리는 유사하며 필요 사양에 따라 약간의 차이를 보인다. 건설기계 중 대표적으로 굴삭기, 크레인 등의 유압 시스템에 대해 살펴보면 다음과 같다.

(1) 굴삭기

굴삭기는 붐(boom), 암(arm), 버킷(bucket)이라는 인간의 팔에 상당하는 동작을 하는 프론트 어태치먼트와 선회/주행의 기능을 갖고 있다. 작업자는 이들의 기능을 구사하며 마치 작업자 자신의 동작과 같이 선단의 버킷으로 흙을 파거나, 깎거나 퍼 올릴 수 있어야 하고, 또한 작업 및 주차 시 안전성에 대해서도 주의해야 할 필요가 있다. 회로 예시는 2펌프 시스템에 의한 것으로, 제어 밸브는 일반적으로 6-8개의 스풀을 필요로 하고, 이들을 반씩의 그룹으로 분할하여 사용한다. 선회, 주행모터와 제어 밸브 사이에는 쿠션 밸브를 사용하여, 기동 및 정지 시의 쇼크 완화와 함께 선회의 흐름, 주행 시 벗어나는 것을 방지한다. 또한, 캐비테이션(cavitation)을 방지하고, 유압모터도 보호한다.

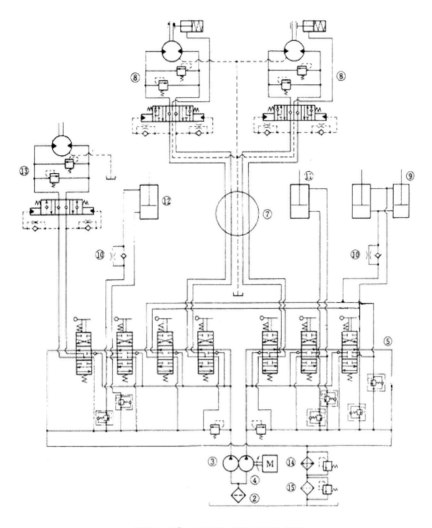

<그림 3-38> 굴삭기 유압시스템 예시

(출처: http://gaechuk.gsnu.ac.kr/~ohsek/fluid8.htm)

굴삭기 시스템에 대해 살펴보면, 초기 굴삭기 시스템은 로드센싱 이라는 폐회로(closed circuit)시스템과 포지콘이라고 불리는 개회로(open circuit)시스템으로 시작되었다. 로드센싱 방식은 부하에 종속되지 않고 작업기가 동일한 속도를 제공하는 방식으로 작업자가 항상 그 속도를 예측할 수 있어 유럽에서 각광받았다. 포지콘 방식은 초기 바이패스 유로에 의해 펌프의 유량이 탱크로 흘러가다가 신호압으로 메인 컨트롤 밸브(main control valve, MCV)에 의해 엑추에이터로 가는 방식이기 때문에 부하에 따라 엑추에이터의 시작점과 속도가 다르게 된다. 작업자가 예측하기 어려운 측면이 있었으나 부하를 인식할 수 있는 "Load Feeling"을 제공하여 작업자가 공사 상황을 쉽게 인식할 수 있어 미국과 아시아의 고객들이 선호하였다. 그러나 이 방식은 셔틀밸브 블록이 필요한데, 예전에는 셔틀밸브 조합 중 하나만 고장을 일으켜도 오작동을 일으켰기 때문에 네가콘 방식이 개발되었다. 오리피스를 활용하여 셔틀밸브 블록이 사용되지 않아 원가 측면에서 유리하고, 잔고장 요인을 해결하는 장점을 가지고 있었다. 하지만 작업 모드별로 달라지는 유량에 따라 펌프의 압력이 변동하여 제어성을 손상시키는 단점에 의해 현재는 제어성의 개선요구와 전자화 등으로 인하여 다시 포지콘 방식으로 회귀하고 있다.

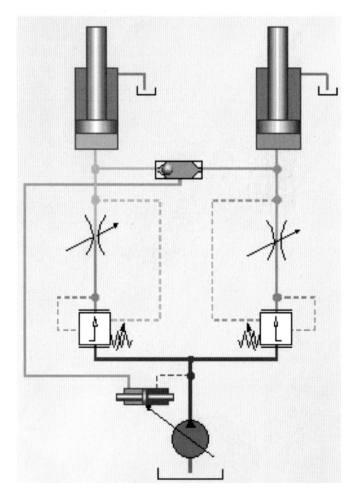

<그림 3-39> 로드센싱 시스템 회로도

(출처: 장달식, "굴삭기 시스템의 발전 방향", 유공압건설기계학회지 제11권제3호 2014.9

(2) 로더

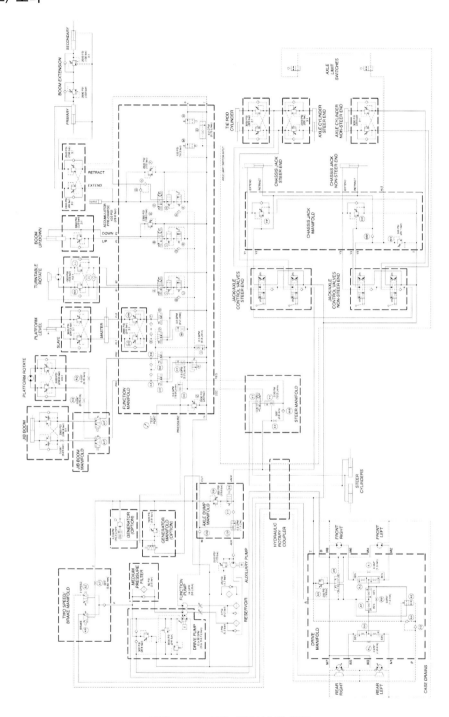

<그림 3-40> 로더 유압시스템 예시

(출처: http://i.imgur.com/koV0GXl.jpg)

(3) 지게차

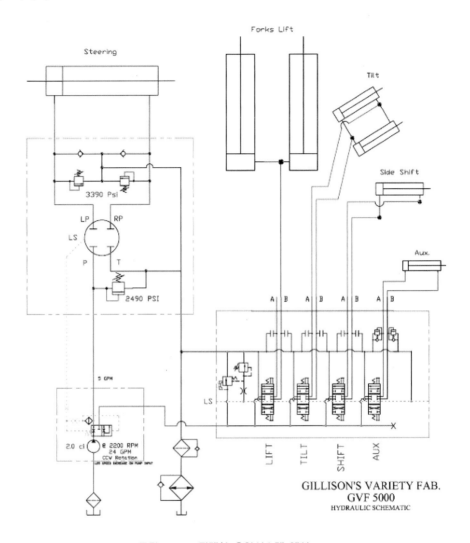

<그림 3-41> 지게차 유압시스템 예시

(출처: http://www.gillisons.com/content/userfiles/GVF_older_forklift_owners_manual.pdf)

(4) 크레인

크레인은 크게 베이스(base), 컬럼(column), 붐 시스템(boom), 밸브 시스템, 아우트리거(outrigger) 등으로 구성되어 있다. 베이스는 크레인을 차량에 고정시켜주며 회전시키는 장치로, 아우트리거 빔과 3점 지지대 및 베이스 회전축으로 이루어져 있다. 컬럼은 베이스 위에 설치되어 있으며 붐 시스템을 지지해주는 역할이며, 붐 시스템은 이너붐, 아우터붐, 익스텐션 1, 2단 붐과 각각의 복동식(double-acting) 실린더로 구성된다. 이너붐과 아우터붐에는 일정 유량밸브가 장치되어 있어서 하중과 무관하게 일정한 속도로 내려온다. 크레인에 소요되는 동력은 차량의 PTO(Power Take Off)로부터 인출하게 되며, PTO 기어를 넣으면 유압펌프가 구동하게 되고, 이에 따라 고압의 유압유가 발생하게 된다. 발생된 유압유는 제어 밸브를 통하여 엑추에이터를 작동하고 유압 탱크로 돌아간다.

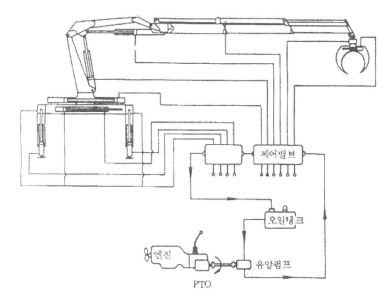

<그림 3-42> 크레인 유압시스템 예시

(출처: http://www.cargocrane.co.kr/board/bbs.php?table=tipntech&query=view&uid=14)

(5) 트랙터

트랙터의 유압장치는 작업기를 상·하로 조작하거나 덤프 트레일러를 원격 조정하는
데 이용된다. 유압장치는 기관의 회전동력으로 유압펌프를 구동시키고 유압펌프에서 생
긴 유압의 오일을 조작 밸브로 하여금 유압실린더로 보내어 그 압력으로 피스톤을 밀어
작업기를 들어 올린다. 포지션 컨트롤(위치제어)은 유압조정 레버를 조작하는 것만큼 작
업기를 오르내리게 하여 트랙터와 작업기와의 상대적 위치를 일정하게 유지시킬 때 이용
된다. 또한 드래프트 컨트롤(견인부하의 자동조절)은 경운 중에 토양의 상태나 경심이 변
하여 상부 링크에 걸리는 압축력이 변화하는 것을 이용하여 트랙터의 견인 부하를 항상
일정하게 유지하는 기능을 가진다. 이 장치를 이용함으로써 과부하에 의한 바퀴의 슬립
및 엔진의 과부하와 작업기의 파손을 미연에 방지할 수 있다.

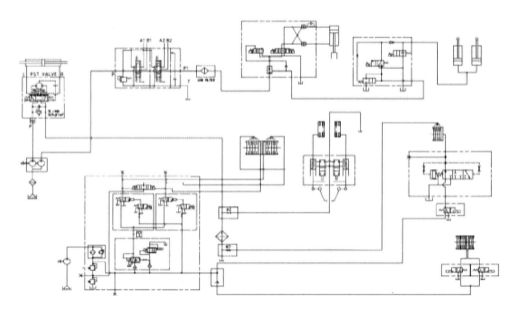

<그림 3-43> 트랙터 유압시스템 예시

(출처: http ://www.kjoas.org/xml.php?xmlurl=http://journal.zipot.com/file/7g2SWpR3qnFA4Gja_EsFTm////N0030
430317.xml?_=1&authcred=a2pvYXM6Sm91cm5hbCk5OA==)

3.3 동력전달장치

3.3.1 개 요

건설기계의 동력전달장치는 기본 개념은 자동차와 유사하지만, 주행방식의 종류에 따라서 동력전달 방식 및 시스템 구성이 달라진다.

일반적으로 주동력원인 내연기관에서 발생된 동력은 트랙터방식에서는 직접 주행 동력원으로 사용되면서, 일부 동력은 유압펌프를 구동 필요한 유압장치를 작동시키는데 사용된다. 반면 하부주행체 방식에서는 내연기관은 대부분 유압펌프를 구동하여 동력을 유압으로 저장시키고, 유압 모터 혹은 유압실린더를 이용하여 주행과 작업을 수행하게 된다.

즉, 트랙터방식과 하부주행체 방식 모두 작업을 수행하는 것은 대부분 유압을 이용하게 되며, 본장에서는 주로 주행 계통 동력전달을 중심으로 살펴 보고자 한다.

3.3.2 트랙터방식의 동력전달장치

도저, 로더 및 농업용트랙터 등의 경우가 트랙터방식의 주행 장치를 사용하고 있다. 트랙터방식의 주행장치는 타이어식(Wheel Type, 차륜형)과 무한궤도식(Crawler Type) 으로 구분된다.

무한궤도 방식은 일반적으로 캐터필러(Caterpillar)로 통용되지만, 캐터필러는 미국의 건설기계제작사인 Caterpillar사의 등록상표로, 원래는 애벌레를 뜻하는 단어다. 한편 크롤러(Crawler)는 '기어다니는 것'이란 의미로, 수영에서의 자유형 영법의 크롤과 같은 어원을 갖고 있으며, 장비 혹은 차량이 스스로 주행방향으로 궤도를 놓으면서 주행하는 무한궤도 주행장치를 의미한다.

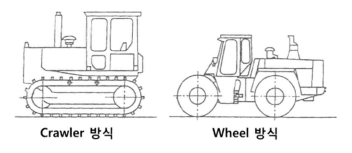

Crawler 방식   Wheel 방식

〈그림 3-44〉 트랙터 주행장치 종류

크롤러방식의 역사는 20세기 초부터 시작되었다. 미국에서 농업용 트랙터의 연약지 및 경사지에서의 작업성을 향상시키기 위하여 기존의 목재 차륜 대신에 목재 크롤러가 개발된 것을 시작으로 연약지에서도 큰 견인력을 발휘 가능한 주행장치로 발전하여 왔다.

크롤러방식은 접지면적이 증가되어, 결과적으로 접지압이 작아져서 하중분포가 균일하게 되어, 연약지, 경사지 및 험지 등에서도 주행이 탁월하게 되어, 평탄한 토질에서만 작업이 수행되기 어려운 토목작업, 건설작업에 사용되는 건설기계에 폭넓게 적용되기 시작하였다.

반면 크롤러방식의 단점으로는 기동성이 나빠서, 고속 주행이 어려운 점이다. 도로 상태 및 크기 등에 따라서 달라지지만, 불도저의 경우 최고속도는 시속 15km/h 정도이고, 보통 10km/h 미만인 기종이 많다. 따라서 현장에서 현장으로 혼자서 이동하는 것이 어렵고, 중기운반차 혹은 도로운반용 트랙터나 트레일러가 필요하게 되나, 소형 장비는 일반 트럭으로 운반이 가능하다. 그리고 도로를 손상시키는 것도 크롤러방식의 큰 단점이며, 크롤러 트랙의 관련 부품의 보수 유지에도 큰 비용이 소요된다.

타이어식 트랙터는 타이어를 사용하여 주행하기 때문에, 견인력 및 험지 주행성 등에서는 크롤러 방식에 비하여 열세이지만, 포장도로의 주행이 가능하고, 기동성이 매우 우수하며, 포장도로에서의 최고속도는 굴삭기의 경우 40km/h 정도가 가능하여, 일반 도로에서의 주행도 가능하다. 또한 토사를 굴삭(흙을 퍼서 담는 동작)한 후 덤프트럭까지 이동하여 덤핑(흙을 쏟아냄)하고 원래 위치로 복귀하는 사이클로 작업을 수행하는 경우, 단위시간당 작업회수가 증가되고, 작업효율 증대가 가능하여, 크롤러 방식에 비하여 경제성이 우수한 장점이 있다. 단, 크롤러 방식에 비하여 큰 견인력을 발휘하는 것은 어렵고, 험지 주행성능도 낮아서, 비교적 정리 정돈이 잘된 장소에서 사용되는 경우가 많으며, 견인력이나 험지 주행성 등이 크게 요구되지 않는 건설기계에 주로 사용된다. 그렇지만, 최근에는 대형 저압타이어의 개발로 타이어식의 험지 주행성 등이 개선되어 일부 크롤러 장비를 대체하는 경우도 있다.

동력전달 장치는 기계식과 유압식으로 구분되며, 기계식은 기계적으로 동력을 전달하지만, 유압식은 유압으로 변환하여 동력을 전달하는 방식이다. 크롤러 방식에서는 조향하는 바퀴가 없고, 좌우의 크롤러의 개별 동작 혹은 한쪽의 정지 혹은 역전에 의하여 조향을 실시하게 된다.

기계식 동력전달 장치는 직접구동식(Direct Drive Manual Transmission)과 자동변속 방식(Powershift type Auto Transmission)으로 분류된다. 직접구동식은 일반 상용자동차의 동력전달장치와 유사하여, 마찰식 클러치와 수동변속기를 사용하고, 자동변속 방식은 토크 컨버터와 유압조작식 변속기로 구성되며, 작업장치 구동을 위한 유압펌프는 엔진의 PTO(Power Take Off)로부터 동력을 추출하여 구동하게 된다. 자동변속 방식 중에서도 토크 컨버터를 사용하지 않고 직접 구동시키는 경우도 있다.

유압식 동력전달장치(HST, Hydrostatic Transmission)는 불도저나 휠로더 및 지게차 등에서 많이 사용하고 있다.

일반적으로 건설기계는 속도 변속 범위가 크지 않아서 자동변속이 필요하지 않은 경우가 많지만, 불도저 등과 같이 작업시 부하가 매우 클 경우 자동적으로 1단으로 기어를 낮추어 주는 Auto Down Shift 등의 기능을 사용하는 경우가 있다.

(1) 기계식 동력전달장치

기계식 동력전달 장치에서 직접구동방식과 Powershift 방식의 자동변속 장치를 비교하면, 직접구동방식이 조작이 어렵고 복잡하지만 연비가 좋고, Powershift 방식은 조작이 용이한 반면에 연비가 나쁜 단점이 있다.

① 직접구동방식(Direct-drive type)

기본적으로는 승용차 등의 수동변속기와 시스템 구성이 동일하며, 도저 및 로더 등에 주로 적용되는 방식이다.

클러치는 승용차와는 다르게 마찰면을 오일로 냉각시키는 습식클러치가 많이 사용되고, 클러치 조작력을 가볍게 하기 위하여 유압식 혹은 스프링 등에 의한 보조 동력을 활용하는 경우가 많다.

수동변속기는 트랙터 용도에 따라서 전진 3~6단, 후진 2~6단 등 다양한 종류가 사용된다. 일반적으로 같은 단에서는 전진 보다 후진이 더 빠른 기어비로 구성한다. 또 고속보다 저속을 많이 사용하기 때문에 저속기어의 내구성이 특히 중요하다.

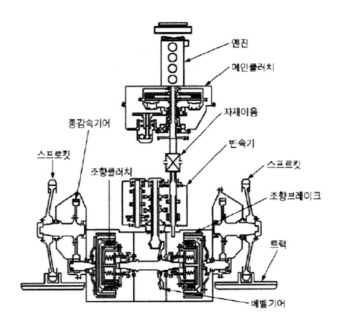

<그림 3-45> Direct-Drive Type 동력전달장치

② Powershift 방식 동력전달 장치

Powershift 방식은 승용차의 자동변속기 시스템과 유사하게, 토크 컨버터와 기계식 변속기의 조합으로 구성되며, 변속기의 조작은 유압으로 작동되고, 자동변속이 가능한 장치도 있다. 직접구동 방식에서는 변속시에 클러치의 단속을 수행하여 기계적으로 부담을 주지만, Powershift 방식에서는 이러한 어려움 없이 운전 조작을 수월하게 할 수 있다.

변속기는 승용차의 자동변속기와 마찬가지로 유성기어방식이 많이 사용되지만, 소형장비에서는 Counter Shaft 방식이 채택되기도 한다. 단 승용차와는 달리 2축 이상의 다축으로 구성되며, 유압으로 제어되는 다판클러치로 기어열과 Shaft의 연결과 해제를 수행하게 된다.

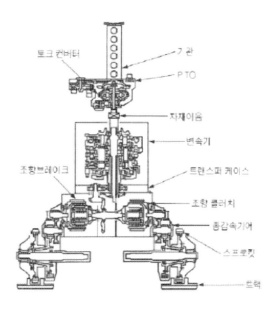

<그림 3-46> Powershift 방식 동력전달장치

　토크 컨버터는 충격력을 흡수하고, 토크의 증폭효과에 의한 엔진토크의 3~4 배의 토크를 출력가능한 장점이 있지만, 전달효율이 나빠서 에너지 손실이 크다. 지게차의 경우는 최고속도는 작업이 대부분 정지 중 혹은 저속에서 이루어지므로, 토크 컨버터를 적극적으로 변속기 기능으로 사용하는 장비이며, 최근 에는 원가절감을 위하여 변속기를 삭제하고 토크 컨버터로만 동력전달장치를 구성하는 방식도 시도되고 있다.

　토크 컨버터에는 Lock up 기구를 설치하여 상황에 따라서 엔진 동력을 직결상태로 전달시키도록 하고 있지만, 직접구동방식에 비하여 연비는 나쁘다. 단, 작업 전체의 효율로 보면, 변속에 필요한 시간이 감소되어 작업 능률이 향상되므로, 최근에는 Powershift 방식이 주류를 이루고 있다.

　적용 장비로는(휠)로더, 불도저, 스크레이퍼, 지게차 등이 있다.

③ Torque Divider Type

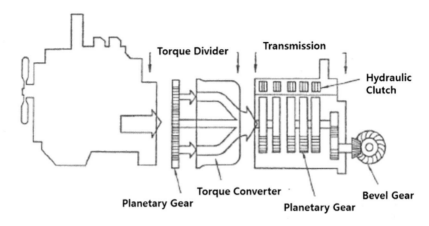

a) Torque Diver Type 동력전달장치

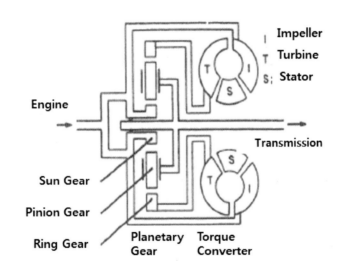

b) Torque Divider 부착 토크 컨버터

<그림 3-47> Torque Divider Type 동력전달장치

　건설기계에 토크 컨버터를 채용하면 완충효과 및 토크 증폭 효과등의 장점이 있지만, 동력전달효율이 나쁘기 때문에 이 단점을 보완하기 위한 것이 토크 디바이더 방식이다.

　토크 디바이더(Torque Divider)는 Split Converter 라고도 하며, 엔진의 출력일부를 토크 컨버터를 통하여 전달하고 나머지는 변속기로 직접 전달하는 장치이다. 토크 디바이더는 토크 컨버터와 유성기어를 조합시킨 것으로 그림 3-48과 같이 엔진 출력의 일부는 직접 변속기에 공급되고, 나머지 토크 컨버터를 통하여 변속기에 공급함으로써, 토크 컨버터에서의 에너지 손실을 최소화시키게 된다. 변속기는 유압제어 방식이 주로 사용된다.

④ Direct Drive Powershift 방식 동력전달장치

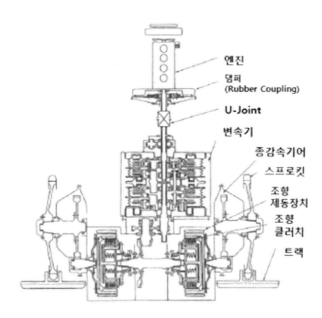

<그림 3-48> Direct-Drive Powershift 방식 동력전달장치

유압제어식 변속기를 사용하지만, 토크 컨버터를 사용하지 않는 방식이다. 따라서 토크 컨버터의 장점은 없지만, Powershift 방식의 변속 조작의 용이성과 직접구동방식의 고효율의 장점을 함께 얻고자 하는 동력전달장치이다. 유압제어 기술이 발달되어, 유압제어 변속기에 Rubber Coupling 등의 클러치 기구를 조합시킴으로써 클러치를 사용하지 않고 변속레버 만으로 변속이 가능하게 되었다.

(2) 유압식 동력전달장치

유압식 동력전달장치로는 Hydrostatic Transmission(HST)이 사용되고 있다. HST는 디젤엔진의 출력은 유압펌프의 구동에만 사용되고, 동력은 유압에 의하여 전달된다. 구동 스프로켓에는 감속기를 갖춘 유압모터가 설치되어, 무한궤도인 크롤러 벨트를 구동시킨다. 무단변속이 가능하기 때문에 조작이 용이하고, 소선회도 가능하여, 협소한 장소에서의 작동에도 적합하다.

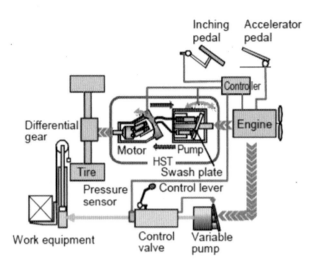

<그림 3-49> HST 동력전달장치

유압펌프는 엔진에 직결되어 있다. 유압펌프로는 차속을 제어하기 위하여 가변용량 피스톤식 펌프가 주로 사용되고, 조작 레버를 이용하여 사판의 각도를 변화시켜 작동유의 유량을 조정함으로써, 속도를 제어하게 된다. 사판 각도에 따라서 정회전, 정지, 역전까지도 무단변속으로 제어가 가능하다. 좌측 및 우측용으로 각각 독립된 유압펌프가 사용되며, 펌프는 2개 혹은 3개가 결합되어 사용되기도 한다.

유압펌프의 유압은 좌우 각각의 제어밸브를 통하여 좌우의 유압모터에 공급된다. 제어밸브는 유압의 방향을 전환하여 준다. 유압모터는 피스톤식이 널리 사용되며 감속기와 일체로 되어 있다. 감속기는 유성기어가 주로 사용되고 있으며, 자동브레이크도 내장되어 있어, 유압모터에 유압이 공급되지 않고 있을 때는 자동적으로 브레이크가 작동된다.

HST는 무단변속이 가능하기 때문에, 변속기는 필요 없지만, 작업시의 작업성을 좋게 하기 위하여, 고저 2단으로 변속을 시키는 경우가 많다. 이를 위하여는 보통 유압모터는 가변(2단)용량의 피스톤식 펌프를 사용한다.

유압식 동력전달장치에는 조향장치가 필요없고, 좌우의 크롤러의 속도, 정지 회전 방향을 조절하여 조향을 하게 된다. 한쪽의 크롤러만을 작동시키면, 반대편의 크롤러는 자동브레이크에 의하여 고정되어 차량은 회전하게 된다. 좌우의 크롤러를 역방향으로 작동시키면 소선회가 가능하게 되어, 장비를 거의 제자리에서 회전시킬 수가 있다. 또한 좌우의 크롤러의 회전속도를 바꾸어 주면, 급회전도 가능하며, 편하중이 문제가 되는 경우에도

116

직진 주행 제어가 용이하게 되어, 연약지나 습지에서의 탈출성도 매우 좋아지게 된다. 경사지에서의 안전한 방향 전환도 가능하다.

HST는 직접구동방식에 비하여 연비가 악화되는 단점이 있지만, 구조가 간단하고, 운전 제어성이 우수하며, 기동성도 좋아서, 건설기계용 동력장치의 대세로 자리 잡아가고 있다.

그러나, 유압작동유가 윤활과 냉각을 동시에 담당하므로, 항상 엔진 속도를 일정 수준 유지시켜야 하는 단점이 있고, 견인력도 직접구동식에 비하여 열세 이므로, 따라서 견인력을 크게 요구하지 않는 건설기계, 크레인, 제설차, 농기계(콤바인)등에 많이 사용되고 있다.

3.3.3 하부주행체 방식의 동력전달장치

하부주행체 방식은 굴삭기가 대표적인 건설기계이며, 상부의 선회체와 하부주행체가 선회장치로 연결되며, 작업시에는 주행장치를 사용하지 않고서도 선회에 의하여 작업 방향을 바꾸는 것이 가능하고, 작업장치는 일반적으로 상부선회체에 설치된다.

하부주행체 방식 건설기계의 주행장치는 트랙터방식과 마찬가지로 크롤러식과 타이어식(휠타입) 및 트럭식으로 분류된다(그림 3-50).

하부주행체라고 말하고 있지만, 주행에 필요한 모든 장치가 하부주행체에 배치되는 것은 아니며, 트럭식을 제외하고는 동력원인 엔진이 상부 선회체에 장착되므로, 트럭식 이외의 장비는 따라서 하부주행체 단독으로 주행하는 것은 불가능하다.

트럭식은 기본적으로 트럭의 샤시를 기본으로 사용하므로, 주행체 부분에 엔진이 장착되어, 주행체 단독으로 주행이 가능하게 된다. 일반도로 주행을 목적으로 설계된 차량을 기본으로 하고 있으므로, 하부주행체 종류 중에서 고속 주행이 가능하지만, 반면에 험지에서의 주행에는 적합하지 않다. 따라서 이동거리가 길고 기동성이 요구되는 건설기계에 주로 사용된다.

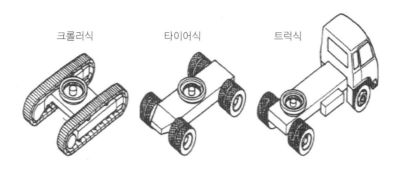

크롤러식   타이어식   트럭식

<그림 3-50> 하부주행체의 종류

    하부주행체 방식 건설기계 중에서 크롤러식과 타이어식의 장비에서는 주행시의 운전과 작업시의 조정이 모두 같은 운전석에서 이루어지지만, 트럭식에서는 주행시는 운전석에서, 작업시는 별도의 조정석에서 각각 운전 조작을 수행하게 된다. 트럭식 하부주행체는 다시 일반 상용 트럭의 샤시를 사용하는 건설기계와 별도의 전용 하부주행체를 사용하는 경우로 구분할 수 있다(그림 3-51).

    통상 트럭식 하부주행체를 채택하는 건설기계는 우리나라에서는 대부분 특장차로 취급된다. 전용 하부 주행체는 크레인 캐리어(Crane carrier)라고도 부르며, 모바일 크레인 중에서 Rough Terrain Crane 및 All Terrain Crane이 이에 해당된다.

[상단좌-일반 트럭식, 상단우 크레인캐리어 방식(Rough Terrain Crane)
하단 크레인캐리어 방식(All Terrain Crane)]

<그림 3-51> 트럭식 건설기계의 하부 주행체 비교(크레인 사례)

하부주행체 방식에는 원동기로는 대부분 디젤엔진이 사용되며, 일부 터널 공사용 장비의 경우 전동기를 동력원으로 사용하기도 한다.

하부주행체 방식의 동력전달장치로는 기계식 및 유압식 모두 사용 가능하지만, 기계식을 사용하는 경우, 상부선회체에서 하부주행체로의 동력전달을 신뢰성 있게 하기가 어려워서, 대부분 유압식이 주로 채용되고 있으며, 엔진이 탑재된 상부선회체와 하부주행체는 선회장치로 연결되어, 상부선회체가 360도 회전하여도 유압라인이 꼬이거나 꺾임이 없이 유압이 전달되도록 설계되어 있다.

그러나, 엔진이 하부의 주행체에 탑재되는 크레인 캐리어에서는 기계식 동력전달장치가 주로 사용되며, 직접구동방식도 사용되지만 토크 컨버터를 적용한 Powershift 방식이 주로 채택되고 있으며, 4륜구동방식을 적용하여, 험로 주행이 용이하도록 되어 있지만, 일반도로에서는 4륜구동이 필요성이 적어서, 2륜구동으로 전환하여 주행하게 된다.

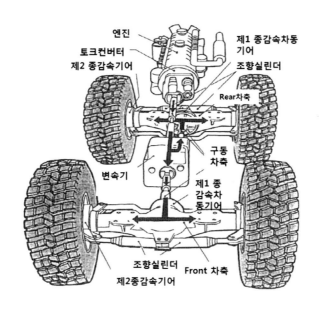

<그림 3-52> 휠타입 Rough Terrain 크레인의 동력전달장치 예

상기 그림과 같이 일반적으로 엔진은 하부주행체 후부에 주로 탑재되고, 변속기는 전후륜의 중앙에 배치되며, 토크 컨버터는 엔진에 직렬로 배치되고, 토크 컨버터의 출력은 프로펠러축을 거쳐 변속기로 전달된다. 기계식 변속기는 주로 전진 3~4단, 후진1단의 조합이 기본이지만, 후진 2단을 적용하기도 한다. 변속기에는 Transfer Case가 설치되어, 전

륜용 출력과 후륜용 출력을 구분하여 각각 전륜용과 후륜용 프로펠러축과 차동기어에 동력을 전달시켜 주게 된다. 또한 토크를 증대시켜 험지 주행성을 향상시키기 위하여, 종감속을 2단계로 수행하기 위하여, 차동기어에는 베벨기어방식의 감속장치를, 그리고 각 차륜에는 유성기어방식의 감속장치를 설치 사용한다.

All Terrain Crane의 차축은 4~8축으로 구성되고, 다축 주행이 많이 사용되어, 4축에서는 8×4, 8×6 혹은 8×8, 5축에서는 10×6에서 10×8, 그리고 6축에서는 12×6 혹은 12×8의 주행 선택이 가능하도록 되어 있어, 일반 도로에서는 최소의 구동축을 선택하고, 험지 혹은 연약지 주행 등에는 구동축을 최대로 사용할 수 있도록 한다. 구동축의 배치는 차종 및 업체에 따라서 다양하게 설계되고 있다.

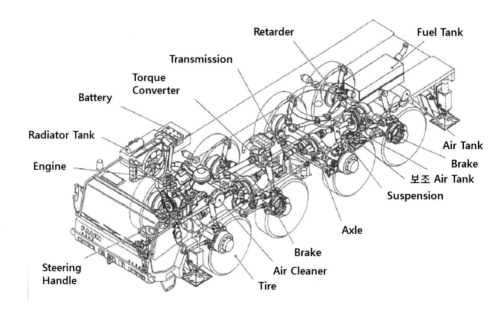

<그림 3-53> All Terrain Crane의 하부주행체 구조

그림 3-54에는 하부주행체방식의 대표적 건설기계인 굴삭기의 유압식 시스템을 나타내었다.

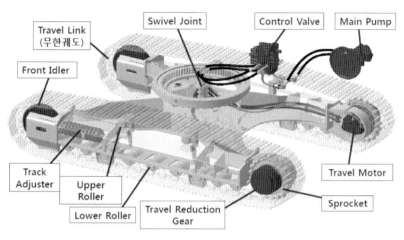

(a) Crawler Type 유압식 주행시스템

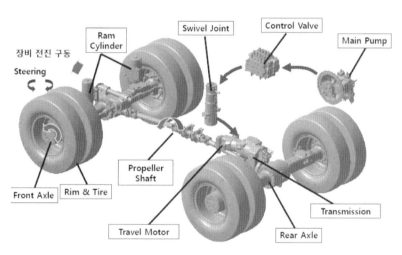

(b) Wheel Type 유압식 주행시스템

<그림 3-54> 유압식 굴삭기의 동력전달장치

유압식의 동력전달 경로는 다음과 같다. 엔진은 항상 유압펌프(Main Pump)를 작동시키며, 펌프에서 생성된 고압의 작동유는 제어밸브(MCV, Main Control Valve)에 의하여 주행모터에 공급되어, 크롤러의 트랙이나 휠방식의 바퀴를 구동시키게 된다. 엔진에 의하여 구동되는 유압펌프는 2개 혹은 3개를 연결시킨 가변용량식 피스톤 펌프를 주로 사용한다.

제어밸브와 유압모터 사이는 Swivel Joint를 이용하여 연결되어, 상부 선회체가 자유로이 회전할 수 있다. 유압모터는 크롤러방식에서는 좌우의 트랙에 각각 장착되지만, 휠타입 건설기계에서는 1개의 주행용 유압모터가 변속기를 구동시키고, 변속기에서 나온 동력이 구동축과 액슬을 거쳐 바퀴를 구동시키게 된다. 그러나 최근 변속기를 사용하지 않고 감속기 부착 모터를 차륜에 직접 장착하는 자동차의 In-wheel 방식도 새롭게 시도되고 있다.

크롤러방식 건설기계에서는 주행용 유압모터는 프레임에 장착된 감속기어를 거쳐 구동스프로켓으로 동력을 전달하지만, 감속장치가 일체화된 모터를 구동스프로켓의 안쪽에 설치하기도 한다.

주행모터는 일반적으로 가변용량식 피스톤 모터가 주로 사용되고, 주행모터의 용량을 가변시켜서 고속 및 저속으로 주행 속도를 제어 한다. 감속장치 일체형 모터에는 대부분 유성기어가 사용된다.

작업 중에는 엔진은 엔진제어 다이얼로 회전속도가 설정되어 일정 속도로 회전하도록 제어된다. 단, 작업 중 부하가 증가되어 엔진 회전속도가 저하되면, 엔진 회전속도를 증가시켜 설정된 회전속도를 유지하도록 제어가 이루어지며, 가변용량 유압펌프의 토출유량을 감소시켜 엔진이 정지되는 것을 방지하기도 한다.

크롤러 방식 하부주행체에서는 고속 주행이 필요 없기 때문에 최고속도는 5km/h 정도이며, 크레인의 경우 최고속도가 2km/h 이하인 기종도 많다. 이 정도로 매우 저속으로만 주행하지만, 정밀한 위치 제어를 위하여, 고속 및 저속의 2단 변속을 채택한 기종이 많다.

3.3.4 건설기계용 동력전달장치 핵심 부품

지금까지 건설기계의 대표적인 트랙터방식과 하부주행체 방식의 동력전달장치 시스템을 살펴 보았다. 본절에서는 이러한 시스템을 구성하고 있는 주요 핵심 부품 중 건설기계에 주로 사용되고 있는 유체커플링, 토크 컨버터, 유성기어식 변속기, 브레이크 및 타이어 등에 대하여 학습하고자 한다.

(1) 유체 커플링(Fluid Coupling)

유체 커플링(유체 클러치)는 기계식으로 직접 물리지 않고 유체를 매개로 하여 펌프-터빈식으로 동력을 전달하는 방식이다. 주로 충격적인 토크가 걸리는 기계에서 사용되어 온 방식인데, 자동차의 자동변속기에서 주로 사용되고 있으며, 최근에는 건설기계에서도 폭넓게 적용되고 있다.

122

유체 커플링은 회전력 배가 기능이 없고, 단지 회전력을 전달하는 기능만을 가지고 있다. 이해를 돕기 위해, 먼저 공기의 움직임을 물의 움직임과 같이 생각하기로 한다.

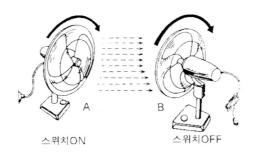

스위치ON   스위치OFF

<그림 3-55> 유체 커플링의 원리

(출처: http://m.blog.naver.com/cogram/140197225475)

그림에서 보이는 것과 같이 이 선풍기들은 아주 가까이 마주보고 있다. 왼쪽 선풍기는 전원이 켜진 상태이고, 오른쪽의 선풍기는 전원이 공급되지 않은 상태이다. 오른쪽 선풍기의 날개는 전원이 공급되거나 켜져 있지 않아도 작동하는 왼쪽 선풍기로부터 오는 움직이는 공기의 힘으로 회전될 것이다. 이 예에서는 공기가 유체이다. 그러나 만일 두 대의 선풍기가 가까이 있거나 밀봉되어 있지 않으면, 이런 형식의 커플링은 비효율적인 상태가 될 것이다. 이제 한 걸음 더 나아가 보기로 한다. 분명히 움직이는 액체의 에너지는 움직이는 기체의 에너지보다 더 크다. 액체가 기체보다 더 무거워 움직이는 상태에서 더 많은 힘을 전달한다. 그리고 더 효율적인 유체 커플링을 만들기 위해 오일을 유체로 사용하고, 날개(blades)를 매우 가까이 마주 보도록 설치하며, 하우징 안에 날개를 위치시킨다. 유체 커플링은 터빈 하우징(왼쪽), 터빈(중간), 및 펌프 임펠러(오른쪽 하우징 안) 등으로 구성된다.

<그림 3-56> 유체 커플링 구성품

(출처: http://fluidsengineering.asmedigitalcollection.asme.org/article.aspx?articleid=1434482)

　유체 커플링의 작동에 대해 살펴보면, 엔진이 시동되면 펌프 임펠러가 회전한다. 회전하는 임펠러는 정지된 오일을 중심에서 바깥쪽 끝으로 원심력에 의해 이동시키기 시작한다. 바깥방향으로 이동된 오일은 마주보고 있는 터빈 날개를 때린다. 이 오일의 에너지가 터빈 날개에 의해 흡수되고 터빈이 회전하기 시작한다. 터빈을 때리고 난 오일은 속도가 줄어들고 터빈 날개 깃의 방향에 의해 안쪽으로 흘러 하우징의 중심 부분으로 흐른다. 이러한 순환 사이클이 반복되어 동력을 전달한다. 유체 커플링은 토크를 증가시키지 못한다. 유체 커플링의 장점은 충격 부하는 잘 흡수하고 플라이휠 클러치의 필요성을 없앤다는 것이다. 유체 클러치는 일반적으로 약 97%의 동력전달 효율을 갖고 있으며, 최대 토크 변환율이 1:1 이상이 될 수 없다.

(2) 토크 컨버터(Torque Converter)

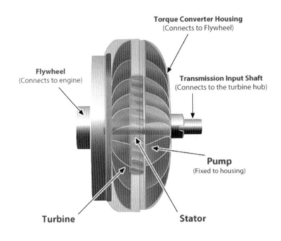

<그림 3-57> 토크 컨버터 구성품

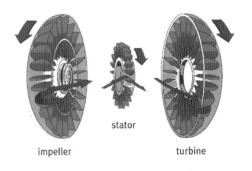

<그림 3-58> 토크 컨버터 내의 오일 흐름

이와 같은 유체 커플링의 터빈, 펌프 임펠러에 그림 3-57과 같이 스테이터(Stator)를 추가하여 토크의 변환이 가능하도록 한 장치가 토크 컨버터이다. 토크 컨버터는 유체를 동력전달 매체로 하여 펌프, 터빈, 스테이터 등이 상호 운동을 하여 전달 토크를 변환시킨다. 그림 3-58에 토크 컨버터 내에서의 오일 흐름을 나타내었다. 3요소 2상 1단 형식이 많이 쓰이고 있는데, 여기에서 3요소는 임펠러, 터빈 및 스테이터이고, 2상은 토크 변환기와 유체 클러치의 2개로 변화하는 것이며, 1단은 터빈을 1개 사용하는 형식을 말한 것이다.

펌프 임펠러로부터 유출된 오일은 터빈 런너를 구동하고 스테이터를 통해 다시 임펠러로 되돌아 오게 되며, 터빈이 정지되어 있을때 유체기 갖는 에너지가 최대가 되어 전달 토크도 최대가 되어 2.5배 내외의 토크 증가를 얻을 수 있다(그림 3-59). 터빈 속도가 증가 됨에 따라 토크 증가는 감소하게 되고, 터빈 속도가 임펠러와 같은 고속으로 회전하게 되면 스테이터도 함께 회전하면서 유체 커플링의 역할을 하게 된다. 최근에는 이러한 증속 기능을 활용하여, 지게차 등의 장비에서 별도의 변속기를 사용하지 않고도 변속 기능을 수행함으로써 장비의 가격 경쟁력을 향상 시키고자 하기도 한다.

토크 컨버터의 장점으로는 조작이 용이하며 클러치 작동 및 변속시에 엔진에 충격 등의 무리를 가하지 않는다는 장점이 있으며, 기계적인 충격을 흡수하여 엔진의 수명을 연장시킨다. 또한 부하에 따라 자동적으로 변속할 수 있다.

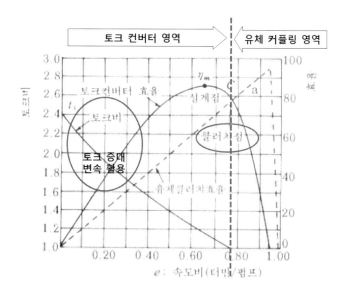

<그림 3-59> 토크 컨버터의 특성 곡선

가변 용량 토크 컨버터는 2개의 임펠러를 가진 토크 컨버터이다. 회전하는 내측 임펠러와 점차적으로 결속될 수 있는 외측 임펠러가 있다. 외측 임펠러는 내측 임펠러의 연장이며, 이것은 운전자에 의해 조종된다. 임펠러의 유효 직경이 클수록 컨버터의 용량이 더 커서 큰 힘을 전달한다.

외측 임펠러의 다양한 결속에 따라 운전자는 견인력과 유압력의 정밀한 조화력을 얻게 된다. 운전자가 바퀴에 전달되는 힘을 조절할 수 있으므로, 가변 용량 토크 컨버터에는 대형 휠로더와 엘리베이팅 스크레이퍼와 같은 장비에 이상적이다.

(3) 유성기어식 변속기(Planetary Powershift Transmission)

유성기어식 변속기(Planetary Powershift Transmission)는 유성기어를 이용하여 토크 컨버터와 결합하여 변속 및 후진을 가능하게 하는 자동변속기에 핵심 시스템으로 사용되고 있다.

유성기어 장치는 선기어 유성기어 및 유성기어 캐리어에 링기어를 결합한 1세트의 기어 장치이다. 유성 피니언 기어는 항상 공전 기어로 작동하여 회전 방향을 변화시키며 변속비에는 관계가 없다. 따라서 변속하기 위해서는 선기어, 캐리어, 링기어의 3개 요소를 고정하거나 구동하는 방법에 따라 직결, 감속, 증속, 역전 및 중립으로 할 수 있다.

유성기어식 변속기는 이러한 유성기어 장치를 조합하여 유체 클러치나 토크 컨버터와 함께 변속기로 사용되고 있으며, 건설기계에서는 일반적으로 전진 2~4단 후진 1단의 변속 단으로 되어 있다.

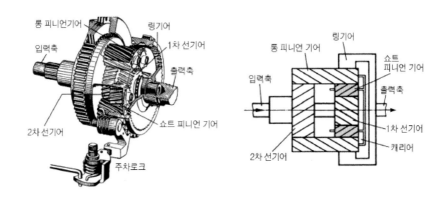

<그림 3-60> 유성기어식 변속기

(출처: http://jwkang7.wo.to/pds03/306.htm)

유성기어식 변속기의 원리에 대해 살펴보면, 일반적인 기어 세트는 외접하는 기어와 피니언으로 이루어져 있다. 그러나 변속기 내에서는 각각의 구성품이 가능하면 작은 공간을 차지하는 것이 효율적이므로, 외접 기어 대신에 내접 기어나 내접 링기어를 사용함으로써 공간 이용에 효율성을 확보한다. 이러한 이유로 링기어의 안쪽에 피니언이 만들어져 있다. 그리고 캐리어를 링기어에 부착시킴으로써 링기어를 축에 연결한다. 회전을 바꾸기 위해 피니언과 링기어 사이에 아이들러 기어를 위치시킨다. 이러한 것은 우리가 생활하고 있는 태양계를 참고하면 더 쉽게 이해될 것이다. 우리가 알고 있듯이 행성(유성)은 태양 주위를 선회한다. 유성기어 장치도 태양계와 같은 방법으로 작동하지만, 용어를 바꾸어 설명하기로 한다. 피니언 기어가 이제 선기어가 되고, 아이들러 기어가 유성기어가 된다. (선기어 주위에 있는 4개의 기어) 그리고 캐리어는 유성 캐리어가 된다. 각각의 유성기어식 변속기에는 여러 개의 유성기어 세트가 있다. 이것이 결합하여 다양한 속도, 토크 및 방향의 조합을 만들어 낸다.

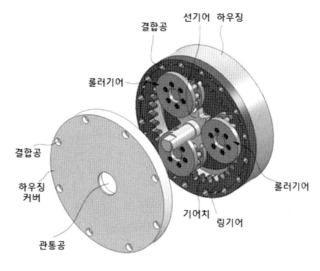

<그림 3-61> 유성기어 세트

이러한 유성기어 세트의 링기어 및/또는 유성 캐리어가 유압 클러치에 의해 고정된다. 다음은 이러한 유압 클러치의 작용 과정을 설명한 것이다. 변속기 유압 컨트롤 밸브는 직접 압력상태하의 오일을 압력판 면 뒤쪽에 있는 구멍으로 보낸다. 실제적으로 이 압력판은 원형으로된 피스톤 형태이다. 피스톤을 움직이기에 충분히 상승한 오일 압력이 마찰

디스크를 클러치판에 충분히 밀착되도록 힘을 가한다. 이렇게 되면 오일압력이 스프링의 힘을 극복하고 클러치 플레이트와 디스크를 함께 고정시킨다. 디스크는 링기어에 스플라인으로 되어 있는데, 유압 클러치가 작동되면 클러치 플레이트와 디스크를 함께 민다. 이렇게 함으로서 디스크가 회전하지 못하도록 유지시킨다. 여기에서 참고할 것은 클러치 플레이트는 반응 핀에 의해 고정된 상태로 있다. 이 상태에서 클러치 플레이트는 회전하지 못하게 된다. 이러한 플레이트가 함께 힘을 가함으로서 링기어의 회전이 정지된다. 클러치의 결속을 풀기 위해, 피스톤으로 공급되는 압력 오일이 차단된다. 이렇게 함으로서 마찰 디스크와 클러치 플레이트가 더 이상 고정되지 못함으로서 디스크와 플레이트가 독립적으로 회전하게 된다.

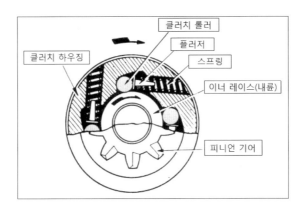

<그림 3-62> 클러치 하우징

(4) 브레이크(Brake)

건설기계는 일반적으로 다음에서 설명하는 5종류의 브레이크 중에서 하나를 이용한다. 모든 경우에 있어서, 어떤 고정된 표면이 회전하는 어떤 표면에 대응하여 움직임으로써 마찰이 발생하여, 건설기계를 정지시키거나 속도를 늦추게 된다. 건설기계에 사용되는 브레이크에는 다음과 같은 5종류가 있다.

① 슈 확장식(내부 확장식)

슈 확장식 브레이크는 매우 일반적인 브레이크 형식이며, 2개의 움직이는 슈를 사용한다. 슈는 1개 또는 2개의 유압실린더에 의해 외측으로 밀어져 확장되어 브레이크 작용을

128

하며, 스프링에 의해 브레이크 작용이 풀어진다.

② 튜브 확장식

튜브 확장식 브레이크는 때때로 광산용 트럭의 앞 액슬에 사용된다. 이 장치는 일련의 브레이크블록을 포함하고 있는 비회전체의 브레이크 어셈블리로 이루어져 있다. 브레이크 블록이 팽창튜브에 설치되어 팽창튜브에 의해 외측으로 힘을 가하게 된다. 튜브가 팽창되었을 때 브레이크 블록이 브레이크 드럼에 접촉하게 된다.

③ 밴드 수축식(외부 수축식)

밴드 수축식 브레이크는 불도저와 같은 몇몇 트랙형 건설기계에 사용되는 형식으로서, 수축 밴드가 브레이크 드럼 및 조향 클러치를 주위에서 감싸고 있다. 이름에서 의미하는 것과 같이 건설기계를 정지시키기 위해 밴드가 회전하는 브레이크 드럼에 대응하여 수축됨으로서 브레이크 작용이 이루어진다.

④ 캘리퍼 디스크식

캘리퍼 디스크 브레이크에는 회전하는 디스크의 양쪽에 브레이크 패드가 붙어있는 캘리퍼가 있다. 브레이크 작용이 이루어졌을 때, 브레이크 패드가 디스크에 접촉한다. 캘리퍼 디스크 브레이크는 패드의 마모에 따라 브레이크 작용이 자동으로 조정된다.

⑤ 전 디스크식

전 디스크 브레이크는 구동 허브에 스플라인 되어져 있는 일련의 스틸 플레이트와 하우징에 스플라인 되어져 있는 일련의 디스크를 사용한다. 브레이크 작용이 이루어졌을 때, 디스크와 플레이트가 압축되어 마찰력을 발생시켜 브레이크 작용이 이루어진다. 어떤 형식은 건식(dry type)으로 되어 있고, 어떤 형식은 습식(wet type, oil type)으로 되어있다. 또한 어떤 형식에서는 브레이크 작용 시 발생되는 열을 감소시키기 위해 오일 쿨러를 이용한다.

⑥ 이중 페달 브레이크 장치

이중 페달 브레이크 장치는 대부분의 휠 로더에서 사용되고 있다. 이 장치는 2개의 페달로 구성되어 있는데, 그 중 1개의 페달은 오직 브레이크페달로서 사용되는 것이고, 또 다른 1개의 페달은 변속기 중립화 작용 및 브레이크 작용에 이용되는 페달이다. 브레이크

129

페달을 밟으면, 변속기가 결속된 상태(기어가 들어간 상태)에서 브레이크 페달을 밟으면, 변속기가 중립화(기어가 빠진 상태)되면서 브레이크 작용이 이루어진다. 이러한 상태는 운전자에게 엔진 rpm을 고속으로 유지시킬 수 있도록 함으로서 유압 반응력을 높이게 되어 작업효율을 증가시킬 수 있다.

이러한 특징은 제작회사마다 다를 수 있다. 어떤 형식은 on/off 스위치로 되어있는 것도 있고, 어떤 형식은 2개의 페달 대신에 1개의 페달로 이루어진 것도 있다.

(5) 타이어(Tire)

타이어는 휠 형 건설기계 및 차량의 부품으로서 중요한 역할을 완수하고 있다. 건설기계 및 차량을 구성하고 있는 부품은 수없이 많지만, 일반적으로 한 부품이 하나의 기능을 완수하는데 지나지 않는다. 그러나 타이어는 건설기계의 한 부품으로 외관은 매우 간단하지만 다른 부품과 커다란 차이점은 한 부품으로 수많은 기능이 있다. 이러한 기능을 완수하기 위해 타이어의 구조는 탄력성이 있는 공기 용기가 요구되고, 주요 역할인 공기압을 유지하기 위하여 튜브를 사용하고 있지만 높은 하중의 조건에서 튜브만으로는 압력의 공기압을 유지할 수가 없으며, 도로 위를 주행했을 경우 예상되는 외상이나 충격에 대한 강도도 불충분하다.

이러한 문제를 해결하기 위해 카커스를 이용한다. 코드 층(카커스)에 의해 높은 압력의 공기가 들어 있는 튜브를 보호하고 하중을 지탱하는 한편 노면에 접하는 부분에는 두꺼운 고무 층을 붙여 외상이나 마모에 대처하고 있다. 또한 용도에 따라 트레드 패턴을 채택하여 자동차의 기동성이나 안정성을 충족시키도록 하고 있다. 또한 타이어는 림에 조립되어 사용하기 때문에 림과 단단히 결합할 필요성이 있어 견고한 구조가 요구된다. 차량의 고급화, 고성능화 또는 사용조건의 다양화에 따라 타이어에 요구되는 기능, 성능도 점점 복잡해지며 다양한 형태로 개발되고 있다.

① 타이어의 조건

건설기계 및 차량에 사용되는 타이어는 다음과 같은 구비 조건을 갖추어야 한다. 먼저, 일정한 치수와 형상을 유지할 수 있어야 하며, 좋은 안정성으로 신뢰감을 유지해야 하고, 소음과 진동이 적어야 한다. 또한 수명이 길고 경제적이어야 한다.

건설기계 및 차량에 사용되는 타이어의 일반적인 기능에 대해 알아보면, 먼저 차체 및 화물의 하중을 지지할 수 있어야 하며, 지면으로부터 충격을 흡수하여 승차감을 향상시켜야 한다. 또한, 조종 안정성을 향상시키고 구동 및 제동력을 노면에 잘 전달할 수 있어야 하며 주행저항 및 회전저항을 최소화해야 한다.

② 타이어의 구조

공기 타이어는 본질적으로 팽창압력에 의해 후프 인장 응력(Hoop Tension)을 받고 있는 구조적 구성품(나일론, 철, 케이블 등)을 이용한 유연한 압력 용기이다. 고무는 보호용 피복제 및 구조적 구성품의 밀봉제로 사용되고 또한 지면 접촉면에 마모 매체를 제공하는 트레드 형태를 구성한다. 다음은 적합한 타이어의 선택에 도움을 줄 수 있도록 사용 가능한 다양한 타이어의 구조를 설명한다.

건설기계 및 차량에 사용되는 타이어 구조는 바이어스 플라이(bias ply)와 레이디얼 플라이(radial ply) 타이어가 있다. 다음은 이 두 구조의 주요한 특징을 간단히 설명한다. 바이어스 타이어의 카커스는 1플라이씩 서로 코드의 각도가 다른 방향으로 엇갈려 있어 코드가 교체하는 각도는 지면에 닿는 부분에서 원주방향에 대해 40도 전후로 되어있다. 이 타이어는 오랜 기간의 연구 성과에 의해 전반적으로 안정된 성능을 발휘하고 있다. 현재는 타이어의 주류에서 서서히 그 자리를 레이디얼 타이어에게 물려주고 있다.

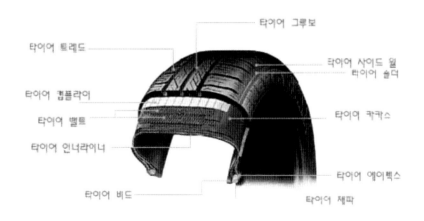

<그림 3-63> 바이어스 타이어

(출처: http://www.omcins.com/sub06/sub05.asp)

타이어 비드(beads)는 타이어가 림의 테이퍼 된 비드 자리에 견고하게 고정되도록 하는 타이어 팽창압력에 의해 측면에서 힘을 받는 철사 꾸러미로 구성된다. 나일론 플라이를 비드부분에 부착시킨다. 타이어 내의 본질적인 힘은 비드 부분을 통해 림에서 나일론으로 전달된다. 몸체 플라이(body piles)의 고무 쿠션 나일론 코드지는 타이어 카커스를 포함한다. 코드지 플라이가 번갈아 트레드 중앙선을 중심으로 각도가 다른 방향으로 엇갈려있다. 플라이 비(ply rating)는 아이어 내의 실제 플라이 수가 아니라 타이어 강도의 지표이다.

브레이커 또는 트레드 플라이(breakers or tread plies)가 사용되면, 이것은 타이어의 트레드부분에 한정되고 카커스의 강도를 개선하고 몸체 플라이를 부가적으로 보호해준다. 어떤 타이어는 스틸 브레이커 또는 벨트를 사용해 카커스를 더욱 보강해준다. 사이드 월(side walls)이란 사이드 월 부분의 몸체 플라이를 덮고 있는 보호용 고무층을 말하며, 트레드(tread)는 지면과 접촉하는 타이어의 마모부분 견인 및 부양을 제공할 뿐만 아니라 장비의 무게를 지면에 전달한다. 내부 라이너(inner liner)란 타이어 내의 공기를 유지시키는 밀봉 매체이며 O-링 실과 림 베이스가 결합되어 있다. 내부 튜브나 플랩의 필요가 없다. 그리고 튜브 및 플랩의 사용으로 타이어의 수명을 개선할 수 있는 경우가 있다. 언더트레드(undertread)란 트레드와 몸체 플라이 사이의 보호용 고무 쿠션을 뜻한다.

③ 타이어의 종류

건설기계용 타이어는 다음의 3개의 부분으로 그 적용이 구분된다. 먼저, 수송용 타이어는 물질을 수송하는 토공 장비에 주로 쓰이며, 작업용 타이어는 휠 형 도저 또는 로더와 같은 경인용 토공장비에 일반적으로 적용된다. 적재 및 이동용 타이어는 토양의 굴삭뿐만 아니라 이동에 사용되는 휠 로더에 적용된다.

타이어 설계사에 의해 고안된 원래 타이어가 실제의 적용에 있어서 다른 종류의 타이어로 사용되는 경우가 있다. 한 예로 특별히 깊은 작업용 타이어는 암반 작업에 적합하나 속도 능력에 매우 제한이 있다. 속도 한계에 불구하고 심한 마모 조건의 수송 장비는 이 작업용 타이어가 최선의 경제적인 대안임을 알게 될 것이다.

④ 타이어의 규격 명칭

타이어 규격 명칭은 타이어 절단면의 폭과 림의 직경으로 표시한다. 광폭 타이어 29.5 - 35에서 앞의 숫자는 타이어 폭(인치)이고 뒤의 숫자는 림 직경(인치)이다. 공업 규격은 이 타이어의 폭을 최대 824mm로 제한한다. 표준 타이어 24 - 35에서 앞의 숫자는 타이어

폭(인치)이고 뒤의 숫자는 림 직경(인치)이다. 공업 규격은 이 타이어의 폭을 최대 718mm
로 제한한다. 소폭 타이어 40/60 – 39(예전에는 65/40-39, 40 – 39로 표시)에서 첫 번째
숫자 40은 타이어 폭(인치)이고, 두 번째 숫자 65(실제는 0.65)는 종횡비(높이/폭)이고,
세 번째 숫자는 39는 림 직경(인치)이다. 40/65 R – 39와 같이 레이이얼 타이어를 표시한
다. 광폭 타이어는 약 0.83의 종횡비를 가지고 있고, 표준 타이어는 0.95, 소폭 타이어는
0.65의 종횡비를 가지고 있다. 광폭 타이어를 표준 타이어와 비교할 때 같은 림 직경의
광폭 타이어 첫 번째 더 큰 숫자는 광폭 타이어의 전체 직경이 더 큰 것을 의미하지는 않
는다는 것을 기억해야 한다.

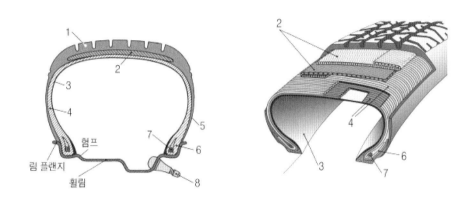

<그림 3-64> **타이어 단면도**

예로, 18 – 25 표준 타이어는 직경에서 20.5 – 25 광폭 타이어 보다 크다. 이것은 23.5 –
25 광폭 타이어와 전체 직경이 비교될 수 있다.

기호로는 D=타이어 외경, R=림 외경, H=타이어 부분 높이, S=타이어 부분 폭, W=타
이어 폭(장식용 림 포함), S/H=종횡비를 뜻한다.

⑤ 건설기계용 타이어의 코드 부분

타이어 산업 분야에서는 건설기계용 타이어에 대해 코드 체제를 사용한다. 이 구분 체
제는 타이어 제작자에 의해 생산된 각 타이어의 종류에 대한 제품명의 혼란을 감소시킨
다. 이 코드는 6개의 주 범주로 구분된다. C-콤팩터(comptactor service), E-토공 장비
(earthmover service), L-로더 및 도저(loader & dozer service), SL-로그-스키더
(log-skidder service), ML-광산 및 임업용 장비(mining & logging service)로 구분된

다. 부 범주는 L-2 : 견인용, L-3 : 암반용, L-4 : 암반용(깊은 트레드 형식), L-5 : 암반용(매우 깊은 트레드 형식)로 구분된다.

L-2 타이어는 자동적으로 제적되도록 트레드 형식에 돌기(lug)사이가 넓어 활동적이며, 부드러운 작업장이나 점성이 있는 물질에서 작업하기에 적합하다. L-3 타이어는 트레드 부분의 돌기(lug)가 더 넓으며, 카커스 보호력이 더 우수하다. L-4 타이어는 트레드 부분이 더 깊고 각이진 형태로 디자인되어 있으며, L-5 타이어는 다소 거친 작업장에 적합한 타이어로서, 돌기(lug)가 더 두껍고, 사이드 월 부분이 숄더 부분에서 보호되고, 골기 사이의 간격이 더 좁다.

3.4 센서 및 엑추에이터

3.4.1 개요

센서란 감각 또는 느낌이라는 뜻을 지닌 라틴어의 낱말 "sens(-us)"에서 유래된 것으로, 사전적으로는 "빛, 소리, 압력, 변위, 진동, 자계 등 각종 물리량이나 이온, 가스, 당분 등 여러 가지 화학량 등 외계의 정보를 감지하여 신호 처리하기 쉬운 전기나 빛의 신호로 변환하는 기능을 지닌 소자 또는 장치"를 의미한다. 센서라는 용어가 사용되기 시작한 것은 1960년경이지만 그 이전에도 각종 전기회로, 제어장치에 사용되었다. 이 시기에서 검출기는 디텍터(Detector)로 불리고 센서라고는 부르지 않았던 것이다. 즉, 1960년대를 경계로 검출기가 디텍터에서 센서로 명칭이 변경되었다.

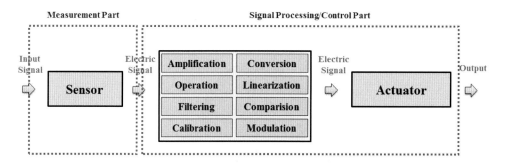

<그림 3-65> Sensory system

센서는 우수한 감도(sensitivity), 선택도(selectivity), 안정도(stability) 및 복귀도 (reversibility)를 갖추어야 한다. 또한, 기계적, 전기적으로 강인하고, 신뢰성이 있어야 하며 정확해야 한다. 또한, 가혹 조건에서의 작동에도 이상이 없어야 한다.

3.4.2 센서의 종류

(1) 센서의 분류

센서의 작용은 모든 정보 및 에너지의 검출을 목적으로 하고 있음에 따라 검출대상도 넓고 또한 복잡하다. 센서의 종류는 매우 다양하며, 분류법도 관점에 따라서 구성방법, 측정대상, 검출량의 변환원리, 구성재료, 검출방법, 기구, 작용형식, 변환에너지, 출력형식, 응용분야 등 다양하게 분류할 수 있다.

<표 3-4> 분류방법에 따른 센서 종류

	분류방법	센서 종류
1	구성방법	기본센서, 조립센서, 응용센서
2	검출대상	광센서, 이미지센서, 적외선센서, 방사선센서, 기계량센서, 전자기 센서, 초음파센서, 온도센서, 습도센서, 압렵센서 등
3	구성재료	반도체센서, 세라믹센서, 금속센서, 고분자센서, 효소센서, 미생물 센서 등
4	기구 별	구조형센서, 물성형센서, 생물형센서
5	작용형식	능동형센서, 수동형센서
6	출력형식	아날로그센서, 디지털센서, 주팟형센서, 2진형센서
기 타	검출방법	역학적센서, 열역학적센서, 전기적센서, 자기적센서, 광학적센서, 전기화학적센서, 촉매화학적센서, 생물(바이오)센서
	감지대상	물리센서, 화학센서, 생물(바이오)센서
	생물센서	기구형(또는 구조형), 물성형, 기구, 물성혼합형

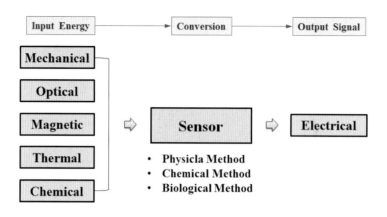

<그림 3-66> Sensor Mechanism

(2) 건설기계 센서 활용

① 굴삭기

굴삭기에는 RFID근접센서가 어태치 유무를 모니터링하기 위하여 사용되고, 버킷 위치 모니터링과 붐 각도를 감지하기 위하여 경사각 센서가 사용된다. 경사각 센서는 비 접촉 방식으로 각도 위치를 측정하고, 버스 통신으로 직접 위치 정보를 전송한다. 또한, 케빈 위치를 확인하기 위해서 근접센서가 사용되는데, 펄스 카운팅으로 회전 위치를 확인하고 홈 포지션을 결정한다. 정전용량형 그립 센서는 비-기계적 핸드를 감지하는 데 사용되고, 조이스틱이 풀릴 경우, 엔진이 자동으로 종료된다.

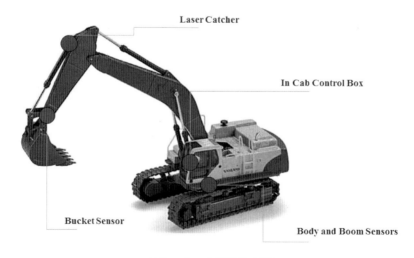

<그림 3-67> 굴삭기용 센서

② 크레인

크레인에서는 중장비 엔코더를 이용해서 순간 하중을 모니터링하여 절대 위치를 모니터링할 수 있으며, 크레인 상부 구조 위치를 섬세하게 모니터링할 수 있다. 또한, 근접 센서를 이용하여 리어 조향휠 센터의 위치를 확인하고, 경사각 센서를 이용해서 순간 하중 방향 제어로 수평위치의 정밀한 모니터링을 통한 세밀한 레벨링과 최적화된 각 범위와 해상도를 제공한다. 세이프티 엔코더를 통해서 안전하게 붐의 절대 각도를 측정한다. 포지셔닝 시스템은 정확한 휠 조향 위치를 측정하고, 붐의 절대 각도 위치를 측정할 수 있다.

③ 덤프트럭, 콘크리트 믹서 및 펌프

덤프트럭에서는 브레이크 작동 중에 변속을 방지하기 위하여 근접 센서가 사용되고, 브레이크 라이트를 자동으로 점등되게 한다. 또한, 근접 센서를 사용하여 덤프 베드 다운 위치를 피드백할 수 있다. 콘크리트 믹서에서는 메탈 페이스 센서를 이용하여 'up' 위치에서 조향휠이 자동으로 잠기게 하거나 하강 또는 상승하도록 한다. 뿐만 아니라 드럼 회전 수를 카운팅하여 적절한 혼합을 보장한다. 콘크리트 펌프 차량에서는 굴삭기와 마찬가지로 붐 각도를 모니터링 하기 위해 비접촉식 방식의 경사각 센서를 이용한다. 근접센서를 이용하여 아웃트리거의 확장된 감지 범위를 감지한다. 또한, 포지셔닝 시스템으로 순간 하중 방향 제어를 위해 비접촉 방식으로 아웃트리거의 위치를 안전을 위해 세밀한 위치를 측정한다. 워터박스의 실린더 동작을 마모없이 비접촉방식으로 모니터링하여 콘크리트 펌핑 실린더의 상대 기능을 제어한다. 그리고 고압 센서를 사용함으로써 끝단의 위치를 감지하여 콘크리트 펌핑 실린더의 상대 기능을 제어한다.

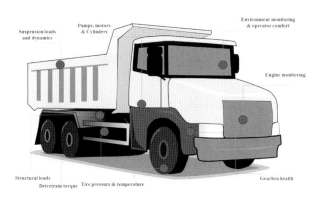

<그림 3-68> 덤프트럭 센서 및 엑추에이터

④ 지게차

지게차에서도 경사각 센서를 이용하는데, 이때 지게차가 이동 중에 포크 레벨을 확인할 수 있으며, 무거운 하중의 짐을 이동시킬 때 지게차 쏠림 현상을 방지한다. 또한, 정전용량형 그립 센서를 통해 조이스틱이 풀릴 때 엔진이 자동으로 종료되게 한다. 거리 감지 센서를 사용하여 안전한 포크 이동을 위해 지면으로부터 높이를 모니터링할 수 있으며, 포크 높이에 따라 지게차 이동이 가능하다. 또한, 포지셔닝 시스템으로 포크 확장 제어가 가능하여 포크 위치를 모니터링할 수 있다.

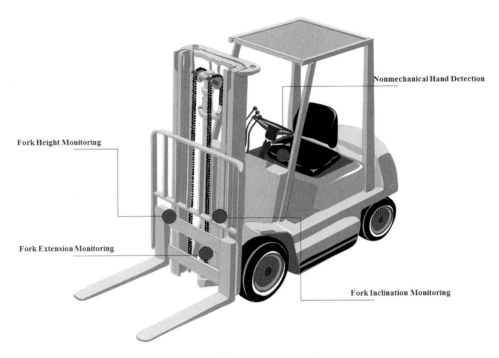

<그림 3-69> 지게차 센서 위치

⑤ 농기계 분야

농업용 분무기에서는 스프레이 높이를 초음파 센서를 통해서 모니터링하며, 자동으로 농작물에 대해 적절한 높이로 스프레이를 조정한다. 또한, 목재 수확기에서는 경사각 센서를 이용하여 붐 구조물의 수평 위치 조정, 지면과의 충돌을 방지한다. 수확기 헤드의 포지셔닝 시스템으로 나무 몸통의 직경을 정의할 수 있으며, 근접 센서로 부착된 톱 홈의 포지션을 확인한다.

138

(3) 센서

① 근접 센서

자기 근접센서(magnetic proximity sensor)는 자성체를 가까이 할 때 기동되며, 회전자의 속도 측정, 그리고 회전수에 사용될 뿐만 아니라 회로의 점멸에도 쓰일 수 있다. 또한, 모터와 바퀴의 회전수를 계수하는 데도 사용되며 위치 센서로도 사용된다.

광학 근접센서(optical proximity sensor)는 방사기(emitter)라고 불리는 광원과 빛의 존재유무를 감지하는 수신기로 구성되어 있다. 보통 수신기는 포토 트랜지스터이고 방사기는 LED이다. 근접 센서이므로 센서는 빛을 보내고 물체가 바로 곁에 없는 한 방사기에 의해 방사된 빛은 수신기가 수신하지 못한다. 스위치의 범위 안에서 물체가 센서에 가까이 있지 않는 한 빛을 반사하지 못하므로 빛을 수신기가 받지 못하게 되고 결과적으로 신호가 없게 된다.

유도성 근접센서(inductive proximity sensor)는 금속의 표면을 검출하는 데 사용되며, 페라이트 코어를 가진 코일과 발진기-검출기 그리고 고체 상태의 스위치로 구성된다. 코어에 코일을 감으면 인덕턴스가 형성되고, 이는 코어의 투자율이 저하하는 성질에 따라, 인덕턴스가 저하하고 전압 역시 저하하게 된다. 이 원리를 이용해 자계의 변화를 감지할 수 있다.

용량형 근접센서(capacitive proximity sensor)는 도체 및 유전체의 모든 물체의 검출이 가능하다. 검출 물체가 접근하면 전극간의 정전 용량이 변화하여, 발진 주파수가 변화하는데, 이를 전기 신호로 변환하여 검출한다.

와전류 근접센서는 보통 두 개의 코일이 있고 하나의 코일을 기준으로 자속의 변화를 발생시킨다. 전도 물질이 가깝게 근접할 때 와전류는 차례로 전도물질에 유도되고, 전체 자속의 변화는 전도물질의 근접 정도에 따라 비례적으로 변하므로 이 원리로 측정이 가능하다.

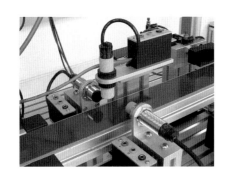

<그림 3-70> 근접 센서

② 위치 센서

위치 센서는 회전각과 직선 이동, 변위뿐만 아니라 운동의 측정에도 사용된다. 그 중 포텐셔미터(potentiometer)는 저항기를 통해 위치정보를 가변전압으로 변환한다. 우리말로는 가변저항이고, 종류에 따라서 회전과 직선으로 이동할 수 있으므로 회전과 직선의 운동을 측정할 수 있다.

엔코더(encoder)는 운동의 미세 부분에 대한 디지털 출력을 할 수 있는 간단한 장치이다. 디지털 출력을 위한 엔코더 휠(wheel) 또는 막대가 작은 부분으로 구분되어 나누어져 있다. 한쪽에서 LED와 같은 광원을 엔코더 휠 또는 막대의 다른 쪽에 광선을 주사하고 포토 트랜지스터와 같은 광 감지 센서를 통해 감지한다. 만약 빛이 통과하여 휠의 각도 위치가 빛이 통과하는 위치라면 반대쪽의 센서는 켜지게 될 것이고 높은 신호(on)를 가질 것이다.

선형가변 미분형 변압기는 주로 LVDT(Linear Variable Differential Transformer)라고 불린다. 변위 센서는 코어가 움직이는 거리에 따라 측정되고 이러한 변위의 결과로 가변 아날로그 전압이 출력되는 변압기이다.

AlbionDevices.com – (858) 792-9585 – TemperatureCompensation.com

<그림 3-71> LVDT(선형가변 미분형 변압기)

③ 초음파 센서

초음파 센서(ultrasonic sensor)는 초음파의 특성을 이용하거나 초음파를 발생시켜 거리나 두께, 움직임 등을 검출하는 센서이다. 초음파는 사람이 들을 수 없는 20kHz 이상의 주파수 영역을 말하며, 계측 분야에서는 압전 진동자를 이용하면서부터 초음파 센서가 이용되었다.

공중용 초음파 센서는 공기 중 스스로 초음파를 방출, 또는 방출된 초음파 에너지를 검출하는 센서로서, 액티브 방식과 패시브 방식이 있다. 액티브 방식은 초음파 거리계를 비롯해 두께계, 어군 탐지, 측심기, 소나, 의료용 진단장치 등에 사용되며 패시브 방식은 배관의 가스 누출, 수도관의 누수, AE파의 검출 등에 사용된다. 공중 초음파 센서는 개방구조로 되어있어 오염물질에 취약하므로, 금속 케이스에 압전 세라믹을 부착하여 케이스 개구부에 베이스를 붙인 다음 수지를 충전하여 밀폐 구조로 사용한다. 그 외에 수중용, 고체용 등의 초음파 센서가 있다.

 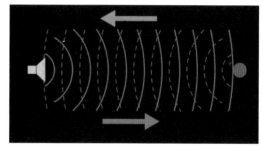

<그림 3-72> **초음파 센서**

④ 압력 센서

유체는 힘이 가해지는 방향에 따라 자유롭게 형을 바꾸어 유동하므로 압력은 방향성이 없고 임의의 점에서 어느 방향의 면에 대해서도 같은 크기의 압력이 작용한다. 대부분 기계적인 변위를 전기신호로 변환하는 방식을 사용한다.

탄성식의 브루돈관(bourdon tube)은 지금 가장 많이 사용되고 있는 것으로, 단면이 원상 또는 평면상의 금속 파이프이고 개방된 고정단으로부터 측정압력을 도입하면 다른 밀폐된 관의 선단이 이동하는 원리를 이용하고 있다.

　다이어프램(diaphragm) 압력계는 고정시킨 환산형 주위 단과 동일평면을 이루고 있는 얇은 막의 형태(평판형, capsule형)로서, 가해진 미소압력의 변화에도 대응된 수직방향으로 팽창 수축하는 압력소자이다.

　벨로우즈(bellows)는 그 외주에 주름상자형의 주름을 갖고 있는 금속박판 원통형으로 그 내부 또는 외부에 압력을 받으면 중심축 방향으로 팽창 및 수축을 일으키는 압력계의 일종이다. 벨로우즈는 압력에 따른 길이의 변화가 부르돈관이나 다이어프램보다 커서 보통 저압측정에 많이 사용된다. 벨로우즈의 사용한도는 내압에 의해서 결정되며, 내압증가를 위해 벨로우즈의 벽 두께를 증가시켜야 하지만, 강성 역시 증가하게 되어 선형도가 나빠진다.

　전자식 압력센서의 대부분은 기계적인 변위를 전기신호로 변환하는 부분이 기계식과 다를 뿐 기본적으로는 기계식과 동일하다.

<그림 3-73> **압력센서**

⑤ 유량·유속 센서

　유량측정은 측정대상인 유체의 종류를 비롯하여 흐름 상태, 유체의 온도와 압력, 측정범위, 설치장소 등에 따라 측정조건이 매우 다양하기 때문에 유량의 측정방법도 여러 가지가 개발되어 사용되고 있다. 유량을 측정하고자 할 경우에는, 사전에 측정조건을 충분히 검토하고 요구되는 정확도 및 유지관리의 편의성 등을 검토하여 용도에 적합한 센서를 사용하여야 한다. 종류에는 차압식, 면적식, 용적식, 회전속도 검출식, 전자식, 초음파식, 열 식, 와류식 등이 있다.

⑥ 로터리 엔코더

로터리 엔코더(rotary encoder)는 전기모터나 엔진의 회전각도 또는 회전속도를 측정할 때 사용되는 센서로, 대표적으로 인크리멘털(incremental)식, 앱솔루트(absolute)식이 있다. 인크리멘털식 로터리 엔코더는 축이 일정량의 각도를 회전할 때마다 펄스를 발생하여, 이 펄스 수를 통하여 축의 각도를 검출한다. 또한, 앱솔루트식 로터리 엔코더는 몇 가닥의 신호선에 의해서 축의 절대위치를 검출할 수 있다. 굴삭기와 같은 건설기계에서 엑추에이터의 각도를 로터리 엔코더를 이용하여 회전각도 및 회전속도를 측정한다.

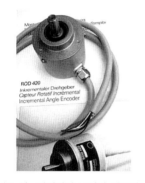 

(a) 인크리멘털식 로터리 엔코더   (b) 앱솔루트식 로터리 엔코더

<그림 3-74> **로터리 엔코더**

(4) 기타

① 광센서

인간의 눈으로 감지할 수 있는 가시광선을 중심으로 적외선에서 자외선 영역의 광 자체 또는 광에 포함되어 있는 정보를 감지하여 이를 다시 처리가 용이한 양으로 변환하는 소자이다. 공장 자동화나 첨단 계측 계통, 유통, 의료, 예술 분야 등 폭넓게 이용되고 있다. 광센서는 검출하는 빛의 파장 범위를 기준으로 하여 분류하기도 하지만 동작 원리를 기준으로 분류하는 것이 보편적이다. 광센서의 종류에는 포토다이오드를 비롯하여 포토트랜지스터, 포토 IC, CdS 셀, 태양 전지, CCD 이미지센서 등이 있으며, 특수한 것으로는 광전관, 포토멀, 촬상관 등의 진공관류도 포함된다.

<그림 3-75> 광센서

② 온도 센서

온도 센서란 열을 감지하여 전기신호를 내는 센서로 일반적으로 접촉식과 비접촉식으로 나누어진다. 접촉식으로는 저항온도센서, 씨미시터, 열전대, 바이메탈 등 대부분의 센서가 이에 해당하고 비접촉식은 물체로부터 방사되는 열선을 측정하는 방법으로 적외선 온도 센서, 광 고온도계가 있다. 온도 센서는 온도가 높아지면 저항이 감소하는 부저항 온도계수의 특성이 있는 전자회로용 소자로, 열용량이 작아서 미세한 온도변화에도 급격한 저항 변화가 생기므로 온도 제어용 센서로 많이 이용된다. 온도는 원자 또는 분자가 가지고 있는 미세한 범위의 진동 운동에너지의 크기로 정의된다.

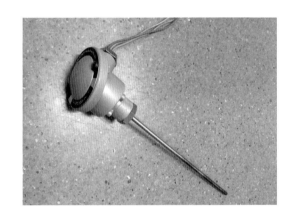

<그림 3-76> 온도센서

③ 자기 센서

자기 센서는 자장을 유용한 전기 신호로 변환시켜 주거나, 비자기적 신호를 전기적 신호로 변환시키기 위한 중간 매개체의 변환기 역할을 하는 센서이다. 자기 센서의 특징은 무접점 또는 비접촉 측정이 가능하다는 점이다. 자기 센서는 이용하는 목적에 따라 직접적인 응용 면과 간접적인 응용 면으로 나눌 수 있다. 자속이나 기계강도 측정, 방위 측정, 자기 기록 매체로부터의 데이터 읽기, 카드나 지폐의 자성 무늬 식별, 그리고 자기 장치의 제어 등과 같은 직접 자장을 입력하여 전기적 신호로 변환시켜 주는 목적에 이용할 때 이를 직접적인 응용이라 볼 수 있으며, 과부하 보호를 위한 포텐셜이 없는 전류 측정, 집적화 적산 전력계, 무접촉 선형 및 각도 위치 측정, 변위 또는 속도 측정 등 비자기적 신호를 전기적 신호로 변환시켜 주는 목적에 이용될 때 이를 간접적 응용이라 한다.

(5) 잡음

잡음(noise)이란 원하지 않는 불규칙한 신호로써, 센서 소자나 변환 회로로부터 불규칙적으로 변동하는 잡음이 발생한다. 잡음은 원리적으로 제거할 수 없는 것이 있으며, 또한 전원의 리플(ripple)이나 진동 등 환경의 변동에 의한 것도 포함된다. 센서의 입력변화에 대한 응답이 잡음 레벨 이하로 되면 오차가 발생한다. 센서의 감도가 높으면, 미소 입력 신호도 검지할 수 있다. 센서에 유입되는 잡음이 증대되면, 감도가 높더라도 미소 입력 신호의 검출이 불가능해져 측정 하한치는 크게 된다. 그러므로 센서의 신호 대 잡음비 (signal to noise ratio ; S/N ratio)를 향상시킴으로써 검출 하한치를 작게 할 수 있다. 신호 대 잡음비를 개선하기 위해서는 필터(filter) 등을 사용한다. 일반적으로 건설 기계는 매우 험한 환경에서 사용하는데, 센서가 사용되는 환경 조건, 특히 온도, 습도 등은 센서의 정·동특성에 매우 큰 영향을 미친다. 센서의 성능에 영향을 미치는 이러한 외부 변수들을 환경 파라미터(environmental parameter)라고 부른다. 예를 들면, 온도 영점 오차는 센서 입력을 0으로 했을 때 온도변화에 기인한 센서의 출력 레벨 변화를 뜻하고, 온도 스팬 오차는 입력을 정격입력(100% FS)으로 설정했을 때 온도변화에 기인한 센서의 출력 레벨 변화를 뜻한다.

3.4.3 엑추에이터

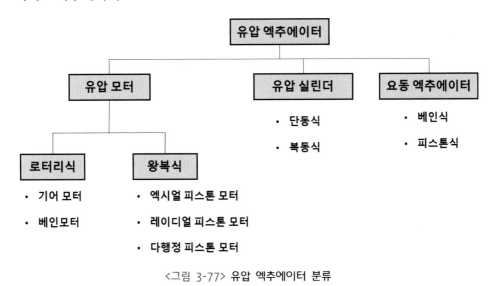

<그림 3-77> 유압 엑추에이터 분류

(1) 유압실린더

유체의 운동에너지를 기계적인 에너지로 변환하는 장치로, 동작 방법에 따라 분류하면 단동형, 복동형, 차동형, 특수형으로 나눌 수 있다. 또한 실린더를 고정 방식에 따라 푸트 (foot)형, 플랜지(flange)형, 클레비스(clevis)형, 트러니언(trunnion)형으로 분류된다.

(a) 단동 단로드형 실린더   (b) 복동 단로드형 실린더   (c) 복동 복로드형 실린더

<그림 3-78> 동작 방법에 따른 유압실린더 분류

① 유압실린더의 특징

유압실린더의 특징으로는 다른 운동 변환 기구의 도움 없이 직접 부하를 구동 가능하고 실린더의 직선 방향 구동력이 직접 부하를 움직임에 따라 동력전달 효율이 높다. 또한, 유압실린더의 전 행정 동안에 실린더의 최대 출력을 계속 발휘할 수 있으며, 유압실린더의 피스톤 속도는 유량과 피스톤의 압력 작용 면적에 따르고 작은 크기의 장치에서 매우 큰 힘을 발휘할 수 있다.

146

② 유압실린더의 기본 구조 및 주요 부품

유압실린더는 크게 실린더 튜브(cylinder tube), 피스톤(piston), 피스톤 로드(piston rod), 패킹(packing) 등으로 구성된다.

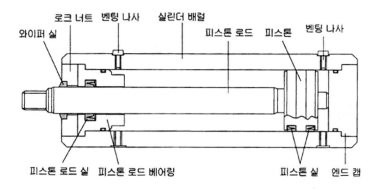

<그림 3-79> 유압실린더 구성

<그림 3-80> 모터의 분류

하이브리드, 전기 굴삭기를 비롯한 건설기계 장비에 유압 엑추에이터를 제외하면 주로 전동 모터를 많이 사용한다. 예를 들면 하이브리드 굴삭기가 회전하다가 속도를 줄일 때 손

실하는 에너지를 전지에 그대로 축적해 두었다가 모터를 움직이는 데 사용하는 원리이다.

(2) 유압 모터

유압 모터는 유압에 의하여 축이 회전 운동을 하는 것으로 기구는 유압 펌프와 비슷하지만, 구조상 다른 점이 많다. 유압 모터는 속도제어나 회전 방향의 변경이 매우 쉬우며 소형 경량이고 큰 힘을 낼 수 있다. 가변 용량형도 있으나 일반적으로는 정 용량형 유압 모터를 사용하고 속도제어는 유압 펌프로부터의 유량을 제어하는 방법을 사용한다. 유압 모터의 종류에는 유압 펌프와 마찬가지로 기어 모터, 베인 모터, 피스톤 모터가 있다.

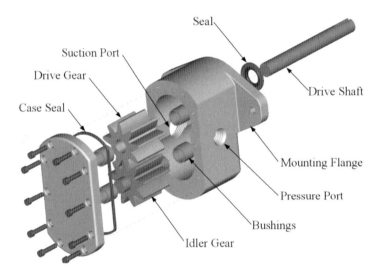

<그림 3-81> 기어모터

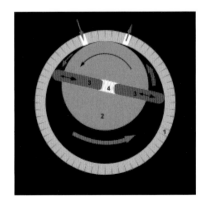

<그림 3-82> 베인 모터

(3) 모터

전동기라고도 불리며 전류가 흐르는 도체가 자기장 속에서 받는 함을 이용하여 전기에너지를 역학적 에너지로 바꾸는 장치이며 전원의 종류에 따라 DC 모터, AC 모터가 있다.

① 직류 모터

DC 모터는 고정자로 영구자석을 사용하고, 회전자(전기자)로 코일을 사용하여 구성한 것으로, 전기자에 흐르는 전류의 방향을 전환함으로써 자력의 반발 흡인력으로 회전력을 생성시키는 모터이다. 큰 기동 토크, 입력전압의 변화에 대한 직선적인 회전특성, 입력전류에 대한 출력 토크의 직진성, 출력효율의 높음, 가격이 저렴하다는 등 제어용 모터로서 우수한 특성을 지니고 있다. 반면에 브러시나 정류자(commutator) 등 기계적 접점을 가지기 때문에 소음이나 수명 등의 문제가 있다.

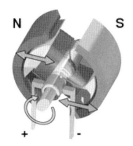

<그림 3-83> Brushed DC Motor

a. 직류 직권 모터(series winding type)

직권 식 모터는 전기자 코일과 계자 코일이 전원에 대해 직렬로 접속되어 있다. 전기자 전류와 자기장의 세기에 비례하는데 자기장의 세기는 계자 전류에 의해 결정되고, 계자 전류는 전기자 전류와 같기 때문에 결과적으로 토크는 전기자 전류의 제곱에 비례한다. 다시 말하면 전기자 전류가 클수록 발생하는 토크도 크다. 전기자 전류는 모터에서 발생하는 역기전력에 반비례하고, 역기전력은 속도에 비례함에 따라, 전기자 전류는 속도에 반비례하여 증감한다. 직권 식은 속도가 낮을 때 부하가 커지면 발생 토크도 증가하고, 부하가 감소함에 따라 회전이 빨라지는 특성을 가지고 있어 기관의 시동에 요구되는 조건과 적합하기 때문에 일반적으로 직권 식을 사용한다. 짧은 시간 안에 큰 회전력을 필요로 하는 기동 모터에 적합하다.

b. 직류 분권 모터(shunt winding type)

분권 식 모터는 전기자 코일과 계자 코일이 전원에 대해 병렬로 접속되어 있으므로, 가해진 전원 전압이 일정하면 계자 전류도 일정하며 자기장의 세기도 일정하다. 자동차에서의 사용 예는 팬 모터의 경우이다. 직권 모터와 마찬가지로 전기자 전류와 자기장의 세기를 곱한 값이 비례하지만, 자기장의 세기가 변화하지 않으므로 결과적으로 토크는 전기자 전류에 비례한다. 전기자 전류가 커질수록 발생하는 토크 또한 커지지만, 그 증가율은 직권 식 보다 낮다. 분권 모터의 회전수는 전원이 축전지라면 단자 전압은 일정하므로 변하지 않는다. 전기자 전류가 커지면 축전지 전압이 조금 낮아진다.

c. 직류 복권 모터(compound winding type)

복권 모터는 두 개의 계자 코일이 하나는 전기자 코일과 직렬로 접속되고, 다른 하나는 병렬로 접속되어 있다. 2개 계자 코일의 자속의 방향이 같은 것을 화동 복권이라고 하고, 방향이 반대인 것을 차동 복권이라고 하는데, 보통 화동 복권을 많이 사용한다. 복권식 모터는 직권과 분권의 중간 특성을 나타낸다. 즉 시동할 때에는 직권식과 같은 큰 토크 특성을 나타내고, 시동이 된 뒤에는 분권식과 같이 정속도 특성을 나타낸다. 자동차에서는 윈도우 와이퍼 모터에 주로 사용한다.

d. 브러시리스 모터(brushless)

브러시가 부착된 DC 모터에서는 브러시가 마모되는 단점이 있으나, 브러시리스 모터는 브러시를 사용하지 않고 비접촉의 위치 검출기와 반도체 소자로서 통전 및 전류시키는 기능을 바꾸어 놓는 모터이다. 또한, 브러시가 없으므로 노이즈가 발생하지 않는다는 점이 특징이다. 기계적인 접촉부가 없으므로 고속 회전형 모터, 장수명 모터의 실현도 가능해진다.

<그림 3-84> Brushless DC Motor

② 교류 모터

교류 모터는 외부 고정자와 내부 회전자로 구성되어 있는데, 교류전류가 고정자 권선에 공급되면 전자기유도에 의해 자기장이 변화한다. 이때 회전자에서 회전하는 자기장에 의해 유도전류가 생기고 토크에 의해 회전자에 있는 축에서 회전력이 발생한다. 보통 50-60Hz의 교류전원을 사용하지만 높은 회전속도를 얻고자 할 때는 수백 Hz에 이르는 높은 주파수의 교류전원을 사용하기도 한다. 소형 모터의 회전자에는 단락된 권선을 사용하고, 대형 교류 모터에서는 권선을 감아서 사용한다.

<그림 3-85> AC Motor

a. 유도 모터(induction motor)

유도 모터는 AC모터의 일종으로 회전자 계형에 속한다. 구동하는 원리는 스테이터부에 발생하는 회전자계와 로터부에 생기는 유도자계와의 상호작용으로 회전력을 얻는다. 단상뿐만 아니라 3상 유도 모터, 3상 권선형 유도 모터 등이 있다.

b. 동기 모터(synchronous motor)

동기 모터는 고정자와 회전자로 구성되어 있으며 고정자에 전류가 공급되며 회전자는 영구자석을 사용한다. 유도 모터와 같이 회전자기장을 만드는 권선은 보통 고정자에 감겨 있고 구조는 유도 모터의 1차 권선과 같은데 이를 전기자 권선이라고 한다. 회전자는 유도 모터와는 다르고 회전자 주위에 일정한 극성을 지닌 자기장이 생기도록 구성되어 있다. 동기 모터는 발전기 및 제철소의 압연기 등의 일정한 속도를 요구하는데 많이 쓰인다.

3.5 건설기계소음

3.5.1 소음이론

음향은 매우 작은 압력파가 매질을 통해 전파되는 물리현상으로 음원으로부터 발생한 미세 압력변동이 등엔트로피 과정으로 매질의 압축 및 팽창을 일으켜 수음자까지 전파되는 현상이다. 이러한 파동전달을 일차원으로 가정하면 다음과 같은 평면파동 방정식으로 현상을 기술할 수가 있다:

$$\frac{1}{C_o^2}\frac{\partial^2 P}{\partial t^2} = \frac{\partial^2 P}{\partial x^2} \tag{3.5.1}$$

여기서 C_o는 매질내 전파속도이며, $\sqrt{(\gamma RT)}$의 값을 갖는다(T는 절대온도 K). 그림 3-86에는 음속 Co로 전파되는 정현파(Harmonic Wave)의 파장 λ와 주기 T가 나타나 있으며, $\lambda = C_o T$의 관계를 갖는다.

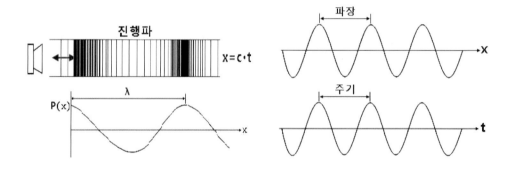

<그림 3-86> 1차원 음파의 전파

C_o의 속도로 전파되는 음파와 같이 움직이면 같은 크기의 압력이 관찰되므로 식(3.5.1)의 해로 P(x−C_ot) 형태를 가정할 수가 있다. 또한 이를 식 (3.5.1)에 대입하면 만족하는 것을 확인할 수가 있다. 따라서 P(x−C_ot) 형태를 유지하며 정현파 특성을 갖는 해로서 다음과 같은 해를 가정한다.

$$P(x,t) = P(x - C_o t) = P_o e^{i(kx - \omega t)} = P_o[\cos(kx - \omega t) + i\sin(kx - \omega t)] \tag{3.5.2}$$

여기서 k는 파수(wave number, 단위 m^{-1})라고 부르고 $kC_o = \omega$의 관계를 갖는다.

음향학 혹은 소음공학에서는 음파의 진폭인 P_o보다는 P_{rms} 값을 음파 세기의 대표적 크기로 사용한다. 여기서 하참자 rms는 "Root Mean Square"라고 읽으며 정의는 음파를 제곱한 다음 시간에 대한 평균을 구한 후 다시 제곱근을 씌워 구한다:

$$P_{rms} = \sqrt{\frac{1}{T}\int_0^T P(t)^2 dt} \qquad (3.5.3)$$

따라서 정현파인 음파의 P_{rms} 값은 $P_o/\sqrt{2}$의 값을 갖음을 알 수 있다. 또한 음파가 매질을 지나면서 순간적으로 매질이 압축 및 팽창할 뿐만 아니라 매질이 제자리에서 음파 이동방향의 앞뒤로 움직이게 된다. 이때 매질속도를 u(x,t)라고 하면 매질속도도 상기의 1차원 파동방정식을 만족하며, 비선형항과 점성항을 무시한 비정상, 1차원 모멘텀 방정식 으로부터 $u_o = \dfrac{P_o}{\rho_o C_o}$의 관계를 얻을 수 있다. 즉, 매우 시끄러운 소음의 미소압력진폭 P_o는 1Pa 가량이며 u_o는 10^{-3}m/s의 크기가 되므로 매우 작은 입자속도임을 알 수가 있다.

사람의 청각은 음파의 세기를 선형적이 아닌 음압 크기의 로그값에 비슷하게 감지하므로, 청각 인지 특성에 맞도록 음압 레벨을 아래와 같이 정의한다.

$$\text{S.P.L.(Sound Pressure Level)} = 10\log\left(\frac{P_{r.m.s}^2}{P_{ref}^2}\right) = 20\log\left(\frac{P_{r.m.s}}{P_{ref}}\right) \quad (3.5.4)$$

P_{ref} 값으로는 젊은 사람이 감지할 수 있는 가장 낮은 음압인 $2\times10^{-5}Pa$을 사용하며 이때 S.P.L.은 0 dB 가 된다. 이러한 음압레벨은 평면파가 아닌 경우 음원으로부터 멀어 질수록 음압진폭이 작아지므로 소음원의 강도를 비교하기는 적당하지 않다. 이를 극복하기 위해 음향출력레벨(Sound Power Level)을 사용한다. 즉, 음향출력은 대상 음원으로부터 단위시간당 방사된 총 음향에너지의 크기이며, 이 값은 수음 위치에 따라 변하지 않는다. 이 값에 로그값을 취한 레벨값이 음향출력레벨이며, 정의는 다음과 같다.

$$L_w = 10\log\left(\frac{P}{P_{ref}}\right) (dB) \qquad (3.5.5)$$

여기서 P_{ref}는 10^{-12}W이다. 일반적으로는 음원에서 멀어질수록 단위 면적당 음향출력이 낮아지므로 이를 비교하기 위한 방법으로 음향 인텐서티(Intensity)를 단위시간동안에 단위면적을 통과하는 음에너지로서 다음과 같이 정의한다:

$$I = <Pu> [J/m^2] = \frac{1}{T}\int_0^T P(t)u(t)dt \tag{3.5.6}$$

여기서, 일차원 평면파의 경우에는 $u = \frac{P}{\rho_o C_o}$ 이므로 이를 대입하면, $I = < \frac{P^2}{\rho_o C_o}>$

$= \frac{P_{rms}^2}{\rho_o C_o} = \frac{P_o^2}{2\rho_o C_o}$ 로 표시된다. 평면파의 경우 $2\times10^{-5} Pa$의 음압 rms값에 대해서 인텐서티를 구하면 이 값은 I_{ref}로서 10^{-12}W/m^{2}가 된다. 앞서와 같은 방법으로 인텐서티레벨(Intensity Level) I.L.을 정의하면 다음과 같다.

$$I.L. = 10\log\frac{I}{I_{ref}} = 10\log\frac{<P \cdot u>}{10^{-12}} \tag{3.5.7}$$

예를 들어 음향출력 P의 음원으로부터 음파가 구면파로 전파된다고 가정하면, 인텐서티는 $I = \frac{P}{4\pi r^2}$ 이므로 I.L.과 Lw는 다음 관계를 갖는다.

$$10\log(I/10^{-12}) = 10\log(P/10^{-12}) - 10\log(4\pi r^2) \tag{3.5.8}$$

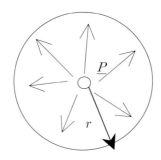

<그림 3-87> 3차원 구면파의 전파

이와 같이 무한공간내의 소음원에 의해 전파되는 음파의 음압레벨을 측정하기 위해 그림 3-88(a)와 같이 반사가 없고 배경소음이 낮은 무향실내 소음원을 설치하여 마이크로폰을 이용하여 측정한다. 반면 소음원의 음향출력레벨을 측정하기 위해서는 그림 3-88(b)와 같이 잔향실이라고 불리는 음장내 마이크로폰을 설치하며, 어느 위치에서 측정해도 반사음장으로 인해 출력레벨이 일정하게 된다.

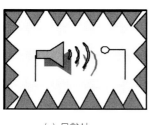

(a) 무향실   (b) 잔향실

<그림 3-88> 무향실과 잔향실

모든 전기적 혹은 기계적 신호는 크기뿐만 아니라 대표적 시간간격 마다 반복하는 특성을 갖는다. 그림 3-86에서처럼 음파의 경우 반복되는 시간간격을 주기라고 하며, 이 주기의 역수를 주파수(f)라고 부르며 단위는 Hz이다. 그런데 주파수에 대한 인간의 청감이 선형주파수보다는 주파수의 로그값을 더 잘 구분하므로, 이에 맞추어 미국 국가규격인 ANSI에서는 아래와 같이 주파수를 정의하여 사용한다:

<표 3-5> ANSI SI.6/SI.11

	AMCA BAND 1			AMCA BAND 2			AMCA BAND 3			AMCA BAND 4		
ANSI Band no.	17	18	19	20	21	22	23	24	25	26	27	28
Center f_{Hz}	50	63	80	100	125	160	200	250	315	400	500	600
Upper f_{Hz}	56	71	90	112	140	180	224	280	355	450	560	710
Lower f_{Hz}	45	56	71	90	112	140	180	224	280	355	450	560
Bandwidthh $_{Hz}$	11	15	19	22	28	40	44	56	75	95	110	150

	AMCA BAND 5			AMCA BAND 6			AMCA BAND 7			AMCA BAND 8		
ANSI Band no.	29	30	31	32	33	34	35	36	37	38	39	40
Center f_{Hz}	800	1000	1250	1600	2000	2500	3150	4000	5000	6300	8000	10000
Upper f_{Hz}	900	1120	1400	1800	2240	2800	3550	4500	5600	7100	9000	11200
Lower f_{Hz}	710	900	1120	1400	1800	2240	2800	3550	4500	5600	7100	9000
Bandwidthh $_{Hz}$	190	220	280	400	440	560	750	950	1100	1500	1900	2200

여기서 ANSI Band no. 17, 18, 19의 중심주파수는 $10^{1.7} = 50$ Hz, $10^{1.8} = 63$Hz, $10^{1.9} = 80$Hz가 된다. 또한 음계의 낮은 도에 해당하는 256Hz에서 두배가 되는 512Hz의 높은 도 까지를 음악에서 한 옥타브라고 배웠듯이, 주파수가 2배가 되는 주파수간격을 옥타브라고 하며 한 옥타브를 등비수열로 3등분한 주파수의 밴드를 1/3옥타브 밴드라고 부른다. 즉, 100Hz에서 200Hz는 한 옥타브가 되며, 그 사이의 1/3옥타브밴드는 125Hz와 160Hz 밴드가 된다. 소음주파수 분석시 중요한 옥타브 밴드는 63Hz, 125Hz, 250Hz, 500Hz, 1kHz, 2kHz, 4kHz, 8kHz 등이며, 가청 주파수인 20Hz에서 20kHz 범위 중 1kHz 부근의 소음이 가장 민감하게 들리게 된다. 소음원의 주파수 분석을 위해서는 그림 3-89(a)에서와 같이 마이크로폰으로 측정된 음압신호 $p'(t)$와 시간 간격 τ만큼 이동된 $p'(t+\tau)$와의 상관함수를 구한 후, 식 (3.5.9)과 같은 퓨리에 변환을 통해 주파수 함수인 에너지스펙트럼 $S_{p'p'}(f)$을 얻는다. $(\omega = 2\pi f)$

$$S_{p'p'}(\omega) = \int_{-\infty}^{\infty} p'(t)p'(t+\tau)\rho^{-iw\tau}d\tau \tag{3.5.9}$$

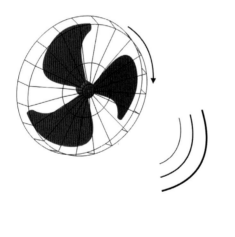

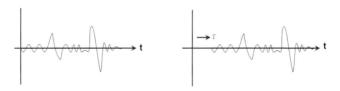

(a) 음압 신호 $p'(t)$와 $p'(t+\tau)$

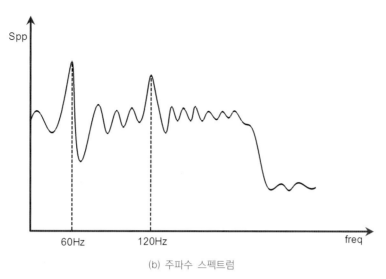

(b) 주파수 스펙트럼

<그림 3-89> **음압신호와 주파수변환 파워스펙트럼**

예를 들어 1,200RPM으로 회전하는 날개수 3개인 홴의 음압을 측정하여 주파수변환을 하면 그림 3-89(b)와 같은 결과를 얻게 된다. 즉, 1,200RPM은 20Hz에 해당하며, 음압신호는 날개 1회전시 반복할 뿐 아니라 날개 개수만큼 반복하므로 f×z = 60Hz(z : 날개수), 주파수 스펙트럼은 60Hz에서 일반적으로 가장 높은 에너지레벨을 나타내며 1차 조화주파수인 120Hz 등에서도 피크가 나타난다. 이와 같이 날개가 공기를 주기적으로 밀어내면서 혹은 공기에 힘을 가하면서 반복적으로 발생하는 소음을 이산소음(Discrete Noise)이라고 하고, 이때의 피크 형태의 주파수를 이산 주파수(Discrete Frequency)라고 부른다. 또한 주파수에너지 스펙트럼을 살펴보면 이산소음외에도 그림 3-90에서와 같이 narrow-band 주파수 소음과 broad-band 주파수소음 성분들이 섞여서 나타나게 된다.

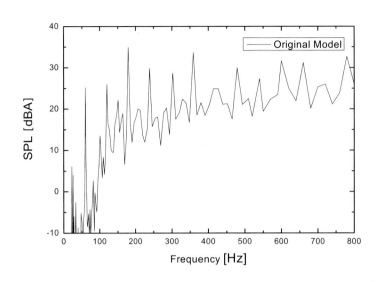

<그림 3-90> 일반적인 홴 주파수 스펙트럼의 예

예를 들어 에너지스펙트럼을 0Hz부터 40kHz까지의 주파수범위에 대해 적분하면 음압 레벨에 해당하는 dB값을 얻게 된다: $dB = 10 \log \int_0^{40khz} S_{p'p'}(f) df$. 그런데 인간의 청각은 저주파의 음파를 잘 감지하지 못하므로 사람의 청각특성에 비슷하도록 조정한 보정치를 사용, 이를 A-가중치(Weighting)라고 하며 레벨기호로는 dB_A를 사용한다. 표 3-6에는 각 주파수밴드마다 측정된 dB값에서의 A-Weighting의 경우 필요한 가중치가 나타나 있다.

<표 3-6> A-Weighting 가중치

주파수(Hz)	10	12.5	16	20	25	31.5	40	50	63	80
가중치	−70.4	−63.4	−56.7	−50.5	−44.7	−39.4	−34.6	−30.2	−26.2	−22.5
주파수(Hz)	100	125	160	200	250	315	400	500	630	800	1000
가중치	−19.1	−16.1	−13.4	−10.9	−8.6	−6.6	−4.2	−3.2	−1.9	−0.8	0.0
주파수(Hz)	1600	2000	2500	3150	4000	5000	6300	8000	10000
가중치	1.0	1.2	1.3	1.2	1.0	0.5	−0.1	−1.1	−2.5

3.5.2 건설기계소음 일반

토목·건축공사와 하천·도로 및 기타 시설을 유지·관리하는 건설기계는 큰 동력을 이용한 작업으로 인해 불가피하게 발생하는 소음 피해를 최소화하기 위해 환경, 보건 관점의 소음규제를 받고 있다. 미국 OSHA(Occupational Safety and Health Administration)는 건설현장 작업자의 건설장비 소음에 노출되는 시간, 소음레벨, 근접정도에 따른 위험성을 제시하고 있으며, 소음레벨이 $85dB_A$ 내에서 작업하는 것을 권고하며 최대 허용레벨은 $90dB_A$이다. 그러나 거의 모든 건설기계 특히 굴삭기, 지게차, 로더, 지게차는 작업 반경 밖에서도 최대 허용치를 상회하고 있다.

국내에서는 2014년 이후 매 4년 단위로 건설기계 출력에 따른 음향 파워레벨의 관리기준을 강화해 오고 있으며, 이에 따른 '건설기계소음표시 권고제'를 시행하고 있다.

건설기계장비 소음은 진동에 의한 구조기인 소음(structure-borne noise). 압력 맥동 혹은 섭동에 의한 유체기인 소음(fluid-borne noise), 그리고 공기 매질을 통한 음향전파의 공기기인 소음(air-borne noise) 세가지로 나누어 볼 수가 있다.

– 건설기계장비 소음 측정현황

표 3-7에는 제 3.5.3절에 기술된 소음 · 진동관리법 제 44조 및 시행규칙 제58조에 따라 국립환경과학원에서 2008년 1월부터 2010년 6월까지 판매 · 사용전 건설기계 소음도 검사현황을 나타내고 있다.

〈표 3-7〉 건설기계별 소음도 검사 현황*

건설기계명	대수	음압레벨 (dB(A))	음향파워레벨 (dB(A))
공기압축기	16	71~89(80)	99~118(111)
굴삭기	138	59~101(71)	87~114(101)
다짐기계	18	68~80(75)	96~111(106)
로더	95	67~86(75)	95~118(105)
발전기	1	59	87
브레이커	111	77~105(94)	104~132(121)
천공기	10	89~94(91)	122~126(123)
콘크리트 절단기	4	94~101(97)	114~121(117)
계	393	-	-

건설기계명	대수	음압레벨 (dB(A))	음향파워레벨 (dB(A))
공기압축기	16	71~89(80)	99~118(111)
굴삭기	138	59~101(71)	87~114(101)
다짐기계	18	68~80(75)	96~111(106)
로더	95	67~86(75)	95~118(105)
발전기	1	59	87
브레이커	111	77~105(94)	104~132(121)
천공기	10	89~94(91)	122~126(123)
콘크리트 절단기	4	94~101(97)	114~121(117)
계	393	-	-

(음압레벨은 10m에서의 환산값으로 참고로 제시함)

환경부에서는 건설기계의 소음도 표시제(2008년 1월 1일 시행)와 저소음 건설기계에 대한 환경표지(마크)제도를 운영하고 있으며, 특히 환경표지(마크)제는 CE(Communaut' European)마크의 음향 파워레벨 유럽연합(European Union, EU)기준을 따른 것이다. 표 3-8에는 환경부 저소음 건설기계에 대한 환경표지(마크)제도에 따른 인증기준을 나타내고 있다.

---

* 서충열, 이재원, 장은혜, "건설공사장 소음규제관련규정", 소음 · 진동 제20현대4호, pp 8~12, 2010

<표 3-8> 환경부 저소음 건설기계 인증기준

유압 파워팩	P :55이하	101이하
	P :55초과	82+11 log P 이하
*공기압축기	P :15이하	97이하
	P :15초과	95+11 log P 이하
*발전기		91이하
콘크리트 믹서 트럭	용량:8m³ 이하	98이하
착암기 - 핸드 브레이커	M : 15이하	105이하
	M : 15~30	92+11 log M 이하
	M : 30 이상	94+11 log M 이하
*착암기 - 유압 브레이커	M : 400 이하	108이하
	M : 400 초과	88+11 log M 이하
노면 파쇄기	P : 100 이하	108이하
	P : 100 초과	94+11 log P 이하
전기 용접기	Pel : 2 이하	95+11 log Pel 이하
	Pel : 2~10	96+11 log Pel 이하
	Pel : 10초과	95+11 log Pel 이하
조인트 커터	-	106이하

건설기계 구분		음향파워레벨
종류	규격범위	[dB(A)]
*굴삭기	P :15 이하	93 이하
	P :15 초과	80+11 log P 이하
도저 - 무한궤도식	P :55 이하	103이하
	P :55 초과	80+11 log P 이하
도저 - 바퀴식	P :55 이하	101이하
	P :55 초과	82+11 log P 이하
*로더 - 무한궤도식	P :55 이하	103이하
	P :55 초과	84+11 log P 이하
*로더 - 바퀴식	P :55 이하	101 이하
	P :55 초과	82+11 log P 이하
백호로더 - 무한궤도식	P :55 이하	103이하
	P :55 초과	84+11 log P 이하
백호로더 - 바퀴식	P :55 이하	101 이하
	P :55 초과	82+11 log P 이하
*롤러 - 진동형	P :8 이하	105 이하
	P :8~70	106 이하
	P :70 초과	86+11 log P 이하
*롤러 - 비진동형	P :55 이하	101 이하
	P :55 초과	82+11 log P 이하
그레이더	P :55 이하	101 이하
	P :55 초과	82+11 log P 이하
아스팔트 피니셔	P :55 이하	101 이하
	P :55 초과	82+11 log P 이하
콘크리트 피니셔	P :55 이하	101 이하
	P :55 초과	82+11 log P 이하
골재 살포기	P :55 이하	101 이하
	P :55 초과	82+11 log P 이하
지게차	P :55 이하	101 이하
	P :55 초과	82+11 log P 이하
이동식 기중기	P :55 이하	101 이하
	P :55 초과	82+11 log P 이하
타워기중기	-	96+11 log P 이하
콘크리트 펌프	P :50 이하	99이하
	P :50 초과	101이하
덤프트럭	P :55 이하	101이하
	P :55 초과	82+11 log P 이하
*천공기	P :55 미만	100이하
	P :55~103	104이하
	P :103이상	107이하
*항타 항발기	P :55이하	98이하
	P :55~103	102이하
	P :103초과	104이하
*콘크리트 압쇄기	P :55이하	99이하
	P :55~103	103이하
	P :103~206	106이하
	P :206초과	107이하

－ 지게차 엔진룸 소음특성

화물을 싣거나 내리기 위하여 유압을 이용한 승강 또는 경사가 가능한 하역용의 포크를 차체 전면에 갖춘 지게차는 내연기관뿐만 아니라 배터리방식, 전기/엔진 겸용방식, 연료 전지 방식 등 다양한 방식이 운용되고 있다.

그림 3-91에는 대표적인 내연기관 엔진룸의 4톤 지게차 소음특성을 분석하기 위해 음향카메라를 이용하여 지게차 엔진룸 방사소음을 측정한 결과가 나탄 있다.

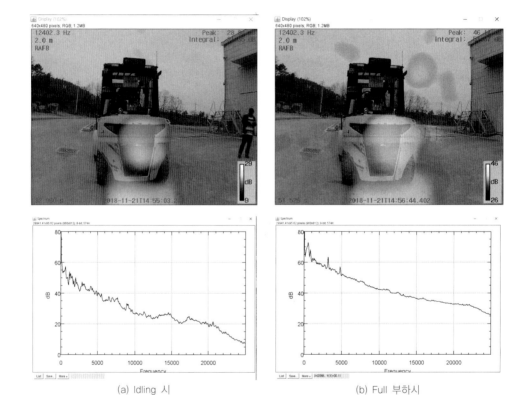

(a) Idling 시   (b) Full 부하시

<그림 3-91> 음향카메라를 이용하여 측정된 엔진룸 방사소음 패턴

상기 엔진룸 방사소음원 위치로부터 엔진룸 주소음원은 냉각홴이며, 냉각홴과 열교환기를 통과후 배출되는 통기구를 통해 대부분의 소음이 배출됨을 알 수가 있다. 그림 3-92에는 엔진룸 외부형상과 홴 위치를 나타낸 3D 모델링이 나타나 있고, 이를 바탕으로 음향격자(Acoustic mesh)와 구조격자(Structure mesh)로 설정하여 BEM 해석 결과가 나타나 있다.

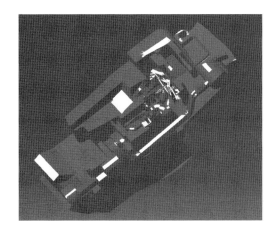

<그림 3-92> 지게차 3D CAD 엔진룸 프레임 및 모델링 형상

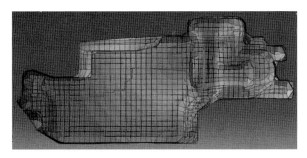

(a) CFD Data

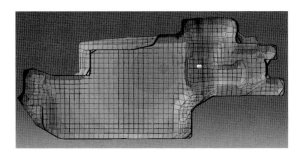

(b) Dipole Modeling

<그림 3-93> 엔진룸 냉각홴에 의한 내부 음장 해석결과

　　그림 3-93에는 엔진룸 홴 유동을 CFD 해석을 수행한 결과를 FW-H방정식*을 이용하
여 소음원으로 변환한 후 계산된 음장과 측정된 홴소음원 특성을 이극자모델로 가정하여

---

* J.E.Ffowes Nilliams and D.L.Hawkings, "Theory Relating to the Noise of Rotating Machinery,"
Journal of Sound and Vibration, Vol.10, No.1, pp.10~21, 1961

구한 음장결과가 비교되어 있다. 두 결과는 비슷한 내부 음장의 분포를 나타내므로, 불균일 입구 유동의 엔진룸 홴은 이극자 소음원 특성을 갖음을 알 수가 있다.

3.5.3 건설기계 소음도 검사방법(환경부고시 제2016-219호 기준)

이 검사방법은 소음·진동관리법 제44조(소음도 검사 등) 및 같은 법 시행규칙 제58조(소음도 검사방법) 제5항 규정에 따라 소음발생 건설기계의 소음도를 검사함에 있어 검사의 정확 및 통일을 유지하기 위하여 필요한 세부적인 사항을 정함을 목적으로 한다.

- 측정기계 대수 및 지점수

해당기계 모델별로 1대를 선정하여 측정하는 것을 원칙으로 한다. 다만, 검사기관장이 필요하다고 인정하는 경우에는 2대 이상 측정할 수 있다. 측정지점은 대상기계를 둘러싸는 가상의 반구의 표면 6지점을 동시에 측정하는 것을 원칙으로 한다. 측정위치는 그림 3-94와 같고, 그 좌표는 표3-9와 같다.

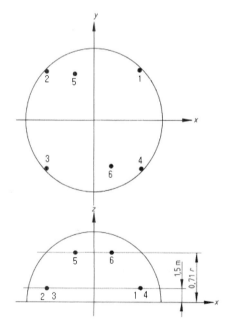

<그림 3-94> 측정위치(마이크로폰 위치)

<표 3-9> 가상 반구면상의 마이크로폰의 좌표

마이크로폰 번호	x/r	y/r	z
1	0.7	0.7	1.5m
2	−0.7	0.7	1.5m
3	−0.7	−0.7	1.5m
4	0.7	−0.7	1.5m
5	−0.27	0.65	0.71r
6	0.27	−0.65	0.71r

시험기계의 기본길이 1에 따른 측정면의 반경 r은 원칙적으로 다음과 같이 한다.

$$1 < 1.5\text{m} \cdots\cdots\cdots\cdots\cdots\cdots\cdots r = 4\text{m}$$

$$1.5\text{m} \leq 1 < 4\text{m} \cdots\cdots\cdots\cdots\cdots\cdots r = 10\text{m}$$

$$4\text{m} \leq 1 \cdots\cdots\cdots\cdots\cdots\cdots\cdots r = 16\text{m}$$

단, 시험기계의 기본길이 1은 그림 3-94 및 표 3-10에 따라 산정한다.

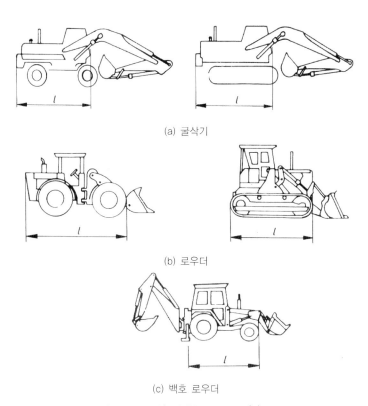

(a) 굴삭기

(b) 로우더

(c) 백호 로우더

<그림 3-95> 시험기계의 기본길이(1) 산정

굴삭기의 경우에는 주 구동 부재인 붐(boom) 및 막대와 같은 부착물은 제외하고 상부
구조의 전장으로 하며, 기타 장비는 배토판(blade) 및 버킷 같은 부착물을 제외한 기계의
전장이다.

<표 3-10> 기본길이 정의와 적용기계

기본길이 정의	적용기계
상부 선회체의 전체길이(단, 부착물은 제외)	• 굴삭기
본체 또는 크롤러(타이어, 롤러)를 포함한 기계의 전체길이(다만, 견인구·브레이드 등은 제외)	• 로우더 • 백호로우더 • 다짐기계 • 발전기(타이어는 제외) • 공기압축기(타이어는 제외) • 콘크리트절단기(concrete cutter) • 천공기(drill rigs)
베이스머신(base machine) 또는 동력원이 되는 기계의 전체길이(단 전용기의 경우는 본체 또는 크롤러(차륜)을 포함한 기계의 길이)	• 항타·항발기

※ 적용기계 중 굴삭기, 다짐기계, 로더, 공기압축기는 소음관리기준을 적용받는 대상기계이며, 시행일 이후 최초
  제조된 모델부터 적용

- 측정환경

측정장소는 검사기관의 장이 지정하는 장소로 하되, 측정장소 지정 시는 다음의 조건을
고려하여야 한다.

1) 옥외측정을 원칙으로 하며, 측정장소는 소음측정에 현저한 영향을 미칠 것으로 예
   상되는 건설작업장, 비행장, 철도 등의 부지 내는 피해야 한다.
2) 측정장소는 음원중심에서 측정거리(측정면의 반경)의 3배의 거리 범위 내에 음의
   반사물체가 없는 평지로 한다.

측정장소 지표면은 콘크리트 또는 아스팔트 포장, 콘크리트 또는 아스팔트 포장과 모래
의 조합, 모래의 3종류이다.

1) 콘크리트 또는 아스팔트 포장
   콘크리트 또는 아스팔트 포장은 아래의 2), 3)의 지표면을 적용하는 기계를 제외한
   기계의 측정에 사용한다.

166

2) 콘크리트 또는 아스팔트 포장과 모래의 조합

시험기계의 주행로 부분을 모래로 하고 시험기계와 마이크로폰 사이의 지표면은 콘크리트 또는 아스팔트 포장으로 한다. 모래는 입경 2mm 이하의 모래로써 최소 깊이는 0.3m로 한다. 또 모래의 깊이 0.3m에서 크롤러(crawler, 무한궤도)식 기계의 주행이 불충분한 경우는 모래의 깊이를 적당히 증가시킨다.

3) 크롤러(crawler, 무한궤도)식 로우더의 주행방식과 정적 유압작동방식의 시험은 모든 면이 모래로 표면이 이루어져 있어야 한다. 모래는 위의 2)에서 규정한 모래로 한다.

– 측정조건

풍속이 1m/s 이상일 때에는 반드시 마이크로폰에 방풍망을 부착하여야 하며, 풍속이 8m/s를 초과할 때는 측정하여서는 안된다. 측정대상 기계는 기본적으로 가동상태(operation mode)에서의 측정을 원칙으로 한다. 기타 규정에서 정하지 않은 사항으로써 측정에 필요한 사항은 환경부장관이 정하는 바에 의한다.

– 측정기기의 사용 및 조작

사용 소음계는 KS C IEC 61672-1에서 규정하는 클래스 2의 소음계 또는 동등이상의 성능을 가진 것이어야 한다.

1) 소음계와 기록계 및 녹음기와 연결하여 측정하거나 기록 및 측정분석이 동시에 가능한 기기와 연결하여 사용할 수 있다. 단, 소음계에 내부 기억장치가 있고 주파수 분석결과가 표시되는 경우 소음계만으로 측정할 수 있다.

2) 소음계 및 기록계 및 녹음기의 전원과 기기의 동작을 점검하고 측정 전 교정을 실시하여야 한다(소음계의 출력단자와 기록계 및 녹음기의 입력단자 연결).

3) 소음계와 기록계 및 녹음기를 연결하여 사용할 경우에는 소음계의 과부하 출력이 소음측정 결과에 미치는 영향에 주의하여야 한다.

4) 소음계의 주파수 가중은 KS C IEC 61672-1의 5.4의 주파수 가중 A를 사용하여 측정한다.

5) 소음계의 시간 가중은 KS C IEC 61672-1의 5.7의 시간 가중 F를 사용하여 측정한다.

- 기계의 배치와 가동

1) 원칙적으로 시험기계는 작업에 필요한 장치를 부착한 실제 운전상태에서 운전실의 창, 문 등의 개폐 부분은 닫아놓은 상태로 한다.

2) 수동으로 작동되는 건설기계는 실제 작업조건과 비슷한 상태로 작동시키고 측정한다.

3) 기계나 유압시스템의 엔진이 휀으로 장착되어 있다면 휀은 시험중에 가동되어야 한다. 휀 속력은 다음 조건의 하나와 일치하도록 기계의 제작자에 의해서 명시되고 설정되며 시험보고서에 기술되어야 하고, 이 속력은 추후의 측정에 이용된다. 즉, 휀 구동이 엔진이나 유압장비에 직접 연결되어 있다면(예를 들어 벨트 구동에 의해서) 휀은 시험중에 가동되어야 한다.

또한 휀이 여러 개의 다른 속력으로 가동된다면, 시험은 다음의 어느 하나 가동되어야 한다.

(1) 최대 가동속력으로 가동

(2) 첫째 시험에 휀을 가동하지 않고, 둘째 시험에 휀을 최대의 속력으로 가동. 결과의 등가소음도는 다음 식을 이용하여 두개의 시험결과를 합성함으로써 계산되어야 한다.

$$L_{eq} = 10 \log \left(0.3 \times 10^{0.1 L_{eq,0\%}} + 0.7 \times 10^{0.1 L_{eq,100\%}}\right) dB \qquad (3.5.10)$$

여기서, $L_{eq,0\%}$는 팬이 가동되지 않을 때의 등가소음도, $L_{eq,100\%}$는 휀이 최대의 속력으로 가동될 때의 등가소음도이다.

만일 휀이 계속해서 변하는 속력으로 가동된다면 시험은 위의 (2)에 따르거나 제작자에 의해서 설정된 팬 속력이 최대 속력의 70%이하가 되지 않도록 행해져야 한다.

시험기계의 배치와 가동조건은 다음과 같다.

1) 정적 공회전(high-idle) 측정을 위한 기계

가) 기계의 엔진만 작동시키고 작업장치나 이동장치 등은 작동시키지 않은 정적인 상태에서 측정한다. 엔진과 유압시스템은 충분히 예열시키고 엔진의 정격속력 이상에서 공회전을 하면서 측정한다.

168

나) 시험기계 기본길이의 중심점은 그림 3-96의 C와 일치시키고 시험기계 장축방
   향 중심선은 x축에 일치시킨다.

다) 기계의 가동 조건은 3.5.4절과 같이 한다.

2) 주행모드 측정을 위한 기계

주행모드 측정은 그림 3-96 중에 표시된 AB 구간을 측정 구간으로 한다. 시험기계
주행은 차체중심선을 x축에 일치시킨다. 등가소음도는 시험기계 중심점이 그림
3-96의 A와 B의 사이를 통과하는 동안에 측정한다. 기계의 전진주행은 A에서 B
방향으로, 후진주행은 B에서 A방향으로 한다.

3) 굴삭기 등의 배치

굴삭기는 상부 회전체 중심점을 그림 3-96의 C와 일치시킨다. 기계의 가동조건은
3.5.4절과 같이 한다.

4) 정적 유압 작동방식 기계 등의 배치

시험기계 장축방향 중심선을 x축에 맞추고, 기계전방을 B의 방향으로 향한다. 시험
기계 기본길이 1의 중심점을 그림 3-96의 C에 맞춘다. 기계의 가동 조건은 3.5.4절
과 같이 한다.

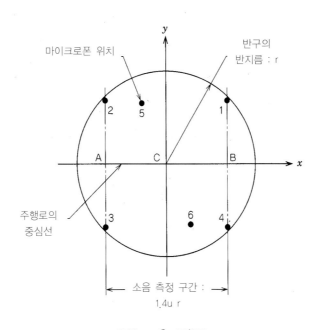

<그림 3-96> 주행로

- 측정자료의 분석

측정자료는 다음과 같이 분석·정리하며, 소수점 둘째자리에서 반올림하여 소수점 첫째자리까지 표시한다. 평균 등가소음도 산출은 각 마이크로폰 위치에서의 등가소음도 측정치를 기초로 하여 다음 식에 의해 측정 반구면상의 평균 등가소음도를 구한다.

$$\overline{L}_{eq} = 10\log\left(\frac{1}{6}\sum_{i=1}^{6}10^{0.1L_{eqi}}\right)\text{dB} \tag{3.5.11}$$

여기에서, L_{eqi}는 i 번째 마이크로폰의 등가소음도(dBA)이다.

음향 파워레벨은 다음 식에 의하여 구한다:

$$L_{W} = \overline{L}_{eq} - K_1 - K_2 + 10\log(S/S_O)\text{dBA} \tag{3.5.12}$$

여기서, K_1은 배경소음 보정치이며, K_2는 아래의 마.의 방법으로 구한 환경 보정치, S는 측정면의 면적(m^2)인 $2\pi r^2$이며 S_O는 기준면적(1m^2)이다.

측정은 3회 반복해서 실시하여 3개의 음향 파워레벨을 구한다. 이 3개의 수치 중에 적어도 2개의 수치가 1 dB 이상 차이가 나지 않으면 더 이상의 측정은 필요하지 않다. 그러나 그렇지 않을 경우, 2 개 수치의 차이가 1 dB 이가 되는 결과가 얻어질 때까지 측정을 계속한다. 음향 파워레벨은 각각 1 dB이내의 차이가 되는 수치 중 큰 쪽의 두 개 수치를 산술 평균하여 소수점 첫째자리에서 반올림한 정수값으로 한다.

식 (3.5.12)를 사용하여 음향 파워레벨을 계산시 대상기계의 소음도와 배경소음도의 차이를 반드시 고려하여야 한다. 즉, 각 마이크로폰 위치에서 대상기계의 소음도와 배경소음도의 차이는 10 dB를 초과하여야 한다. 단, 원칙적으로 정적인 운전을 시험조건으로 하는 기계의 경우 차이가 10 dB 이하라도 6 dB를 초과하는 범위라면 보정을 하여도 좋다. 또한 배경소음의 측정시간은 측정환경에 의한 배경소음의 변동을 확인하기 위하여 5분 정도로 한다.

$$\Delta L = \overline{L}_{source} - \overline{L}_{back}\ \text{dB} \tag{3.5.13}$$

170

여기서 $\overline{L}_{source}$은 대상기계가 가동 중일 때 측정한 6 지점의 A가중 평균 음압도(dB)이고, $\overline{L}_{back}$은 6 지점의 평균 A가중 배경소음도(dB)이다. $6 \le \Delta L < 15$일 경우에는 $K_1 = -10\log(1 - 10^{-0.1\Delta L})$를 사용하고, $15 < \Delta L$일 경우에는 $K_1 = 0$으로 한다.

측정면의 지상에서 투영면이 콘크리트 또는 아스팔트 포장 혹은 콘크리트 또는 아스팔트 포장과 모래의 조합이 아닌 경우 환경 보정치(K_2)를 구한다. 기준음원을 사용하여 1/1 옥타브 밴드의 주파수(125 Hz, 250 Hz, 500 Hz, 1,000 Hz, 2,000 Hz, 4,000 Hz, 8,000 Hz)에서 K_2가 3.5 dB 미만이어야 한다. K_2가 0.5 dB를 초과하는 주파수 대역이 있을 경우 음향 파워레벨을 산출할 때 보정이 필요하다.

$$K_2 = L_W^* - L_{Wr}\,\text{dB} \tag{3.5.14}$$

여기서, L_W^*는 K_2 값을 0으로 하고 측정환경에서의 기준음원 음향 파워레벨이고, L_{Wr}은 무향실, 반무향실 또는 잔향실에서 교정된 기준음원의 음향 파워레벨이다. 단, 바닥면이 콘크리트나 아스팔트일 때는 K_2 값을 0으로 할 수 있다.

– 평가 및 측정자료의 기록

2대 이상 측정하였을 때의 대상 소음도의 평가는 측정기계 중 가장 높은 기계의 소음도로 한다. 소음평가를 위한 자료는 건설기계 소음도 검사방법 별지 제1호서식의 소음도검사기록부에 의하여 기록·보존한다.

3.5.4 건설기계 소음도 검사기계의 가동조건

– 굴삭기

가. 정의(ISO 6165에 준함) : 기계의 어느 사이클에서도 차대를 움직이지 않고서 붐(boom) 및 암(arm)이나 망원 붐(telescoping boom)에 부착된 버킷의 작용으로 굴삭하고, 올리고, 선회하고, 내리기하는 최소 360° 회전이 가능한 상부 구조를 갖는 자주식 크롤러 또는 휠 형식 기계

나. 안전 및 운전 : 모든 안전 수칙과 제조자가 만든 운전 지침서는 시험 중에 준수되어

171

야 한다. 전진 경적기나 정체 경보기와 같은 모든 신호 장치는 시험 중에 작동되어
서는 안 된다.

다. 기계의 설치 : 굴삭기는 제조자의 생산 버전(version)에 맞게 규정된 호(hoe), 셔블
(shovel), 그래브(grab)나 드래그라인(dragline)과 같은 버킷을 갖추어야 한다. 엔
진의 조속기(governor) 제어는 최대 위치(높은 공회전)에 맞추어야 한다. 모든 구
동 운동은 최대 속력에서 수행되어야 하며 안전밸브를 작동시키거나 기계적인 주행
로 끝 장벽(barrier)에 닿지 않도록 해야한다. 굴삭기는 소음도 검사방법 본문 3.5.3
에 규정된 대로 단단한 반사면 상에 놓여야 한다.

라. 기계의 운전

1) 기본 기계 사이클 : 아래의 2)∼5)에 기술된 것과 같이 재료를 움직이지 않는 동
적 사이클은 기계를 그림 2에 규정한 대로 위치시키고 운전자의 좌측으로 가서
원 위치로 돌아오는 3회의 90° 선회로 구성된다. 각 선회는 x축에서 y축으로 그
리고 x축으로 복귀해야 한다. 한 사이클은, 전면 끝단 부착물이 90°선회 후 복귀
하는 과정의 완전한 연속동작으로 3회의 과정으로 구성된다.

2) 호(hoe) 부착 : 동적 사이클의 목적은 구덩이(trench) 굴삭과 호를 구덩이 근처
에 내리는 것을 모사하기 위한 것이다. 그 사이클의 초에는 붐과 암을 조정하여
버킷이 지면 0.5m 상에서 최대 도달 거리의 75%에 위치하도록 해야 한다. 전방
으로 회전한 위치에 있는 버킷의 땅깎기 칼날은 시험장소 측정면에 대하여 60°
각도가 되어야 한다. 먼저 붐을 들고 동시에 암을 당겨 붐과 암의 이동거리의
나머지 50% 사이에서 버킷이 시험장소 위로 0.5m 높이를 유지하도록 한다. 그
리고는 버킷을 뒤로 회전시키거나 오므린다. 붐을 들어 버킷을 올리고 구덩이의
가장자리를 가로질러 선회하는데 필요한 공간(버킷을 들어 올리는 최대 높이의
30%)을 모사하기 위하여 암을 당긴다. 운전자의 좌측으로 90° 선회한다. 선회하
는 중에 붐을 들어 올리고 암을 펴서 버킷이 붐을 드는 최대 높이의 60%까지
도달하도록 한다. 그리고는 그것이 75%로 늘어날 때까지 암을 편다. 버킷을 앞
으로 회전시키거나 펴서 땅깎기 칼날이 수직이 되게 한다. 붐을 낮추고 버킷은
오므려서 출발 위치로 복귀하는 선회를 수행한다. 1회 동적 사이클을 완성하기
위하여 두 번 더 연속으로 이상의 일련의 과정을 반복한다. (비고 : 3 회의 동적

사이클의 요건을 충족하기 위하여 1회 동적 사이클을 세 번 반복한다.)

3) 셔블 버킷의 부착 : 작업 사이클의 목적은 높은 벽 높이에서 굴삭을 모사하기 위한 것이다. 사이클의 시초에 버킷의 땅깎기 칼날을 지면에 평행으로 하고 75% 당겨진 위치에서 버킷은 시험장소 위로 0.5m 높이에 있어야 한다. 처음에 버킷을 원래의 방향을 유지한 상태에서 이동거리의 75%까지 뻗는다. 그리고는 버킷을 뒤로 회전시키거나 오므려서 그 최대 높이의 75% 및 디퍼(dipper) 암 총 길이의 75%까지 들어 올린다. 운전자의 좌측으로 90° 선회를 하고 끝 무렵에 버킷 내리기 기구를 가동한다. 75% 당겨진 위치에서 버킷은 시험장소 위로 0.5m 높이의 원 위치로 돌아오는 선회 과정을 수행한다. 1회 동적 사이클을 완성하기 위하여 세 번 연속으로 이상의 일련의 과정을 반복한다. (비고 : 3 회의 동적 사이클의 요건을 충족하기 위하여 1회 동적 사이클을 세 번 반복한다.)

4) 그래브 부착 : 작업 사이클의 목적은 구덩이의 굴삭을 모사하기 위한 것이다. 사이클의 시초에 그래브(grab)는 열린 상태로 시험장소 위로 0.5m 높이에 있어야 한다. 먼저 그래브를 닫는다. 그리고는 들어 올리는 최대 높이의 절반까지 그래브를 올린다. 운전자의 좌측으로 90° 선회시킨다. 그래브를 연다. 부착물을 처음 위치로 낮추면서 원래 위치로 돌아오는 선회를 수행한다. 1회 동적 사이클을 완성하기 위하여 세 번 연속으로 이상의 일련의 과정을 반복한다. (비고 : 3 회의 동적 사이클의 요건을 충족하기 위하여 1회 동적 사이클을 세 번 반복한다.)

5) 드래그라인 부착 : 작업 사이클의 목적은 구덩이(trench) 안의 한 층의 굴삭과 구덩이 근처에 내리기하는 것을 모사하기 위한 것이다. 그 사이클 동안에 붐은 40° 각도에 있어야 한다. 버킷은 붐의 끝의 아래 수직으로 달려있고 드래그 체인(drag chain)이 땅에 닿지 않도록 하고 지면 위로 0.5m 높이에 있어야 한다. 먼저 버킷을 가능한 한 기계에 가까이 당기고 시험장소 위로 0.5m 높이를 유지하게 한다. 버킷이 당겨진 상태에서 운전자의 좌측으로 90° 선회시킨다. 동시에 버킷을 최대 높이의 75%로 들어 올리고 적재한 버킷 위치에서 최대 도달거리로 펴고 다시 원위치로 선회시킨다. 동시에 버킷 내리기를 구동하고 원 위치로 끌어당긴다. 1회 동적 사이클을 완성하기 위하여 세 번 연속으로 이상의 일련의 과정을 반복한다. (비고 : 3회의 동적 사이클의 요건을 충족하기 위하여 1회 동적 사이

클을 세 번 반복한다.)

– 다짐기계

가. 운전자가 탑승한 진동롤러

진동롤러는 에어쿠션과 같은 하나 이상의 적절한 탄성물체 위에 설치되어야 한다. 이러한 에어쿠션은 유연한 물질(탄성체나 이와 유사한 것)로 만들어져야 하고, 공진 효과를 피하기 위해서 기계가 적어도 5cm 정도 부상할 수 있도록 하는 압력으로 팽창되어 있어야 한다. 에어쿠션의 크기는 시험기계의 안정성이 확보되는 정도가 되어야 한다. 기계의 엔진이 제작자에 의해서 명시된 정격속력으로 가동되는 정적인 상태에서 그리고 동적 기구가 단절된 상태에서 시험되어야 한다. 다짐 기구는 가장 높은 주파수와 제작자에 의해서 명시된 그 주파수에 대한 가능한 가장 높은 진폭의 결합에 상응하는 최대 다짐 동력을 이용하여 가동되어야 한다. 측정시간은 최소한 15초 이상이어야 한다.

나. 비진동 롤러

1) 기본적인 소음 배출 측정기준

KS A ISO 3744에 의한다.

가) 시험 지역

콘크리트 또는 비 다공성 아스팔트의 반사면으로 한다.

나) 환경보정치 $K_2 = 0$

다) 측정면, 마이크로폰 위치의 수, 측정거리

(1) 기준 평행 직육면체의 가장 큰 치수가 8m를 초과하지 않으면 측정면은 반구이고 마이크로폰 위치의 수는 6개이며 측정거리는 기계의 기본길이(1)에 따라 결정된다.

(2) 기준 평행 직육면체의 가장 큰 치수가 8m를 초과하면 측정면은 평행 직육면체이고 마이크로폰 위치의 수는 KS A ISO 3744에 따르며 측정거리(d)는 1m이다.

2) 가동조건

    가) 무부하 시험

        무부하 상태의 측정을 위해서 기계의 엔진과 유압시스템은 지시에 따라 예열되어야 하고 안전 요구사항이 준수되어야 한다. 시험은 작업 중인 기계나 이동하는 기구의 작동 없이 정지상태에서 행해져야 한다. 이 시험을 위해서 엔진은 정격출력에 상응하는 등급속력보다 낮지 않은 속력으로 공회전 되어야 한다. 기계가 발전기 또는 다른 주전원으로부터 동력을 공급받는 경우 제작자에 의해 전동기에 명시된 공급전류의 주파수는, 기계가 유도전동기를 장착하고 있으면 ±1 Hz에서 안정화 되어야 하고, 기계가 정류자 전동기를 장착하고 있으면 공급전압은 등급전압의 ±1%에서 안정화 되어야 한다. 공급전압은 분리되지 않은 케이블이나 코드의 플러그에서 측정하거나, 분리되는 케이블인 경우 기계의 입구(inlet)에서 측정한다. 발전기로부터 공급되는 전류의 파형(waveform)은 주전원으로부터 얻어지는 파형과 비슷해야 한다. 기계가 전지에 의해 동력을 공급받는 경우 전지는 완전히 충전되어 있어야 한다. 기계의 사용 속력 및 상응하는 정격 출력은 시험보고서에 언급되어야 한다. 여러 개의 엔진이 장착되어 있으면 이 엔진들은 시험 중에 동시에 작동되어야 한다. 이것이 불가능한 경우 엔진의 각각의 가능한 결합으로 구성하여 시험하여야 한다. 측정시간은 최소한 15초 이상이어야 한다.

－ 로우더

가. 정의(ISO 6165에 준함) : 기계의 전진 동작을 통한 적재 또는 굴삭 및 들어올리기 나르기 및 내려놓기를 하는 전방 장착의 버킷 지지구조와 링크를 갖춘 자주식 크롤러 또는 휠 형식 기계

나. 안전 및 운전 : 모든 안전 수칙과 제조자가 만든 운전 지침서는 시험 중에 준수되어야 한다. 전진 경적기나 정체 경보기와 같은 모든 신호 장치는 시험 중에 작동되어서는 안 된다.

다. 기계의 설치 : 로우더는 제조자 생산 버전에 맞는 규정된 버킷을 갖추어야 한다. 엔진 및 유압 시스템은 주변 온도에 대한 정상적인 운전 상태로 될 때까지 예열시켜야

한다. 모든 구동 운동은 최대 속력에서 수행되어야 하나 안전밸브를 작동시키거나 기계적인 주행로 끝 장벽에 닿지 않도록 해야 한다.

라. 기계의 운전

1) 주행모드 : 기계의 주행로는 제 3.5.3절 소음도 검사방법과 그림 3-96에 규정된 바와 같다. 크롤러 로우더에 대한 주행로는 모래로 되어있어야 하고 휠 형 기계에 대해서는 소음도 검사방법 본문 3.5.3에서 규정한 바와 같이 단단한 반사면이어야 한다. 기계는 빈 버킷을 주행로 위로 0.3±0.05m의 낮은 위치 이송상태로 하고 운전한다. 기계는 최대 조속기 위치에서의 엔진출력(높은 공회전)에서 일정한 전진 및 후진 속력으로 운전되어야 한다. 전진 속력은 크롤러의 경우 4km/h, 휠 구동의 경우는 8km/h에 가깝도록 하고 초과하지는 않도록 한다. 후진의 경우는 속력에 관계없이 후진 기어를 사용해야 한다. 전진 시 1단 기어를 사용해야 한다. 유압구동 장비는 정확한 지상 속력 제어가 어렵기 때문에 3.5 ~4km/h(크롤러) 및 7 ~8km/h(고무 타이어)의 속력을 사용할 수 있다. 이 운전 모드는 버킷을 움직이지 않으면서 양 방향으로 반구를 통과하여 정지하지 않고 움직이는 것이다. 만약 저속 기어가 규정된 속력을 초과하면 최대 조속기 위치에서의 엔진출력(높은 공회전)으로 운전해야 한다. 엔진을 최대 조속기 위치에서의 엔진 출력(높은 공회전)에 맞춘 유압구동 장비의 경우도 지상 속력 제어는 위에서 기술된 규정 속력에 맞도록 해야 한다. 음압도는 기계의 중앙점이 소음도 검사방법 본문 그림 3-96의 A와 B사이의 주행로 상에 있을 때만 측정해야 한다.

비고 1. 운전자는 기계의 주행로가 시험코스의 중심선상에 있도록 시험코스를 통과할 때 조향조정을 해야 한다.

비고 2. 3회의 개별적인 전진 및 후진 사이클을 수행해야 한다.

2) 결합된 전진 및 후진모드 사이클의 계산 : 전진 및 후진 모드는 두 개의 별도의 모드이기 때문에 시간과 음압도가 각 진행방향에 대하여 개별적으로 측정되어야 한다. 결합된 로우더 사이클에 대하여 등가소음도의 계산에 사용되는 공식은 다음과 같다.

$$L_{eq.3} = 10\log \frac{1}{T_1 + T_2}\left[(T_1 \times 10^{0.1 L_{eq.1}}) + (T_2 \times 10^{0.1 L_{eq.2}}) \right] \qquad (3.5.15)$$

여기서, T_1은 규정된 주행로를 전진 주행모드로 통과하는 시간, T_2는 규정된 주행로를 후진 주행모드로 통과하는 시간, $L_{eq,1}$ 및 $L_{eq,2}$는 각각 T_1 및 T_2 시간 동안의 등가소음도이다.

3) 정지 유압모드 : 기계의 중심을 제 3.5.3절 소음도 검사방법 그림 3-96의 반구의 중심 C에 위치시키고 아래에 기술된 절차를 따른다. 엔진은 최대 조속기 위치에서의 엔진속력(높은 공회전)으로 운전해야 한다. 변속기는 중립에 놓아야 한다. 버킷을 이송 위치로부터 최대 높이의 75%까지 들어 올리고 나서 이송 위치로 되돌리는 과정을 3 번 반복한다. 이 일련의 작업을 정지 유압모드를 위한 1회의 사이클로 간주한다. (비고 : 3 회의 동적 사이클의 요건을 충족하기 위하여 한 사이클을 세 번 반복한다.)

4) 전진 및 정지 유압모드에서 결합 사이클을 위한 계산 : 결합된 등가소음도는 다음 식을 이용하여 총 로우더 사이클에 대한 등가소음도를 계산한다.

$$L_{eq,T} = 10 \log \left[0.5 \times 10^{0.1 L_{eq,3}} + 0.5 \times 10^{0.1 L_{eq,4}} \right] \text{dB} \qquad (3.5.16)$$

여기서, $L_{eq,3}$은 규정된 주행로 위의 주행모드에서의 등가소음도이며, $L_{eq,4}$는 정지 유압 모드에서의 등가소음도이다.

– 백호 로우더

가. 정의

전방 부착의 버킷 적재 기구와 후방 부착 백호를 장착하도록 설계된 주요 구조적 지지 장치를 갖춘 자주식 휠 형 기계이다. 백호 모드로 사용될 때는 기계 방향으로 버킷을 움직이면서 통상 지면 하의 땅을 파는 작업을 한다. 백호 모드는 기계가 정지하고 있는 동안 재료를 들어 올리고 선회하고 내려놓는 작업을 하고, 로우더 모드로 사용될 때 전진 동작을 통한 적재 또는 굴착, 들어올리기, 나르기 및 내려놓기를 한다.

나. 안전 및 운전

모든 안전수칙과 제조자가 만든 운전지침서는 시험 중에 준수되어야 한다. 전진 경적이나 정체 경보기와 같은 모든 신호장치는 시험 중에 작동되지 않아야 한다.

다. 기계의 설치

백호 로우더는 제조자 생산 버전에 맞는 규정된 백호 및 버킷을 장착해야 한다. 엔진 및 유압시스템은 주변 온도에 대한 정상적인 운전상태로 될 때까지 예열시켜야 한다. 백호동작을 하기 위한 엔진 조속기 위치는 최대위치(높은 공회전) 또는 제조자에 의하여 사용하도록 규정된 위치에 맞추어야 한다. 모든 구동동작은 최대속력에서 수행되어야 하며 안전밸브를 작동시키거나 기계적인 주행로 끝 장벽에 닿지 않도록 해야 한다.

라. 기계의 운전

1) 시험 장소의 측정 면 : 백호 로우더의 모든 운전 모드에 대하여 측정 면은 소음도 검사방법 측정환경에서 규정한 바와 같이 단단한 반사면이어야 한다.

2) 기계의 백호 동작 : 이 항에서 규정된 90° 각도를 45° 각도로 하는 것 외에는 굴삭기의 절차에 준하여 기계의 백호 동작 모드를 수행한다.

3) 기계의 로우더 동작 : 도우저의 기계운전 절차에 준하여 백호의 버킷을 이송 위치에 놓고 이 동작 모드를 수행한다.

4) 백호 및 로우더 동작 모드에서 결합 사이클을 위한 계산 : 총 백호 로우더 사이클에 대한 결합된 등가소음도는 다음 식을 이용하여 계산한다.

$$L_{eq,T}= 10\log\left[0.8\times10^{0.1L_{eq,B}}+ 0.2\times10^{0.1L_{eq,L}}\right] \tag{3.5.17}$$

여기서, $L_{eq,B}$는 백호 동작 모드에서의 등가소음도이고, $L_{eq,L}$은 로우더 동작 모드에서의 등가소음도이다.

- 발전기

가. 기계의 설치

제작자가 설치 조건을 명시하지 않으면 발전기는 콘크리트 또는 아스팔트 포장된 반사평면에 설치되어야 한다. 지륜장치가 장착된 발전기는 특별한 경우가 아니면 0.4m 높이의 지지대 위에 놓아야 한다.

나. 부하 시험

1) ISO 8528-10(왕복동 내연기관 구동 교류발전기)에 따라 발전기는 제작자가 명시하

는 사양에 따라 준비하고, 자체 정격출력(kW)의 75%로 안정상태에서 일정하게 출력이 되도록 가동한다.

2) 소음측정 시 배경 및 공기 유입부의 온도는 320 K이하이어야 한다.

3) 소음측정 중 소음배출에 영향을 미치는 발전기 속도, 전기출력 평균치, 배경온도, 연료의 형태, 세탄가 등을 측정기록부에 기록하여야 한다.

다. 측정시간 최소한 15 초 이상이어야 한다.

- 핸드브레이커

측정위치는 제 3.5.3절 소음도 검사방법 그림 3-96과 같으나 기계의 질량에 따라서 다음과 같이 결정된다.

기계의 질량 m(kg)	반구 반경 r(m)	z(측정위치 1, 2, 3, 4)
m < 10	2	0.75m
m ≥ 10	4	1.50m

가. 기계의 설치

모든 기계는 수직으로 배치한 상태에서 시험되어야 한다. 시험기계가 공기를 배출하면 기계의 축은 두개의 측정위치로부터 동일한 거리에 위치해야 한다. 동력공급 소음은 시험기계로부터 발생된 소음을 측정하는데 영향을 미쳐서는 안 된다.

1) 기계의 지지 : 기계는 입방체 모양의 콘크리트 블럭에 끼워 설치된 지지도구와 결합되어야 한다. 시험하는 동안 중간크기의 강철조각을 기계와 지지도구 사이에 끼워 넣는다(그림 3-97). 이 중간 크기의 강철조각은 기계와 지지도구 사이에서 안정된 구조물을 형성해야 한다.

2) 블록 특성 : 블럭은 모서리 길이가 0.60m±2mm 정도인 직육면체 형상이어야 한다. 철근 콘크리트로 만들고 과도한 침강을 피하기 위해서 0.2m 이상의 층까지 완전히 진동충진 시킨다.

3) 콘크리트의 질 : ENV 206(Concrete, Performance, production, placing and compliance criteria)의 C50/60에 상응해야 한다. 그 입방체는 서로 독립적인 직경 8mm 강철봉으로 보강된다. 디자인 개념은 그림 3-98과 같다.

4) 지지도구 : 도구는 블럭안에 끼워져야 되고 직경 178~220mm의 래머(rammer)와 시험 기계와 함께 통상적으로 이용되고 ISO 1180:1983 규정을 준수하고 실제 시험이 수행될 수 있도록 충분히 긴 도구와 동일한 척(chuck)의 도구로 구성한다. 적절한 처리가 두 구성품을 일체시키도록 수행되어야 한다(그림 3-98). 도구는 래머의 바닥이 블럭의 윗면으로부터 0.3m 떨어지도록 블럭안에 고정되어야 한다. 블럭은 특히 지지도구와 콘크리트가 접하는 곳에서 기계적으로 견고하게 남아 있어야 한다. 매 시험전후에 콘크리트 블럭 속에 끼워 넣어진 도구가 콘크리트 블럭과 함께 일체가 되는 것이 확보되어야 한다.

5) 입방체의 위치 : 입방체는 시멘트로 잘 접합된 구덩이에 설치되고 그림 3.99에서와 같이 적어도 $100 \ kg/m^2$의 차폐 석판으로 덮여져서 차폐 석판의 윗면이 지면과 같은 높이로 되어야 한다. 어떤 기생 소음(진동)을 피하기 위하여 블럭은 탄성체로 콘크리트 구덩이의 바닥과 측면에서 격리되어야 하고, 그 탄성체의 하한차단(cut-off) 주파수는 초당 타격수로 표기되는데 시험기계의 타격율의 1/2 이하여야 한다. 척(chuck)이 관통하는 차폐석판의 개구부는 가능한 한 작아야 하고, 유연한 방음 조인트로 봉인되어야 한다.

6) 부하시험 : 시험기계는 지지도구와 연결되어야 한다. 시험기계는 통상적인 서비스와 동일한 음향 안정성을 갖는 안정된 상태에서 가동되어야 한다. 시험기계는 제작자가 명시한 최대 동력으로 가동되어야 한다.

나. 측정시간

최소한 15초 이상이어야 한다.

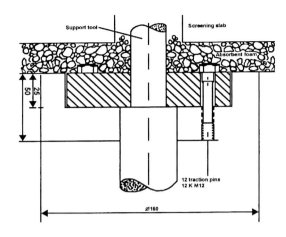

<그림 3-97> 시편의 개요도

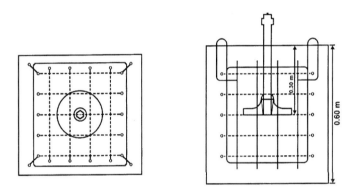

<그림 3-98> 시험블록

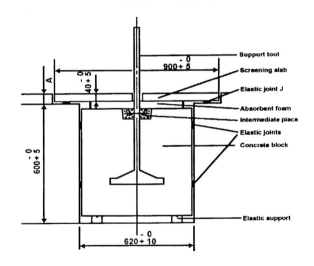

<그림 3-99> 시험장치

※ 탄성체의 조인트 J로 받친 차폐 석판이 지면과 같은 높이가 되도록 A의 값은 결정되어야 한다.

181

- 유압 브레이커

가. 기계의 설치

브레이커는 굴삭기 또는 고정장치에 부착하고 특수시험 블럭구조물이 사용되어야
한다.

1) 굴삭기 또는 고정장치 : 시험 브레이커를 위한 굴삭기 또는 고정장치는 특히 중량
범위, 유압 출력, 공급 오일유량 및 왕복선의 후압에 있어서 시험 브레이커의 기술
적인 사양의 필요조건을 충족시켜야 한다.

2) 장착 : 연결부품(호스, 파이프 등)과 기계적인 장착은 브레이커의 기술자료에 주어
진 사양에 부합되어야 한다. 파이프와 기타 기계 부품들에 의해 발생하는 특이한
소음은 반드시 제거되어야 한다. 모든 부품은 단단하게 연결되어야 한다.

3) 도구 : 무딘 도구가 측정에 사용되어야 한다. 도구의 길이는 그림 3-100(시험블럭)
에 주어진 필요조건을 충족시켜야 한다.

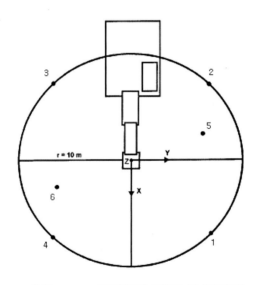

<그림 3-100> 시험블럭의 투영도 및 측정위치

나. 부하상태에서의 시험

1) 유압의 입력 및 오일 유량 : 유압 브레이커의 가동조건은 해당 장비에 상응하는 기
술사양 값에 따라 적절하게 조정되고 측정되며 기록되어야 한다. 시험 브레이커는
브레이커의 최대 유압 입력과 오일 유량의 90% 이상의 가동조건으로 가동되어야

한다. ps 및 Q 측정치의 전체 불확도가 ±5% 내에 들도록 주의를 기울어야 한다. 이것은 ±10% 정확도 내에서의 유압 입력 결정을 보장하며, 유압 입력과 배출 음향 파워 사이의 선형적인 상관관계를 가정할 때 음향 파워레벨의 결정에 있어서 ±0.4 dB 이하의 변화를 의미한다.

2) 브레이커의 동력에 영향을 미치는 조정가능 구성품 : 축전지(축력기), 압력 중앙 밸브 및 다른 조정가능 구성품 등의 사전 설정은 해당 장비의 기술자료에 주어진 값들을 충족시켜야 한다. 1개 이상 구성품의 고정 충격율이 임의적이라면 모두 사전설정을 한 후 측정을 해야 하며, 최소 및 최대값을 나타내야 한다.

3) 측정되어야 할 양(Quantities)

ps : 최소 10 회 타격을 포함하여 브레이커의 가동 시간 동안 유압공급 정밀압력의 평균 값

Q : ps와 동시에 측정되는 브레이커의 유입오일 유량의 평균 값

T : 오일온도는 측정시간 동안 40~60℃ 이어야 한다. 유압브레이커 본체의 온도는 측정을 시작하기 전에 통상적인 가동 온도로 안정화되어야 한다.

Pa : 모든 축압기(accumulator)의 사전 기체압력은 주위온도 15~25℃의 안정된 정적 상태(브레이커가 가동되지 않은 상태)에서 측정한다.

4) 측정가동 인자들로부터 평가되어야 할 인자 : 브레이커의 유압입력(PIN)

PIN = ps · Q

다. 유압 공급선 압력측정, ps

1) ps는 가능한 브레이커의 입력 출구(IN-Port) 가까이에서 측정한다.

2) ps는 압력계(최소직경: 100mm ; 정확도 등급 ±1.0% FSO(Full Scale Output))로 측정한다.

라. 브레이커 유입 오일유량, Q

1) Q는 가능한 브레이커 입력 출구(IN-Port)에 가까운 공급압력선에서 측정한다.

2) Q는 전기 유량계(유량 판단의 정확도 등급 ±2.5%)로 측정한다.

마. 오일온도의 측정, T

1) T는 굴착기의 오일 탱크 또는 브레이커에 연결된 유압선에서 측정하고 측정점은 보고서에 명시되어야 한다.

2) 온도 정확도는 실제 값의 ±2℃내에 있어야 한다.

바. 측정시간 및 최종 음향 파워레벨 결정

1) 측정시간은 최소한 15 초 이상 이어야 한다.

2) 측정은 3회 또는 필요하면 그 이상 반복한다. 최종 결과는 1dB 이상 차이가 나지 않는 2개의 가장 높은 값들의 산술평균으로 계산한다.

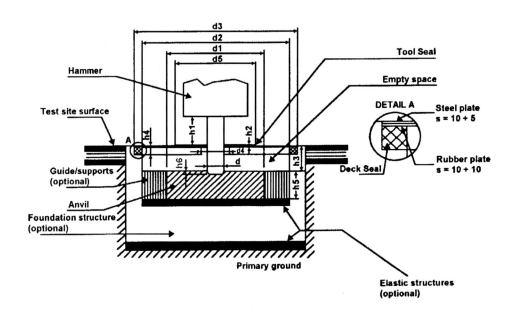

<그림 3-101> 브레이커의 시험장치

그림 3-101의 제원 설명

• d : 도구직경(mm)

• d1 : 모루 직경, 1,200 ± 100mm

• d2 : 모루지지구조물의 내경, ≤ 1,800mm

• d3 : 시험 블럭 바닥면의 직경, ≤ 2,200mm

• d4 : 바닥면의 도구 개구부의 직경, ≤ 350mm

• d5 : 도구 봉인의 직경, ≤ 1,000mm

• h1 : 하우징(덮개)의 가장 낮은 부분과 도구 봉인 위의 표면사이의 보이는 도구 길이(mm), h1 = d ± d/2

• h2 : 바닥면 위에 도구 봉인 두께, ≤ 20mm(만약 도구 봉인이 바닥밑에 위치한다면,

두께의 제한은 없다. 발포고무로 만들 수도 있다.)

- h3 : 바닥면 윗면과 모루 윗면 사이의 거리, 250 ± 50mm
- h4 : 격리된 형태의 고무 바닥 봉인 두께, ≤ 30mm
- h5 : 모루 두께, 350 ± 50mm
- h6 : 도구 관통길이, ≤ 50mm

  만약 정방형의 시험 블럭이 사용된다면, 그 최고 길이는(0.89 × 대응하는 직경)과 같다.

- 바닥면과 모루사이에 빈 공간은 탄성 발포고무나 흡음재(밀도<220kg/m^3)를 이용하
  여 채울 수 있다.

- 공기압축기

가. 기계의 설치

제작자가 설치 조건을 명시하지 않으면 공기압축기는 콘크리트 또는 아스팔트 포장
반사평면에 설치되어야 하고, 지륜장치가 부착된 압축기는 0.4m 높이에 설치되어
야 한다.

나. 부하시험

공기압축기는 예열되어 연속적으로 가동되는 안정된 상태에서 작동되어야 하며, 제
작자에 의해 명시된 사양에 따라 적절하게 정비되고 원활하게 작동되어야 한다. 음
향 파워레벨의 결정은 최대부하 상태이거나 기계의 전형적인 이용 상태 중 가장 시
끄러운 가동상태에서 행해진다. 설비의 안전을 위하여 어떠한 부품이 설치되어 있
다면 부품에서 발생되는 소음을 분리하도록 해야 한다. 소음원의 분리를 위하여 소
음원으로부터 소음의 감쇠를 위해 특별한 장치를 요구할 수 있다. 이와 같은 가동상
태의 소음특성과 기술은 시험 보고서에 따로 주어져야 한다. 공기압축기로부터 배
출된 가스는 시험지역에 영향을 미치지 않도록 배관으로 방출되어야 하며, 가스가
배출되면서 발생되는 소음은 모든 측정지점에서 측정 대상기계의 소음보다 적어도
10 dB 낮아야 한다(예를 들면 소음기를 부착하여). 공기압축기 배출밸브에서 배출
된 공기로 인한 난류로 어떤 추가의 소음을 발생시키지 않도록 해야 한다.

다. 측정시간

최소한 15초 이상이어야 한다.

- 콘크리트 절단기(concrete cutter)

가. 부하시험

제작자로부터 구매자에게 제공된 설명서에 의거 가능한 가장 큰 날(blade)을 장착하여 시험한다. 엔진이 최고속력으로 공회전되도록 하여 장착된 날(blade)을 작동시킨다.

나. 측정시간

최소한 15초 이상이어야 한다.

- 천공기(drill rigs)

가. 회전드릴(rotary drill rigs)

가능한 가장 큰 드릴(drill)을 회전체 상단에 장착하여 시험한다. 시험 중에는 무부하 상태에서 모든 모터와 엔진을 정격 속력으로 정상 가동시키고, 냉각휀 등 부가장치는 최고속력으로 가동한다. 분리된 드릴 위의 위치조정 엔진은 소음시험 중 가동하지 않는다.

나. 회전-충격드릴(rotary-percussive drill rigs)

측정이 시작되기 전에 드릴 날이 바위나 콘크리트 블록에 최소 0.1m 깊이로 구멍을 뚫은 상태에서 정상 가동되고 있어야 한다. 시험 중 모든 모터와 엔진은 정격 속력으로 정상 가동되고, 냉각팬 등 부가장치는 최고속력으로 가동되어야 한다. 분리된 드릴 위의 위치조정 엔진은 소음시험 중 가동하지 않는다.

다. 측정시간

최소한 15 초 이상이어야 한다.

- 항타 및 항발기

가. 부하시험

파일링 장비는 정상 속력에서 작업할 수 있을 정도의 충분한 저항을 가진 파일위에 설치되어야 한다. 충격해머의 경우는 신규로 제작된, 나무로 충진된 것이어야 한다. 파일의 상단은 지면 위 0.5m 높이에 있어야 한다.

나. 측정시간

최소한 15초 이상이어야 한다.

[별지 제1호서식] (앞쪽)

소음도검사기록부

검사자 : (서명 또는 인)

1) 개요

대상기계		측정상황	
기계명칭		시험일자	년 월 일
상품명칭 및 모델번호		시험장소	
		날씨	
제조회사		온도	℃
부속품		풍향 / 풍속	/ ㎧
정격출력 ps/rpm		지표면 상태	
기계의 크기	가로m×세로m×높이m =부피m³	배경소음	dB(A)

2) 측정기기

측정기기	명칭	형식	제조회사	정도검사 년 월 일
마이크로폰 1~6				
녹음기 또는 주파수분석기				
표준음발생기				
기준음원				
그 밖의 장비				

3) 측정결과

측정반경		측정면적		K₁		K₂	

측정위치	측정회수		
	1회 등가소음도 dB(A)	2회 등가소음도 dB(A)	3회 등가소음도 dB(A)
1			
2			
3			
4			
5			
6			
평균값			
음향 파워레벨 (dB)			
결과 (LwA)			

188

건설기계
구조 설계

| # 건설기계 구조 설계

4.1 굴삭기 구조 설계

4.1.1 개 요

굴삭기는 주로 굴삭 작업을 하는 장비이다. 굴삭기의 작업으로는 택지조성 작업, 건물 기초 작업, 토사적재, 화물적재, 말 박기, 고철적재, 원목적재, 구멍파기 교량, 암반 건축물 파괴 작업, 도로 및 상하수도 공사 등 다양한 작업을 한다.

<그림 4-1> 굴삭기의 구조

4.1.2 굴삭기 주행 장치별 분류

(1) 크롤러 형(crawler type)

접지 면적이 넓어 견인력이 커서 습지, 사지에서 작업이 용이하며 속도는 약 2.5~3.5km/h 정도이므로, 장거리 이동이 곤란하며 2km 이상 이동할 때에는 트레일러(trailer)에 실어 시 이동하여야 힌다(경제적인 이동 거리 2km 이내).

크롤러 형의 장점으로는 접지압이 낮고, 견인력이 강하며 암석지에서 작업이 가능하다는 점이고, 단점으로는 주행 저항이 크고 승차감이 나쁘며, 기동성 및 이동성이 좋지 않다는 점이다. 크롤러는 무한궤도, 캐터필러, 트랙이라고도 한다.

(2) 트럭 형(truck type)

굴삭기의 트럭 형은 운반 차대 위에 바퀴를 장착한 것을 의미한다.

<그림 4-2> 트럭형 굴삭기

(3) 휠 형(wheel type. 타이어식)

타이어식은 주행 속도가 25~35km/h 정도로 기동력이 양호하여 도심지 등 근거리 작업에 효과적이다. 장점으로는 기동성 및 승차감이 좋고, 주행 저항이 적어 탑승자의 주행 피로도가 적다. 또한 단점으로는 평탄하지 않은 작업 장소나 진흙땅 작업이 어렵고 암석, 암반 작업 시 타이어가 손상될 가능성이 있고 견인력이 약하다는 점이다.

<그림 4-3> 휠 형 굴삭기

4.1.3 굴삭기의 구조

(1) 상부 선회체

상부 선회체는 하부 주행체 프레임에 스윙 베어링에 의하여 결합하여 360° 선회 (swing) 할 수 있게 되어 있다. 상부 선회체는 메인 프레임(main frame)과 자동차 몸체 (car body)로 나누어져 있으며 여기에는 기관 조정 장치 등이 설치되어 있다. 메인 프레임 후부에 기관이 설치되어 있고 그 뒤에 굴삭기의 안전성을 유지하기 위해 평형추 (balance weight)가 프레임에 고정되어 있다. 평형추는 주철 일체로 되어 있는 것과 박스형 용접 구조의 상자 속에 중량물로 광재를 채우거나 철판 등을 부착한 것 등이 있으며 버킷 등에 중량물이 실릴 때 장비의 뒷부분이 들리는 것을 방지하는 역할을 한다. 회전 프레임에는 기관, 조종장치, 조종석, 유압유 탱크, 유압펌프 등 구성품이 설치되어 있다.

① 선회장치(swing device)

선회 감속장치의 구성 요소는 선기어, 유성기어, 캐리어, 선회 피니언 기어, 링기어로 구성되어 있다. 먼저 링기어는 하부 주행체에 볼트에 의하여 고정되어 있고 스윙 피니언 기어와 선회 베어링이 맞물려 회전하면 상부 선회체가 회전한다.

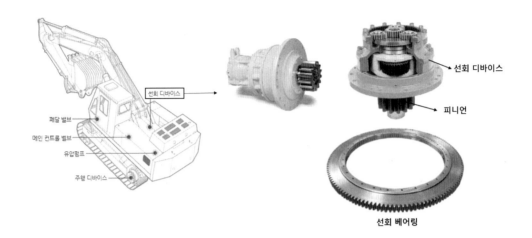

선회 디바이스

피니언

선회 베어링

<그림 4-4> 선회 장치의 구성

② 센터 조인트(center joint) 기능 및 구조

센터 조인트는 상부 선회체의 중심부에 설치되어 있으며, 상부 선회체의 오일을 하부 주행체(주행 모터)로 공급해 주는 부품이다. 또 이 조인트는 상부 선회체가 회전하더라도 호스, 파이프 등이 꼬이지 않고 원활히 송유한다. 구조는 바디(body), 배럴(barrel), 스핀들(spindle), O링(O-ring), 백업 링(back-up ring) 등으로 되어 있으며, 배럴은 상부 선회체에 고정이 되고 스핀들은 하부 주행체에 고정되어 있다. 센터 조인트의 O링이 파손되거나 변형이 되면 직진 주행이 되지 않거나 주행 불능이 된다.

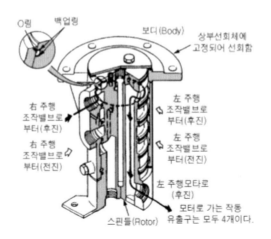

<그림 4-5> 센터 조인트 구조

(2) 하부 주행체

상부 선회체와 전부장치 등의 하중을 지지하고 장비를 이동시키는 장치, 타이어식과 트럭식은 자동차와 유사하나 크롤러식은 유압에 의하여 동력이 전달되는 것으로 트랙 롤러(하부 롤러), 캐리어 롤러(상부 롤러), 트랙프레임, 트랙 릴리스(트랙 조정기구), 트랙 아이 들러(전부 유동륜), 리코일 스프링, 스프로킷 및 트랙 등으로 구성되어 있다.

<그림 4-6> 하부 주행체

① 트랙프레임

트랙프레임은 하부 주행체의 몸체로서 상부 롤러, 하부 롤러, 트랙 아이들러, 스프로킷, 주행 모터 등으로 구성 되어있다.

트랙프레임은 박스형(box section type), 솔리드 스틸형(soild steel type), 오픈 채널형(open chanel type) 등이 있다.

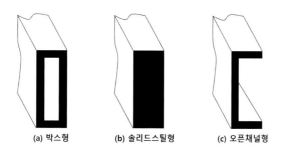

(a) 박스형   (b) 솔리드스틸형   (c) 오픈채널형

<그림 4-7> 트랙프레임의 종류

② 하부 주행체 동력전달 순서

하부 주행체 동력전달은 유압식과 기계식으로 구분되며 자동차와 같은 전달라인을 가진 것도 있다.

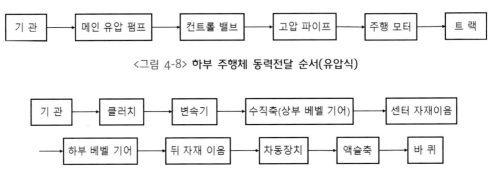

```
기 관 → 메인 유압 펌프 → 컨트롤 밸브 → 고압 파이프 → 주행 모터 → 트 랙
```

<그림 4-8> 하부 주행체 동력전달 순서(유압식)

```
기 관 → 클러치 → 변속기 → 수직축(상부 베벨 기어) → 센터 자재이음
→ 하부 베벨 기어 → 뒤 자재 이음 → 차동장치 → 액슬축 → 바 퀴
```

<그림 4-9> 하부 주행체 동력전달 순서(기계식)

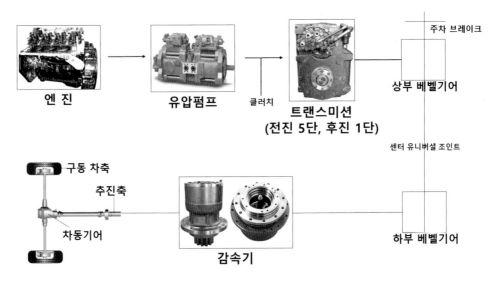

엔 진   유압펌프   클러치   트랜스미션 (전진 5단, 후진 1단)   주차 브레이크   상부 베벨기어

센터 유니버설 조인트

구동 차축   추진축   차동기어   감속기   하부 베벨기어

<그림 4-10> 휠 형 동력전달장치

4.1.4 작업 장치(전부장치)

굴삭기 앞 작업 장치는 붐(Boom), 암(Arm), 버킷 등으로 구성되어 있으며 유압실린더에 의해 작동된다.

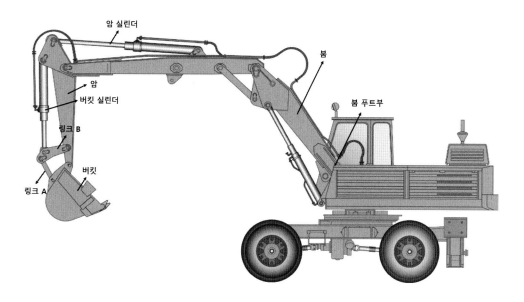

<그림 4-11> 백호우의 작업 장치

(1) 붐(boom)

붐은 강판을 사용한 용접 구조물로서 원 붐이라고도 하며 상부 선회체에 푸트핀에 의해 설치되어 있으며 2개 또는 1개의 유압실린더에 의하여 붐이 상·하로 움직이다.

① 원 피스붐(one piece boom) : 일반 작업에 사용하는 것으로 백호우 버킷을 달아 174~177°의 굴삭 작업과 정지 작업에 알맞은 붐이다.

② 투 피스 붐(two piece boom) : 다용도 붐으로 굴삭 깊이를 깊게 할 수 있고 토사 이동 적재, 크램셸(clam shells) 작업이 용이하다.

③ 옵셋 붐(off set boom) : 좁은 도로 양쪽의 배수로 구축 등 특수 조건의 작업에 용이하다.

④ 로터리 붐(rotary boom) : 붐과 암 연결 부분에 회전모터를 두어 굴삭기의 이동 없이도 암이 360° 회전한다.

(a) 원피스 붐　　　**(b) 투피스 붐**　　　**(c) 옵셋 붐**

<그림 4-12> 붐의 종류

(2) 암(arm)

붐과 버킷사이의 연결 암으로 디퍼스틱(dipper stick)이라고도 한다.

① 롱 암(long arm) : 주로 깊은 굴삭을 위해 사용되며 표준형보다 길다.

② 표준 암(standard arm) : 일반 굴삭 작업에 사용된다.

③ 쇼트 암(short arm) : 협소한 장소 작업에 사용된다.

④ 익스텐션 암(extension arm) : 암을 연장시켜 깊고, 넓은 작업에 용이하다.

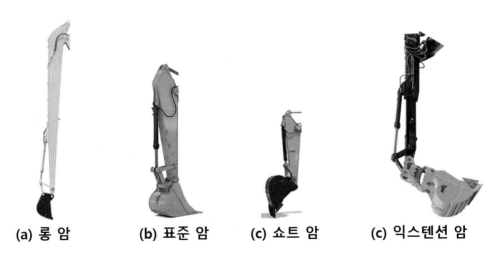

(a) 롱 암　　　**(b) 표준 암**　　　**(c) 쇼트 암**　　　**(c) 익스텐션 암**

<그림 4-13> 암의 종류

<그림 4-14> 굴삭력이 가장 클 때 붐과 암 각도

붐과 암의 각도가 80~110°정도가 제일 굴삭력이 크기 때문에 가능한 이 각도 내에서 작업하는 것이 좋다.

⑤ 붐 길이 : 푸트핀 중심에서 암 고정핀의 중심 또는 붐 포인트 중심까지의 거리로 한다.

⑥ 최대 굴삭 반지름 : 선회할 때 그리는 원의 중심에서 버킷 투스의 선단까지의 수평 최대 거리로 한다.

⑦ 최대 굴삭 깊이 : 투스의 선단을 최저 위치로 내린 경우 지표면에서 버킷 이빨의 선 단까지의 길이로 한다.

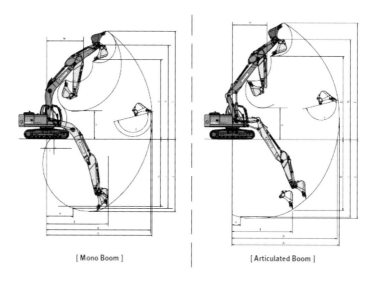

[Mono Boom] [Articulated Boom]

<그림 4-15> 최대 굴삭 반경

(3) 굴삭기의 5대 작용

굴삭기의 작용으로는 붐(boom)의 상승 및 하강, 암(arm)의 오므리기 및 펴기(수축 및 신장이라고도 하고 크라우드 덤프라고도 함), 버킷(bucket)의 오므리기 및 펴기, 스윙 (swing)의 좌·우 회전, 주행의 전진 및 후진이 있다. 굴삭기의 1사이클은 굴삭−선회−덤 프−선회−굴삭 순서로 진행한다.

(4) 작업 시 동력전달

작업 시에는 기관−주(메인)유압 펌프−컨트롤 밸브−고압 파이프−유압실린더−작동기 순서로 진행하고, 스윙 시에는 기관−주(메인)유압 펌프−컨트롤 밸브−고압 파이프−스윙 유압 모터−피니언 기어−링기어 순으로 진행한다.

4.1.5 작업 장치의 종류

유압식 셔블(shovel)의 작업 장치는 여러 가지가 있으나 어느 것이나 기계의 본체는 거의 바꾸지 않고 용도에 따라 작업 장치를 바꾸어 사용한다. 기계 로프식 셔블과 비교하여 유압 셔블의 특징은 구조가 간단하고, 운전 조작이 쉬우며, 보수 및 프런트의 교환, 주행이 쉽다는 장점이 있다.

(1) 셔블(shovel)

장비가 있는 지면보다 높은 곳을 굴삭하는데 알맞은 것으로서 보통 페이스 셔블(face shovel)이라고도 하며 산지에서의 토사, 암반, 점토질까지 굴삭하여 트럭에 싣기가 편리하다. (일반적으로 백 호우 버킷을 뒤집어 사용하기도 한다.)

(2) 백호우(back hoe)

장비가 위치한 지면보다 낮은 곳의 땅을 파는데 적합하며 수중 굴삭도 가능하다.

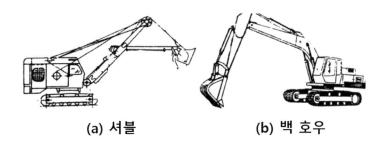

(a) 셔블　　　　　　**(b) 백 호우**

<그림 4-16> 셔블, 백 호우

(3) 브레이커(breaker)

브레이커는 암석, 콘크리트, 아스팔트 파괴, 말뚝박기 등에 사용되는 것으로 유압식과 압축공기식이 있다.

(4) 파일 드라이브 및 어스 오거(pile drive and earth auger)

파일 드라이브 장치를 붐 암에 설치하여 주로 항타 및 항발 작용에 사용된다. 유압식과 공기식이 있다.

(a) 유압식 브레이커　　　**(b) 어스 오거**　　　**(c) 파일 드라이브**

<그림 4-17> 어스 오거 및 파일 드라이브

(5) 버킷

버킷은 주로 굴삭 작업과 토사를 싣는 작업 등에 사용되며 굴삭기의 크기나 작업지의 토사 및 종류에 따라 그 용량을 바꾸어야 하며 적절한 용량의 형을 사용하여야 한다. 버킷의 용량은 1회에 산적할 수 있는 용량 입방미터(m^3)로 표시하며 일반적으로 평적 용량으로 나타낸다.

<그림 4-18> 버킷 산적, 평적 용량

① 버킷 용도별 분류

버킷은 용도별로 분류할 수 있는데 먼저 다목적용 버킷(general purpose bucket)은 굴삭기에서 일반적인 굴삭, 도랑파기 등과 같은 작업에 가장 널리 사용되어지는 버킷이다. 굴삭량 및 도랑의 폭 등에 따라 대부분의 제작회사에서 다양한 종류의 버킷을 제공한다. 고강도의 열처리 된 강을 사용하는 커팅에지(cutting edge), 사이드 커터(side cutter) 및 마모 스트립(wear strip) 등이 우수한 내마모성을 제공해 준다. 암반용 버킷(rock bucket)은 암반이나 기타 단단한 물질의 굴삭작업에 이용되는 버킷으로서, 연마성 마모에 강한 재질을 사용하여 암반 등과 같은 가혹한 작업조건에서 작업이 가능하다. 대량 굴삭용 버킷(mass excavation bucket)은 토양의 밀도가 낮은 물질을 적재 및 처리하기 위해 다목적용 버킷을 특수하게 설계하여 제작한 것이다. 다목적용 버킷은 물체의 적재를 용이하기 위해 스틱(암)을 당기는 힘이 크게 설계되었다. 리퍼 버킷(ripper bucket)은 버킷을 탈착하여 다른 작업 장치로 바꾸지 않고도 암반이나 얼어붙은 지형을 긁어서 버킷을 이용한 굴삭이 쉽도록 하는데 사용되는 버킷이다. V형 버킷(V-shaped bucket)은 주로 도랑파기 작업에 이용되는 버킷으로서 도랑파기 작업에 널리 사용된다. 마지막으로 조 버킷(jaw bucket)은 암반용 버킷과 같은 강도의 재질로 제작함으로써 높은 파괴력을 갖으며, 표준 버킷인 다목적용 버킷에 비해 물질을 움켜잡을 수도 있다.

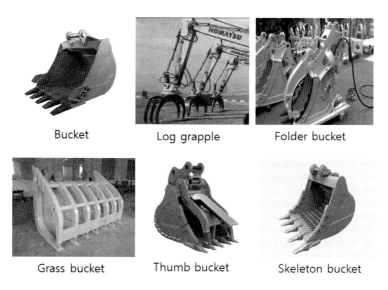

Bucket　　　　Log grapple　　　　Folder bucket

Grass bucket　　　Thumb bucket　　　Skeleton bucket

<그림 4-19> 다양한 종류의 버킷

4.2 로더 구조 설계

4.2.1 개 요

로더는 적재 장치를 갖췄으며 차체 중량이 3 ton 이상인 원동기를 부착한 중장비이다. 일반적으로 주행 장치에 따라 휠 로더 및 트랙 로더로 구분되며, 건설공사에서 흙, 모래 및 자갈 등을 굴삭하여 덤프트럭 등에 적재 및 상차작업을 주로 하지만, 기타 부속 장치를 설치하여 암석 및 나무뿌리의 제거, 목재의 이동, 제설작업 등도 할 수 있다.

4.2.2 주행 장치에 따른 분류

(1) 휠 로더(wheel loader)

타이어식 로더라고도 불리는 이 형식은 휠 형 트랙터에 버킷을 설치한 것이다. 구동 형식에는 앞바퀴 구동과 사륜구동이 있으며 어느 것이나 차동장치가 있고 타이어는 튜브가 없는 튜브리스 저압 타이어가 사용된다. 평탄한 작업장에서는 기동성과 이동성이 좋아 고속 작업이 용이하다. 먼 거리를 이동할 때 트레일러 등의 운반 장비에 의존하지 않아도 되지만 무른 지형이나 습지 등에서는 작업효율이 떨어지는 단점이 있다.

<그림 4-20> 휠 로더

(2) 트랙 로더(track loader)

무한궤도식 또는 크롤러(crawler)식이라고 불리는 이 형식은 타이어 대신에 트랙(무한궤도)을 설치한 것이다. 강력한 견인력과 접지압력이 낮아 습지 및 모래 지형에서 작업을 수행할 수 있을 뿐만 아니라, 저속 견인력이 크고, 트랙 깊이의 수중에서도 작업이 가능하다. 이 형식은 먼 거리를 이동할 때 트레일러 등의 운반 장비를 이용해야 할 뿐만 아니라 비교적 기동성이 떨어지는 단점이 있다.

<그림 4-21> 트랙 로더

4.2.3 적하 방식에 의한 분류

(1) 프론트 엔드(front end)형

이 형식은 로더의 앞쪽에 버킷이 부착되어 굴삭 및 적재 작업을 하는 것으로 대부분의 로더에서는 주로 이 방식이 사용된다.

(2) 사이드 덤프(side dump)형

사이드 덤프형 로더는 버킷을 좌우 어느 쪽으로도 기울일 수 있는 로더로써 터널이나 협소한 장소에서 트럭에 적재할 수 있어 운반 기계와 병렬 작업을 할 수 있는 특징이 있다.

(3) 백호 셔블(backhoe shovel)형

로더 후면에 유압식 백호 셔블을 장착하고 로더 앞부분에는 버킷을 부착하여 깊은 굴삭과 적재를 함께 할 수 있는 로더로서 수도 및 하수도 공사, 골프장 등에서 다양한 용도로 사용된다.

(4) 투웨이 도저(two-way dozer)형

트랙형 로더의 전면에 버킷대신에 불도저에 이용되는 특수한 블레이드를 장착하여 광석이나 석탄 등을 긁어모을 때에 사용되며, 로더가 후진할 때에도 작업을 할 수 있어서 다듬질 작업에도 효과적인 장비이다.

<그림 4-22> 적하 방식에 따른 여러 휠 로더

4.2.4 로더의 버킷 용량

(1) 평적 용량(struck capacity)

평적 용량은 미국 자동차기술자협회(SAE)에서는 버킷전면 삽날 끝에서 버킷후면 상단을 연결한 선에 수평으로 흙을 담은 상태의 용적으로 정의된다.

(2) 산적 용량(heaped or rated capacity)

산적 용량은 버킷에 흙을 가득 담아 그 비탈면이 2:1일 때의 용적으로 정의한다. 이 용적이 바로 버킷의 정격 용량으로 정의된다.

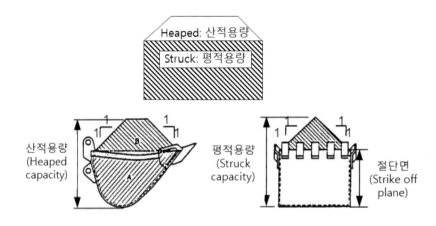

<그림 4-23> 버킷의 산적, 평적 용량

(3) 로더의 전도하중(static tipping load)

로더의 전도하중은 버킷의 중심부에 흙을 적재했을 때, 여러 조건으로 로더가 균형을 잃을 때까지의 최대 중량으로 정의한다. 조건으로는, 견고한 수평면상에 정지된 상태, 표준 운전 중량의 장비, 버킷을 완전히 뒤로 기울인 상태(tilted back), 흙을 담아 버킷을 앞으로 최대로 뻗어 올리는 상태, 별도 설명이 없는 한 장비사양서(설명서)대로 표준장치가 장착된 상태가 있다.

SAE 표준에 부합시키기 위해서는 휠 로더의 작업 하중이 작업에 필요한 부착물이 부착된 건설기계의 전도 하중(static tipping load)의 50%를 초과해서는 안 된다(트랙 형 장비는 35%).

<그림 4-24> 로더의 전도 하중

　로더의 작업 생산량 계산시 또 하나 유의하여야 할 것은 토사의 물리적 성질 때문에 버킷에 담기는 양의 정격용량에 반드시 같을 수가 없다는 점이다. 실제로 버킷에 담기는 양의 정격용량에 대한 백분율을 버킷 계수(carry factor)라고 부르는데, 이 값은 토질에 따라 다르며, 어떤 책자에서는 spillage 또는 fill factor라고 부르기도 한다.

(4) 트랙 형 로더

근본적으로 로더의 작업 생산량은 시간당 버킷의 적재횟수 × 1 회 적재량으로 구한다.

① 용량

건설기계에 의해 운반되는 토사는 자연 상태 또는 흐트러진 상태의 것이다.

　자연 상태에서는 버킷에 담긴 흐트러진 토사를 자연 상태의 최적(BCM)으로 환산하려면 버킷의 정격용량 × 환산계수로 간단히 구할 수 있다. 그러나 로더에 있어서 이것이 장비의 최종 용량이 되는 것은 아니다. 즉, 버킷 계수를 고려해야 한다.

<표 4-1> 토질에 따른 버킷 계수

토질	계수
입자가 고른 자갈	85~90%
각종 입자가 습한 자갈	95~100%
습한 상태의 양토	100~110%
흙, 호박돌, 잡초뿌리	80~100%
시멘트 섞인 물질	85~95%

　흐트러진 상태에서는 흐트러진 토사에서, 장비 용량은 버킷 정격용량 × 버킷계수를 구한다.

② 사이클 시간

<표 4-2> 토질에 따른 적하시간

토질	시간(분)
입자가 고른 자갈	0.03~0.05
각종 입자가 습한 자갈	0.04~0.06
습한 상태의 양토	0.03~0.07
흙, 호박돌, 잡초뿌리	0.04~0.2
시멘트 섞인 물질	0.05~0.2

적재시간은 적재 재료에 따라 다르며, 적하시간은 적하장소의 크기에 따라 0.1분까지 변화한다. 트럭 위에 적하하는 시간은 0.04~0.07분이다. 로더가 바로 옆에 있는 차량 위에 적재, 회전, 적하만 하는 즉, 이동이 없는 로더가 바로 옆에 있는 경우는 제외된다. 이동이 없는 경우, 적재와 적하간의 이동시간은 숙련된 운전원이 스로틀(throttle)을 최대로 하여 운전할 때 약 0.2분이 된다.

로더의 주행시간에 대해서는 다음과 같이 그래프를 이용한다.

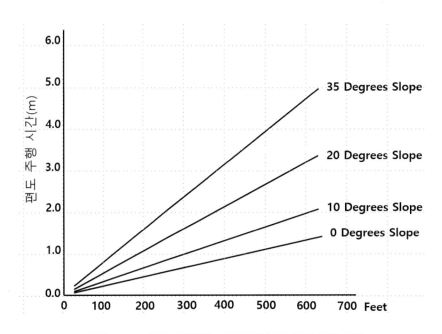

<그림 4-25> 편도 주행거리, 경사각에 따른 편도 주행 시간

③ 시간당 작업능력

시간당 작업능력을 구하려면 시간당 적재횟수 × 1회 적재량으로 계산하고, 여기에 다시 작업효율(실 작업시간율)을 곱한다.

④ 보정계수

위의 시간당 작업량에 보정계수를 곱하면 트랙 형 로더의 최종 시간당 작업생산량을 구할 수 있다.

(5) 휠 형 로더

① 용량

작업생산량 계산은 버킷의 정격용량으로부터 시작되는데, 트랙의 경우처럼 타이어식에서도 재료의 성질을 고려하여야 한다.

<표 4-3> 휠 형 로더의 버킷계수

구분	계수
흐트러진 상태-수분이 혼합된 자갈	95~100%
직경 3mm까지의 고른 자갈	95~100%
직경 3~9mm	90~95%
직경 12~20mm	85~90%
직경 24mm 이상	85~90%
발파된 암반 - 고르게 발파된 것	80~95%
중간정도로 발파된 것	75~90%
불규칙하게 발파된 것	60~75%
기타 - 불순물이 혼합된 암반	100~120%
수분이 혼합된 옥토	100~110
흙, 옥석, 잡초 뿌리	80~100
시멘트가 섞인 물질	85~95

② 사이클 시간

적재, 운반

적하

<그림 4-26> 휠 형 로더의 사이클 시간

휠 형 로더의 사이클 시간 역시 적재(버킷에), 운반(이동), 적하(트럭에) 및 복귀의 4단계로 이루어진다. 그러나 이들을 쉽게 구하기 위해서는 다른 방법을 이용한다. 후륜 조향식 로더의 기본 사이클 시간은 0.5분이며, 굴절식 차체(articulated)로 된 로더에서는 0.45~0.55분이다. 이 값은 평균치로서 현장에서는 실제 약간의 차이가 있다. 기본시간은 적재, 적하, 이동, 유압 작동시간 및 최소한의 주행시간을 포함한 것이다.

표의 값은 정상적인 운전조건 하에서 야적된 사석 내지는 입자 형태의 재료를 대상으로 하며, 작업장 노면은 스로틀을 최대로 하여도 가동할 수 있을 정도로 충분히 견고, 평탄한 상태이고, 운전원은 숙련공, 장비 상태는 양호하며 조합된 호퍼 또는 트럭에 적재하는 것을 기준으로 하여 얻은 값이다. 기본 사이클 시간에 대해 이 표의 값을 증감시켜 조정하여야 한다.

<표 4-4> 휠 형 로더의 사이클 시간 보정치

구분	계수
혼합된 것	
3mm 이하	+ 0.02
3mm~20mm	+ 0.02
20mm~152mm	− 0.02
152mm	0
자연상태 또는 분쇄된 것	+ 0.03 이상
	+ 0.04 이상
쌓아 놓는 상태	
컨베이어 또는 도저로 3m 이상의 높이로 쌓아 놓는 것	0
컨베이어 또는 도저로 3m 이하의 높이로 쌓아 놓은 것	+ 0.01
트럭에 의해 적하(덤프)된 것	+ 0.02

기타	
트럭과 로더를 동일업자가 운용하는 경우	0.04 까지
트럭과 로더를 각각 타업자가 운용하는 경우	+ 0.04 까지
작업 성격이 일관된 경우	0.04 까지
작업 성격이 일관되지 않은 경우	+ 0.04 까지
적하지역의 좋은 경우	+ 0.04 까지
부스러지기 쉬운 것	+ 0.05 까지

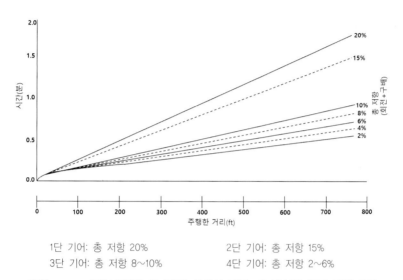

1단 기어: 총 저항 20%   2단 기어: 총 저항 15%
3단 기어: 총 저항 8~10%   4단 기어: 총 저항 2~6%

<그림 4-27> 운반시간(휠 형 로더) 주행한 거리, 총 저항에 따른 작업 시간

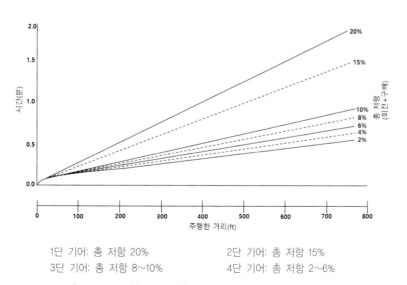

1단 기어: 총 저항 20%   2단 기어: 총 저항 15%
3단 기어: 총 저항 8~10%   4단 기어: 총 저항 2~6%

<그림 4-28> 복귀시간(휠 형 로더) 주행한 거리, 총 저항에 따른 작업 시간

사이클 시간에 있어 최종적으로 고려하여야 할 사항은 주행거리이다. 주행거리가 아주 적은 경우는 기본 사이클 시간을 조정할 필요가 없지만, 거리가 먼 경우에는 그래프를 이용한다. 그래프로 구한 시간을 기본 사이클 시간에 가산하여야 한다.

③ 시간당 작업능력

시간당 작업능력을 구하려면, 시간당 적재횟수 × 1회 적재량으로 계산하고, 여기에 다시 작업효율(실 작업시간율)을 곱한다.

④ 보정계수

최종 작업생산량은 해당 보정계수를 고려하여 구한다. 휠 형 로더의 작업생산량은 건설기계 용량, 버킷규격, 재료의 중량 및 사이클 시간에 따라 변한다. 건설기계의 용량은 일정하며, 평형추(counterweight)를 부착하면, 용량은 증가하나 속도와 작업이 늦어진다.

4.2.5 로더의 동력전달 장치

동력전달 장치는 엔진에서 발생한 동력을 휠 또는 트랙에 전달하기 위한 장치로 클러치, 토크 컨버터(또는 토크 디바이더), 변속기, 추진축, 종감속 기어, 액슬축 및 조향 장치, 브레이크 장치, 하체 구성품(언더캐리지) 등으로 구성되며, 각각의 기능은 다음과 같다.

먼저 클러치는 기관과 변속기 사이에 설치되어 있으며, 필요에 따라 변속기로 전달되는 동력을 차단 및 전달한다. 변속기는 장비의 적당한 주행 상태를 유지하기 위해 기어의 물림을 등을 이용하여 구동 속도와 방향(전진 및 후진) 설정하기 위한 장치이다. 추진축은 변속기와 종속기어 사이에 설치되며, 변속기의 출력을 종감속 기어에 전달한다. 종감속 기어 및 차동 장치는 추진축으로부터 전달된 엔진의 회전력을 최종적으로 증가시킴과 동시에 회전시 좌·우 타이어에 적합한 회전속도로 동력을 전달한다(휠 형 장비). 조향 장치는 트랙 형 장비에서 변속기로부터 전달된 동력을 베벨 기어에서 동력을 90°로 변환하여 동력을 차단 또는 연결하는 장치이다. 브레이크는 휠 형 장비에서는 타이어에 제동을 가해주며, 트랙 형 장비에서는 조향 클러치 외부를 밴드 형식으로 잡아 줌으로써 좌우 트랙을 정지시킨다. 최종 감속 장치는 회전 속도를 최종적으로 감속시켜 수동 스프로킷에 전달하는 장치이며, 좌·우 조향 장치의 바깥쪽에 설치되어 있다. 하체 구성품은 동력을 받아 움직이는 하부 구동 장치를 말하며, 중량을 지지하고 전・후진에 필요한 구성품(아이들러, 트랙 롤러, 상부 롤러, 트랙 및 트랙링크, 스프로킷) 등이 설치되어 있다.

(1) 로더 동력전달 장치의 종류

① 직접 구동식(direct drive)

동력전달 장치의 직접 구동식은 기관–클러치–변속기–추진축–종감속 기어 및 차동 장치–액슬(휠 형)–베벨 기어–조향 클러치–종감속 기어–스프로킷–트랙(트랙형) 순으로 동력이 전달된다.

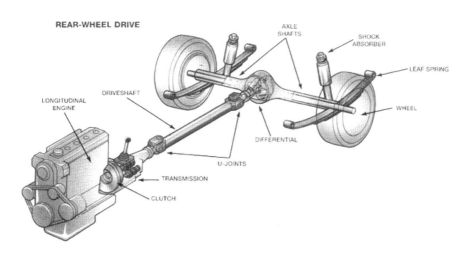

<그림 4-29> 동력전달(직접구동식)

(출처: driverline – WordPress.com)

② 유성기어식(powershift)

동력전달 장치의 유성기어식은 기관–토크 컨버터–변속기–추진축–종감속 기어 및 차동 장치–액슬(휠 형)–베벨 기어–조향 클러치–종감속 기어–스프로킷–트랙(트랙형) 순으로 동력이 전달된다.

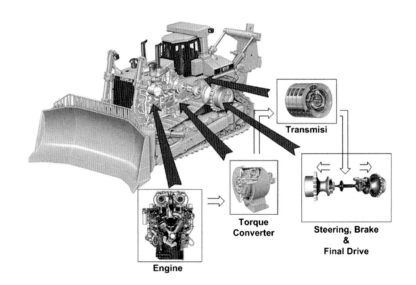

<그림 4-30> 동력전달(유성기어식)

(출처: jokomf.blogspot.com)

(2) 휠 형 로더의 동력전달

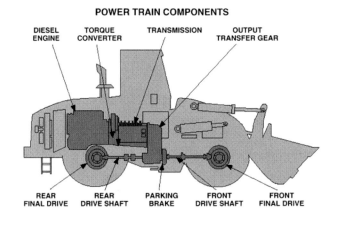

<그림 4-31> 동력전달(휠 형)

그림 4-31은 휠 형 로더의 동력전달 계통을 나타낸 것이다.

동력전달 순서는 기관-토크 컨버터-유성기어식 변속기-트랜스퍼-프로펠러 축-디퍼렌셜-액슬-최종감속기어-바퀴. 좌·우 선회 시 차동기어(디퍼렌셜)에 의해 좌·우 바퀴의 회전 속도와 회전력을 변화시킨다.

(3) 트랙형 로더의 동력전달

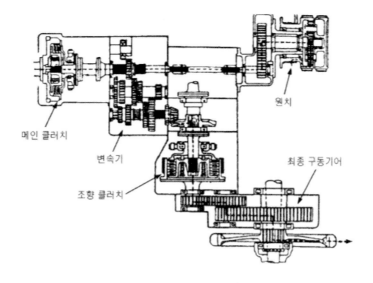

메인 클러치

변속기

조향 클러치

윈치

최종 구동기어

<그림 4-32> 동력전달(트랙형)

동력전달 순서는 기관–토크 컨버터–유니버셜 조인트–변속기–베벨 기어–조향 클러치 – 최종 구동 기어 –스프로킷–트랙으로 전달된다.

트랙형식 동력전달 장치는 바퀴 대신에 트랙이 장착되어 있으므로 조향 방법 및 제동 계통이 다르며 좌·우측 액슬 축에 설치된 조향 클러치의 작동에 따라 방향을 전환하고, 제동이 가능하게 되어 있다. 또한 큰 구동력을 얻을 수 있도록 스프로킷과 트랙이 설치되어 있으므로 늪지대나 험준한 작업 조건에서도 미끄럼없이 주행이 가능하고 또한 강력한 견인력을 발휘하여 작업할 수 있도록 하였다.

(4) 조향 클러치

① 조향 클러치/브레이크(트럭형)

조향 클러치가 결속되면, 장비는 직진한다. 클러치 중의 하나가 분리되면, 감속장치로 전달되는 동력이 적거나 없어 장비는 회전하게 된다. 조향 클러치가 결속되면 스프링의 힘은 플레이트와 디스크를 내부 드럼 쪽으로 압축한다. 그래서 베벨기어의 동력은 내부드럼, 디스크를 통해 외부 드럼과 종감속 장치 피니언으로 전달된다. 조향 클러치가 풀리면, 압력 오일은 피스톤, 스프링 리테이너, 스프링 및 압력 플레이트를 밖으로 밀게 된다. 압력 플레이트는 디스크로부터 차단된다. 그러므로 디스크는 분리되어, 동력은 내부 드럼에서 외부 드럼으로 전달될 수 없다.

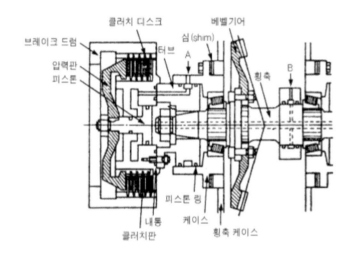

<그림 4-33> 조향 클러치

(출처: 신통합 중장비운전 - 골든벨)

<그림 4-34> 조향 클러치 분해도

② 조향 클러치/블레이크(휠 형)

조향 클러치 및 브레이크 기능으로는 동력을 종감속 장치로 전달하거나 장비가 회전 또는 정지하도록 동력 흐름을 차단한다. 조향 클러치는 오일 압력에 의해 결속되고, 브레이크는 접시 스프링에 의해 결속되고, 오일 압력에 의해 풀린다. 베벨기어로부터의 동력은 축을 통해 허브로 보내진다. 허브는 디스크/플레이트를 통해 하우징에 연결되고, 하우징은 출력축과 스플라인 연결된 허브와 연결되어 있다. 출력축은 종감속 장치와 디스크/플레이트와 연결된다. 장비가 직진하는 동안에 압력 오일은 피스톤을 밀고, 브레이크 피스톤을 밀지 않는다. 동력 흐름은 내부 액슬축 - 허브(입력) - 클러치하우징 - 허브(출력) - 외부 액슬축 -파이널드라이브로 진행된다.

하나의 조향 레버가 움직여지면, 챔버의 압력은 0 kPa로 떨어진다. 이것은 클러치를 해제하여 축으로의 동력전달이 없어 점진적인 장비 회전이 이루어진다. 레버를 뒤로 완전히 당기면, 브레이크가 결속되어 모든 구성품의 운동이 정지하여 빠른 회전이 이루어진다.

조향 클러치 작동에 대해 살펴보면, 조향 클러치 피동 기어는 압력플레이트 어셈블리, 구동 디스크, 디스크 어셈블리 및 구동 드럼을 둘러싸고 있다. 각 디스크 어셈블리의 이경에 있는 이빨은 피동 드럼 내부에 있는 이빨과 맞물린다. 조향 클러치 피동 드럼은 파이널 드라이브 피니언에 있는 플랜지에 연결된다. 파이널 드라이브 기어 허브는 스프로킷 내에 스플라인으로 연결돼 있다. 베벨기어, 베벨기어축, 스티어링 클러치 및 파이널 드라이브 피니언은 한 유닛(일체)으로 회전한다. 조향 클러치가 분리됨으로서 베벨 기어 축과 파이널 드라이브 구동 피니언 사이의 구동력 연결이 분리된다.

4.3 농업용 트랙터의 구조

4.3.1 농업용 트랙터의 역사

가축의 힘 대신에 농업에 기계의 동력을 처음으로 이용하기 시작한 것은 19세기 초반에 정치형 증기기관이 판매되면서 부터였고, 1850년경에는 증기보일러가 고압화가 되어 출력이 증가한 이동식 증기기관이 개발되었다. 이와 같은 증기기관에 1859년 영국의 Thomas Aveling이 감속기와 차륜을 붙여 증기기관 방식의 농업용트랙터(이하 트랙터)를 최초로 개발하였다(그림 4-35(a)). 그러나 증기기관 트랙터에서는 보일러가 쉽게 폭발하거나 구동 벨트에 운전자가 부상을 당하는 등 문제가 발생하였다. 1892년 미국의 John Froelich가 개발한 최초의 내연기관식 트랙터에서는 16마력의 휘발유엔진을 사용하였고 전진과 후진이 가능하게 되었다. 1911년 Twincity traction engine사(그림 4-35(b))부터 트랙터는 상업적으로 성공하였다. 영국에서는 1897년에 Hornsby-Ackroyd가 오일 연소식 트랙

217

터의 특허를 받아 판매를 시작하였다. 영국에서 상업적으로 최초로 성공한 것은 1902년 Daniel Albone가 개발한 3륜식 Ivel 트랙터이고, 1908년에 Saunderson가 4륜식 트랙터를 판매하였고 당시에 영국 최대의 제조 회사가 되었다. 내연기관을 사용한 트랙터의 본격 보급은 1910년대 후반에 포드가 대량생산에 의하여 낮은 가격의 Fordson 트랙터 모델 F(그림 4-35(c))를 생산하면서 부터이다. 이 트랙터부터 프레임을 없애고 엔진 실린더 블록에 다른 기기를 부착하여 현재의 트랙터와 유사한 구조를 적용하였고, 미국, 영국, 아르헨티나, 러시아에서도 생산을 하여 1923년에는 미국 국내 트랙터 시장 점유율이 77%가 되었다. 이후 1920년대에는 다른 나라에서 유사한 내연기관 트랙터를 만들게 되어 이후 표준이 되었다. 1925~1927년에는 PTO(동력인출장치)축을 장착하였고, 1930년에는 공기타이어, 디젤엔진, 삼점히치, 유압에 의한 견인제어를 적용하여 현재의 트랙터와 유사한 형태가 되었다. 궤도식 트랙터는 미국 Hault사(현 Caterpillar사)가 1904년에 증기 방식에, 1906년에 휘발유 방식을 개발하였다. 이 Hault사의 궤도 트랙터는 당시에 비도로 지형에서 매우 우수한 동작 성능을 나타내어 이후 세계 1차대전에서 군용 중량물 운반에 사용되었고, 이후 전차 개발의 시발점이 되었다.

(a) Aveling의 증기식 트랙터

(b) Twincity 트랙터(1910년경)

(c) Fordson 트랙터 모델F(1917)

(d) 휘발유엔진 트랙터(1920)

<그림 4-35> 초기 트랙터의 외관

(출처: Wikipedia.com)

4.3.2 농업용 트랙터의 분류

트랙터(tractor)는 라틴어 trahere(끌다)에서 기원을 한 것으로 자체적으로 추진력이 없는 것을 견인하거나 동력을 공급하는 견인차량을 의미한다. 농업용 트랙터는 다양한 농작업에 사용하는 승용형 농업기계를 일반적으로 의미하고, 보행형 트랙터는 경운기로 분류를 하고 있다.

농업용 트랙터(이하 트랙터)는 표 4-6과 같은 다양한 작업기를 장착하여 경운, 쇄토, 수확, 운반 등의 견인 작업과 시비, 파종, 중경, 제초 작업 등에 사용을 하는 농업기계이고, 트랙터는 농사 또는 과수 등 농업 활동을 위하여 사용하는 기계로서 농업기계 가운데 제일 기본이 되는 장비이다.

트랙터는 출력에 따라 분류를 하면, 15~30 마력급의 잔디깎기 등 정원관리용 sub-compact, 30~50 마력급의 과수원, 비닐하우스, 중부하 견인작업용 compact, 소규모 농작업 및 견인작업에 사용하는 50~100 마력급의 utility, 축산작업 및 대규모 농작업용 100 마력 이상의 row-crop 등으로 구분할 수 있고, 용도에 따라 분류를 하면, 논용, 밭용, 과수원용, 하우스 작업용, 원예용 등으로 구분할 수 있다. 현재와 같은 트랙터는 19세기 초 해외에서 개발되었고, 국내 보급 현황은 뒤에 기술하였다.

트랙터를 용도, 주행 장치, 구동 방식 등에 따라 분류하면 표 4-5와 같고 주행 장치에 따라 분류를 하면 그림 4-36과 같다.

(a) 차륜형   (b) 궤도형   (c) 반궤도형

<그림 4-36> 주행 장치에 따른 트랙터의 분류

<표 4-5> 트랙터의 분류

분류		특징
용도	범용형	차륜간의 거리(윤거)의 조절 범위가 넓고, 최저 지상고도 높음. 경운, 관리, 운반 작업에 적합
	표준형	주로 운반 작업을 목적으로 하는 대형 트랙터로서 관리작업에는 부적합
	과수원형	기체의 높이가 낮고, 과수지의 작업에 적합
주행장치	차륜형	고무 타이어 차륜 또는 금속 차륜을 장착하여 일반적으로 사용되는 것
	궤도형	궤도를 장비하여 접지압력이 낮고 견인 성능이 우수, 토지 개량 및 연약 지반에서의 작업에 적합
	반궤도형	차륜 트랙터의 유도륜과 후륜에 궤도를 감은 것. 차륜형과 궤도형의 중간 적인 특징
구동방식	2륜 구동식	후륜 2개가 구동륜
	4륜 구동식	전후륜 전부 구동륜. 연약지 또는 경사지에서도 우수한 성능을 발휘
조종자의 작 업자세	승용	조종자가 승차하여 운전 조작하는 것
	주행용	조종자가 보행을 하면서 운전 조작하는 것

<표 4-6> 작업기의 명칭과 설명(출처: 농업기계공학 용어 사전)

국문명(영문명)	외관	기능
결속기 (baler)		볏짚 및 목초 등 농산물을 일정량씩 끈으로 사각형(주로 소형), 원통형(주로 대형)으로 묶는 작업기
결속볏짚절단기 (bale cutter)		결속된 볏짚 및 목초를 일정크기로 절단하는 작업기
구굴기 (trencher)		나무를 심거나 퇴비를 주기 위하여 좁고 길게 땅을 파거나 고랑을 파는 기계
굴착기 (excavator)		땅이나 암석 따위를 파거나 파낸 것을 처리하거나 구멍을 파거나 바위를 부수는 작업을 하는 기계
그래플 (grapple)		사각 또는 원형 베일의 운반에 사용되는 작업기

220

국문명(영문명)	외관	기능
논두렁조성기 (levee banker)		흙을 절삭, 배토, 진압하여 논두렁을 성형하는 작업기 ※ 배토 : 작물뿌리의 지지력을 강화시키기 위해 작물 사이에 흙을 북돋아주는 중경작업의 일종 ※ 진압 : 경운된 흙을 눌러서 다지는 작업
땅속작물수확기 (underground crop harvester)		땅속의 작물을 수확하는 목적으로 만들어진 작업기
로더 (loader)		적재하는 데 사용하는 작업기
로터리 경운작업기 (rotary tillage)		회전하는 날로 정지 작업에서 경토를 갈아 일으키는 작업기 ※ 경운 : 흙을 절삭 및 반전하여 큰 덩어리를 파괴하는 작업
랩피복기 (wrap covering M/C)		결속기를 통해 수확한 건초나 볏짚 등을 동그랗게 말아 놓은 상태에서 장기간 보관하기 좋게 랩으로 감아 놓는 기계
목초예취기 (mower)		목초, 잡초 등을 베는 작업 기계
무논정지기 (paddle field harrow)		로터리 작업된 논을 균평하게 정지하여 주는 작업기 ※ 파종, 육묘를 목적으로 토양조건을 개량, 정비하는 작업
반전집초기 (rake tedder)		볏짚이나 건초를 베일러 작업이 쉽도록 모아 주거나, 건조를 하기 위하여 펼쳐주는 작업기
벼직파기 (paddy seeder)		발아 처리한 벼 종자를 포자에 직접 파종하는 기계

국문명(영문명)	외관	기능
비료살포기 (fertilizer applicator)		비료를 토양 표면 또는 토양 속에 살포하는 기계
사료작물수확기 (forage harvester)		목초 등 가축에게 먹이기 위하여 재배되는 사료작물을 잘게 절단하여 이송 수확하는 기계
스피드스프레이어		농약이 고속의 공기와 함께 이동하게 한 과수원용 공기 운반 분무기
심경 로터리 경운작업기		회전 구동축에 경운날을 부착하여 보통의 경운보다 깊게 경운 작업을 하는 기계
심토파쇄기 (subsoil breaker)		땅속 60cm 깊이에서 고압 공기의 강력 분출로 토양의 심층을 파쇄하는 작업기
액상비료살포기 (liquid fertilizer applicator)		액상비료 및 분뇨를 탱크에 저장하여 펌프에 의해 탱크에서 흡·토출하여 살포하는 기계
쟁기(플라우) (plow)		본체에 견인되어 흙을 절삭·반전·파쇄하는 작업기
제초기 (weeder)		제초날을 이용하여 얕게 경운하여 잡초의 뿌리, 줄기 등을 파괴시키거나 토양을 고온으로 처리하여 종자 상태에서 죽이는 기계

국문명(영문명)	외관	기능
중경제초기		중경제초작업을 목적으로 원동기를 갖춘 작업기
퇴비살포기 (manure spreader)		퇴비를 살포하는 기계
트레일러 (trailer)		적재·운반·덤프 기능을 수행하여 농산물 및 농업용 자재를 운반하는 작업기
파종기 (seeder)		종자를 파종하는 기계
해로우 (harrow)		경운 작업된 흙을 파쇄하는 작업기
휴립복토기 (bed former)		보리 종자를 파종한 후 로터리 칼날로 고랑을 만들면서 생긴 흙으로 두둑 위의 종자를 덮는데 사용하는 작업기
휴립피복기 (row cover)		경운 쇄토된 포장을 모종 이식을 위한 두둑 성형과 비닐 피복을 일괄 수행하는 작업기

223

4.3.3 농업용 트랙터의 구조

트랙터는 그림 4-37과 같이 엔진(원동기), 동력전달 장치, 주행 장치, 조향 장치, 작업기 장착 장치 등으로 구성되어 있다. 트랙터에는 전도 및 전복시에 운전자를 보호하는 안전 프레임(roll bar와 유사한 ROPS(Rollover protection structure)을 대부분 장비를 하고 있고 불규칙한 지형 등에서 작업이 많은 트랙터에서 운전자 보호를 위한 중요한 장비이다. 운전석 캡이 있는 트랙터에서는 캡의 일부가 안전 프레임 역할을 한다.

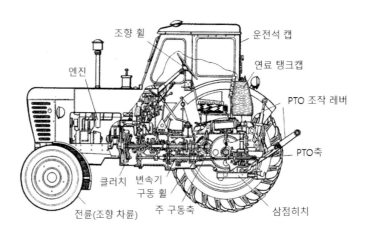

<그림 4-37> 트랙터의 구조

(출처: Wikipedia.com)

(1) 엔진

트랙터의 엔진은 기본적으로 자동차의 엔진과 구조 및 기능은 같다. 자동차는 주행 자체를 목적으로 하지만 트랙터는 주행하면서 작업을 하는 것이 목적이기 때문에 회전 속도 및 조속기, 냉각 장치의 성능 등에서 표 4-7과 같은 차이가 있다.

승용 트랙터의 엔진은, 대부분 수냉 디젤엔진을 사용하고 엔진 출력은 10kW(13.6PS)부터 100kW(136PS) 이상의 것도 있다. 소형 엔진에서는 고출력으로 하기 위하여 흡입공기를 가압하는 과급기를 사용하는 경우가 많다.

<표 4-7> 트랙터와 자동차의 구조 비교

구조	항목	트랙터	휘발유 자동차	특징
엔진 관련 (총배기량 2,000cc의 경우)	출력 표시	40PS(29kW) 전후	120PS(88kW)	작업기의 의한 작업이 목적이기 때문에 회전 속도를 낮추어 토크를 크게 해야 함
	최대 출력시의 회전 속도	2,000~2,800rpm	5,500~6,000rpm	
	라디에이터와 윤활유의 양	크고 많음	작고 적음	
동력 전달장치	변속 장치	주변속 장치와 부변속 장치 등이 있어 변속 단수가 많음	주변속기만 있음	작업기의 작업 속도가 저속부터 고속까지 있어 작업에 맞게 세밀하게 변속을 함
	차동 장치	차동장치 잠금 기능이 있음	차동장치 잠금 기능 없음 (일반적인 경우)	진흙과 같은 지면의 조건이 나쁜 경우에 작업이 가능하도록
	감속 장치	차동 장치 이외에 종감속 장치가 있음	차동장치가 종감속장치의 기능을 함	① 저속, 높은 토크 ② 변속장치 및 차동장치를 소형화
주행장치 (조향 장치)	타이어	전륜 보다 후륜의 직경과 폭이 큼	4륜 모두 동일	타이어의 접지면을 크게 하면 ① 기체가 흙에 묻히는 것을 적게 할 수 있고 ② 견인력을 크게 할 수 있음
	브레이크	좌우 독립	좌우 연동 (일반적인 경우)	선회 반경을 작게 함
	조향핸들	비교적 작음	비교적 큼	요철이 많은 야외 작업에서 직진성을 높일 수 있음

(2) 조향 장치

트랙터의 주행 장치는 일반적으로 전후의 차축과 차륜, 앞 차축과 일체로 된 조향 장치 및 브레이크 장치로 구성되어 있다.

① 앞 차축

앞 차축은 센터 피봇 지지 방식이 가장 많이 사용. 이 방식은 지면의 요철에 따라 차축이 좌우로 기울어지기 때문에 조작하기 쉽다.

② 전륜의 정렬

전륜은, 트랙터의 앞부분을 지지하는 것과 함께, 조향 기능도 하고 있다. 전륜은, 조향 핸들 조작을 쉽게 하는 것과 함께, 주행시의 안정성을 높이는 것이 목적으로 차축에 경사를 둔 것을 말한다. 이것을 전륜 정렬(Font wheel alignment)라고 한다(그림 4-38).

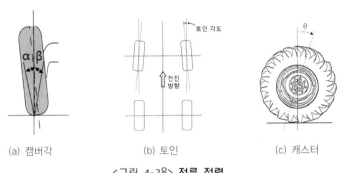

(a) 캠버각 (b) 토인 (c) 캐스터

<그림 4-38> 전륜 정렬

(a) 캠버 각

전륜을 정면에서 본 경우, 수직선에 대하여 전륜의 위 부분이 $1 \sim 4°$벌어져 있는 것을 캠버 각이라고 한다. 이것은 차체 하중과 지면으로부터 충격에 의하여 차륜의 아래 부분이 벌어지는 것을 방지하고, 조향을 쉽게 하기 위한 것(즉, 조향핸들의 조작을 가볍게)이 목적이다.

(b) 킹핀 경사

전륜을 정면에서 본 경우, 수직선에 대하여 킹 핀의 경사 각을 말한다. 킹 핀의 각도는 $5 \sim 11°$로 이 경사 각과 캠버 각에 의하여 주행 저항에 의한 킹 핀 주위의 모멘트를 작게 하여, 조향을 쉽게 하고 조향 핸들을 직진 방향으로 복원력을 주기 위한 것이다.

(c) 토인

양 전륜의 위면에서 보면, 뒷 부분보다 앞 부분의 간격이 좁아진 것을 토인(toe in)이라고 한다. 토인은 캠버 각의 영향 및 지면으로부터의 마찰 저항에 의하여 주행중에 전륜의 앞 부분이 벌어지려고 하는 특성을 방지하기 위한 것이다. 이것은 주행 안정성을 높이는 것과 함께, 타이어의 이상 마모를 방지하는 것이 목적이다. 토인의 양은 2~10mm 정도이다.

(d) 캐스터 각

캐스터 각은 킹핀을 옆에서 본 경우, 수직선에 대하여 3°정도 뒤로 경사진 각도를 말하는 것이다. 이것은 주행중, 전륜을 항상 직진 방향에 맞게 유지하고 직진시의 차륜의 방향을 안정시키는 것과 함께 선회할 경우에 차륜을 직진 방향으로 복원시키는 역할을 한다.

③ 차륜 트랙터의 조향 장치

차륜 트랙터의 조향장치의 구조는, 일반 자동차와 같다. 선회할 경우, 전후륜이 옆으로 미끄러지는 것을 방지하기 위하여 안쪽 차륜의 조향각을 바깥 차륜의 조향각보다 크게 한 Ackermann방식(그림 4-39)을 이용하고 있다. 조향 장치의 구조는 그림 4-58과 같고 대형 트랙터의 경우에는 조향핸들의 조작이 어렵기 때문에 유압 장치를 이용한 파워스티어링 구조를 이용하고 있다.

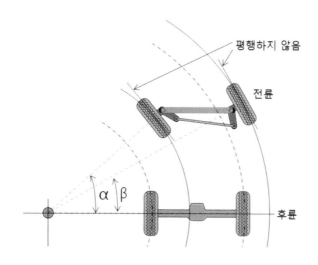

<그림 4-39> Ackermann 방식 조향 장치

① 조향휠(핸들)
② 조향축
③ 랙앤피니언
④ 타이로드
⑤ 킹핀

<그림 4-40> 조향 장치의 구조

(출처: Wikipedia.com)

트랙터의 굴절시 조향 주행에서는, 내륜차에 주의하여야 한다.

그림 4-41과 같이 트랙터의 굴절시 장애물과 대략 1m(기종에 따라 차이가 있음) 정도 떨어진 거리에서 조향을 시작하면서 회전을 해야만 장애물과 안전거리를 유지하면서 굴절주행을 할 수 있다. 일반적으로 내륜차는 축거(그림 4-42)의 약 3분 1이 된다.

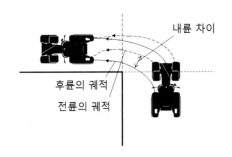

<그림 4-41> 굴절 주행의 예

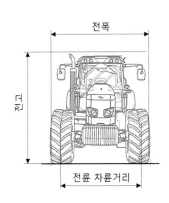

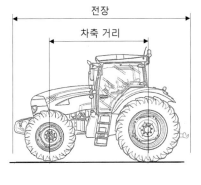

<그림 4-42> 트랙터의 제원 표시

작업기를 견인하면서 굴절 주행을 하는 경우에는, 트랙터 차체에 비하여 트레일러(예 작업기) 부분만큼 전체 길이가 길어지기 때문에 내륜차가 크게 되는 점을 고려하여야 한 다. 도로폭 또는 작업지의 폭이 좁은 경우에는 그림 4-43과 같이 회전하고자 하는 지점에 서 일단 반대측으로 조향을 한 후에 다시 회전하고자 하는 방향으로 조향을 해야 한다.

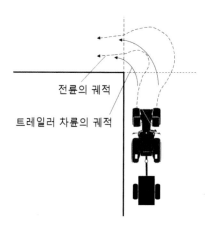

<그림 4-43> 견인 운전의 굴절 주행 예

(3) 동력전달 장치

동력전달 장치는, 엔진에서 발생한 동력을 트랙터의 각 부분에 전달하는 장치로 자동차 와 트랙터를 비교하여 보면 그림 4-44와 같은 구조로 구성되어 있다. 트랙터는 별도의 프레임이 없고, 엔진과 동력전달장치가 프레임의 역할을 한다.

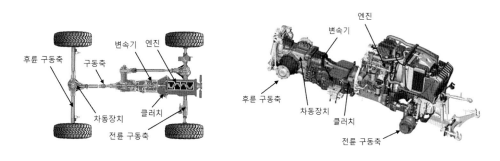

(a) 자동차의 동력전달 장치   (b) 트랙터의 동력전달 장치

<그림 4-44> 자동차와 트랙터의 동력전달 장치의 비교

그림 4-45에는 트랙터와 일반 자동차의 동력전달 장치(각각 2륜 구동의 경우)를 비교하였다. 자동차의 경우에는 엔진→변속기→차동장치→후륜의 순서로 동력이 전달이 되는 것에 비하여 트랙터에서는, 작업기를 구동하기 위하여 엔진 출력의 많은 부분을 PTO(동력인출장치)를 통하여 사용을 하고 후륜은 회전수를 낮추고 토크를 증가시키고 위해 종감속장치를 사용하는 것이 특징이다.

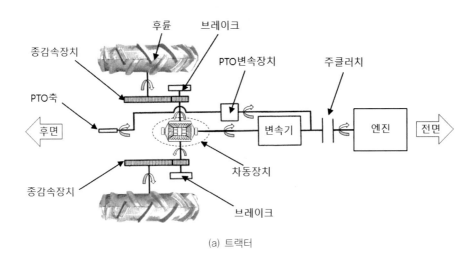

(a) 트랙터

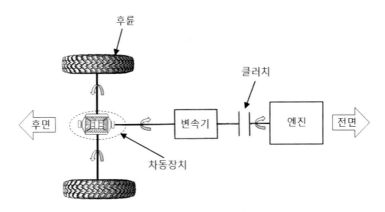

(b) 도로주행 일반 자동차

<그림 4-45> 자동차와 트랙터의 동력장치 비교

① 주클러치와 변속기

주클러치는, 엔진에서 발생한 동력의 전달을 차단 및 연결시키는 장치이다. 엔진을 시동하는 때 또는 엔진을 회전시킨 상태에서 주행을 정지하거나 변속하는 경우에 주클러치를 조작한다. 일반적인 차륜형 트랙터에서는 건식 단판마찰 클러치(그림 4-46)를 사용하고, 이 클러치는 일반 자동차에서 사용되는 것과 동일한 구조이다.

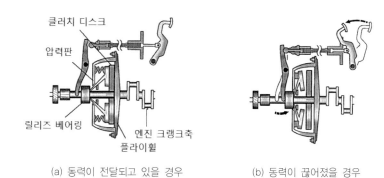

(a) 동력이 전달되고 있을 경우   (b) 동력이 끊어졌을 경우

<그림 4-46> 건식 단판 클러치의 구조

트랙터용 주클러치에는, 클러치 페달의 조작으로 주행장치와 PTO의 동력을 동시에 차단 및 연결할 수 있는 것, 주행클러치와 PTO클러치로 각각 나누어 페달과 레버를 조작하는 것, 그리고 주행클러치와 PTO클러치를 1개의 장치로 구성하고 2단계의 조작에 의하여 각 장치를 차단 및 연결할 수 있는 2단식 클러치 등도 있다.

변속기는 트랙터의 후진시 또는 엔진 등을 회전시킨 상태에서 정지하는 경우에 필요한 장치이다. 일반적으로 변속장치에는 기어식으로 미끄러지면 맞물리는 방식, 상시 맞물리는 방식, 그리고 동기 맞물림방식이 있다. 또한 유성기어식을 사용하는 트랙터도 있고, 유체를 이용한 토크 컨버터 방식 등도 있다.

(a) 미끄러지면서 맞물리는 방식(Sliding mesh)(그림 4-47)

이 방식은 가장 간단하고 오래된 것으로 변속레버를 조작하여 주축의 기어가 축(스플라인)방향으로 이동하여 부축에 고정된 기어와 맞물려 동력을 전달하는 형식의 변속 방식이다.

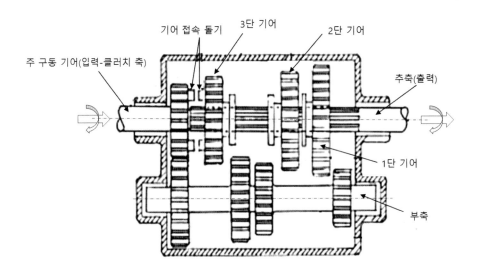

<그림 4-47> 미끄러지면서 맞물리는 방식 변속기의 구조

(b) 상시 맞물림 방식(Constant mesh)(그림 4-48)

주축과 부축상의 모든 기어는 항상 맞물린 상태이고, 주축의 기어는 부축의 회전을 받아서 회전하지만 주축상의 기어는 공전하도록 되어 있다. 변속하기 위해서는 기어 클러치를 선택하여 주축상의 기어를 맞물리도록 하는 방식이고, 변속하고자 하는 기어의 클러치를 선택하여 변속을 한다.

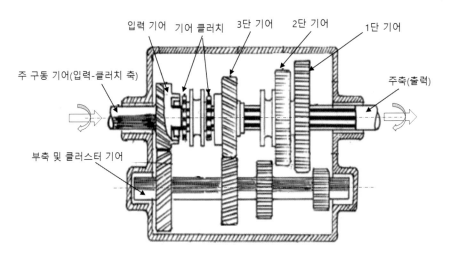

<그림 4-48> 상시 맞물림 변속기의 구조

(c) 동기 맞물림 방식(Synchronized mesh)(그림 4-49)

일반 자동차의 변속장치에 사용되고 있는 것과 동일한 방식으로, 변속 직전에 출력기어의 회전수를 마찰(클러치 슬리브→싱크로나이저→콘 표면)에 의하여 회전하는 입력기어의 회전 속도와 같은 속도로 하여(동기 작용, 싱크로나이즈) 기어를 원활히 맞물리기 쉽게 한 것이다.

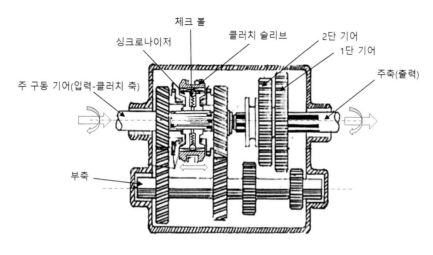

<그림 4-49> **동기식 맞물림 기어의 구조**

② 차동 장치

트랙터의 선회를 쉽게 하기 위하여 좌우의 차륜을 다른 속도로 회전시켜 차륜이 미끄러지지 않도록 하는 장치이다. 차동 장치는 차동 기어와 차동 기어 상자로 구성되어 있고, 큰 베벨 기어에 부착되어 있다(그림 4-50). 그러나 깊은 진흙 토양이나 비도로 주행 또는 좌우의 차륜에 걸리는 저항에 차이가 발생하여 직진을 하기 힘든 플라우(쟁기) 경운 작업과 같은 경우, 그리고 경사지에서 이동할 경우 등 미끄럼이 발생하면 위험한 경우에는 차동장치가 작동하는 것을 방지할 필요가 있다. 이를 위하여 양 차륜을 기계적으로 직결하여 양 차륜의 회전 속도를 갖게 하는 차동장치 잠금(differential lock)(그림 4-51) 기능이 있다. 이 기능은, 페달이나 레버에 의하여 작동하게 되고 일반적인 운전에서 잠금 장치가 작동되면 위험하기 때문에 일반적인 운전 자세에서는 쉽게 작동할 수 없는 위치에 배치되어 있는 경우가 많다.

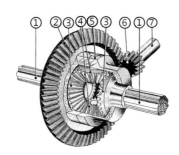

① 차축 ② 드라이브 기어 ③ 드리븐 기어 ④ 위성 베벨 기어 ⑤ 캐리어 ⑥ 피니언 기어 ⑦ 입력 축

<그림 4-50> 차동기어의 구조

(출처: Wikipedia.com)

<그림 4-51> 전자제어 잠금 차동기어의 구조

(출처: Wikipedia.com)

③ 종감속장치

변속장치와 차동장치의 베벨 기어로 감속된 회전속도를 더욱 감속하여 차축의 구동력을 더욱 크게 하기 위한 트랙터 특유의 장치이다. 이러한 종감속 장치는 크고 작은 2개의 기어를 조합한 것으로(그림 4-45 및 그림 4-52) 트랙터의 견인력을 크게 하고 작업에 필요한 주행속도로 주행하는 것이 가능하게 된다.

<그림 4-52> 수동 잠금 기능이 있는 차동 및 종감속장치

④ 뒷차축

뒷차축은 구동축이고, 전달된 동력을 차륜에 전달한다. 또한 차체를 지지하는 역할도 하고 있다.

(4) 차륜과 타이어

고무 타이어에는 미끄럼을 방지하기 위하여 돌기(lug)가 배열(그림 4-53(a)) 되어 있고, 연약지 작업에서는 고무 타이어 바깥쪽에 바스켓 차륜(그림 4-53(b))등을 장착하기도 하고, 견인력을 크게 하기 위하여 그림 4-53(c)와 같은 중량물(weight)을 후륜에 부착하기도 한다.

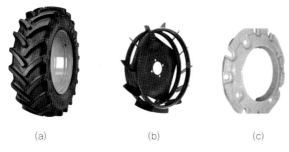

(a)　　　　　　　　(b)　　　　　　　　(c)

<그림 4-53> 트랙터의 후륜

좌우 두 개의 타이어 중심선 사이의 거리(차륜간 거리(윤거), tread)는 작업하는 작물의 폭에 맞추고 전륜과 후륜의 차륜간 거리를 조절하는 것도 가능하도록 되어 있다.

(5) 작업기 장착 장치와 동력인출(PTO) 장치

① 작업기 장착 방식

트랙터에 작업기를 연결하는 방법에는 견인식, 직접장착식, 반직접장착식 등 3가지 방법이 있다. 견인식은, 견인식 장치에는 연결점을 좌우로 이동할 수 있는 스윙로드바(그림 4-54(a)), 하부 링크에 장착된 다공형 횡봉을 이용하여(작업기를 트랙터의 좌우측에 임의로 연결) 연결을 하는 링로드바(그림 4-54(b))(다공형 횡봉), 운전석에서 유압조작으로 연결 랙에 작업기를 탈착할 수 있는 오토 피치(그림 4-54(c)) 등이 있다.

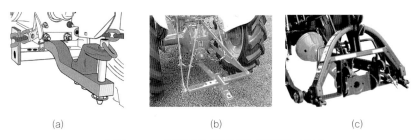

(a)   (b)   (c)

<그림 4-54> 트랙터에 작업기를 연결하는 방식

(출처: Wikipedia.com)

직접 연결하는 방식은, 트랙터에 작업기를 연결하여 동력인출장치(PTO: power take off)로부터 트랙터의 동력을 작업기에 전달하여 구동하거나 유압장치에 의하여 작업기의 위치를 올리거나 내릴 수 있는 방식으로 현재 제일 많이 사용되고 있는 방식이다. 이 가운데 제일 일반적인 것이 그림 4-55과 같은 삼점히치(3 point hitch)이다.

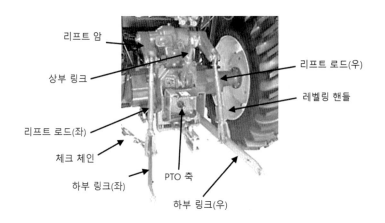

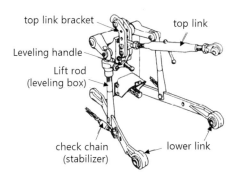

<그림 4-55> 삼점히치의 구조

작업기를 연결하기 위하여 하부 링크를 지면에 적절한 위치로 내린 후 작업기의 중심선과 트랙터의 중심선을 맞추면서 트랙터를 후진시킨후 시동을 끄고 주차 브레이크를 해제한 후에 후륜을 손으로 움직여 작업기를 좌측 하부 링크에 연결한다. 이후 레벨링 핸들을 조절하여 작업기에 오른쪽 하부 링크를 연결하고, 상부 링크를 조절하여 작업기의 상부를 연결한다. 이때 상부 링크의 연장선이 전륜 차축을 향하도록 하면 된다. 그리고 유니버셜 조인트를 이용하여 작업기의 입력축과 동력인출장치(PTO) 축 순서로 연결을 하도록 하고, 체크 체인을 당겨서 하부 링크가 후륜에 접촉하지 않도록 조절을 한다. 로터리, 모아 등의 작업기는 움직이지 않도록 고정을 하고, 플라우, 해로우, 심상파쇄기 등의 작업기는 트랙터 차체에 닿지 않도록 하여 좌우로 5cm 정도 움직이도록 고정을 한다. 반직접식은, 견인식과 직접 연결 방식의 중간적인 특성을 갖는 작업기 장착 방식이다.

② 삼점히치

삼점히지는 그림 4-55와 같이 상부 링크 1개, 하부 링크 2개로 작업기를 지지하는 구조이고, 하부 링크는 리프트 로드와 리프트 암을 통하여 유압장치로 연결이 되어 있다. 유압에 의하여 자동으로 작업기를 올리거나 내리는 조작을 할 수 있도록 되어 있다.

③ 삼점히치의 자동제어 구조

유압장치에는 레버 조작으로 작업기를 들어 올리는 것만 하는 것과 작업기의 견인 저항 및 위치 관계에 따라서 적정한 작업 조건을 일정하게 유지하기 위하여 자동제어가 가능한 것이 있다. 컴퓨터와 센서를 이용하여 장치의 자세와 관계없이 작업기를 수평으로 유치할 수 있는 자동 수평 기능과 로타리 경운의 깊이를 일정하게 하는 자동 심경 장치 등을 사용하고 있다. 자동제어 기능으로는, 작업기에 걸리는 저항이 증가하게 되면 이에 따라 견인력을 증가시키는 중량 이전(weight transfer) 기능, 미리 작업기의 위치를 원하는 높이로 설정을 하여 작업기에 걸리는 견인 저항이 변화하여도 일정한 위치로 자동적으로 유지 제어되는 비례 제어 기능, 그리고 작업기에 설정치 이상의 견인 저항이 걸리게 되면 상부 링크에 압축력이 걸리게 되고 방향 제어 밸브를 작동하여 작업기를 상승하여 견인 저항이 일정하게 되도록 제어하는 견인 부하 제어(draft control) 기능 등이 있다.

④ 혼합 제어

토질이 불균일한 토양에서 드래프트 제어만으로 경운 깊이가 일정하게 되지 않을 경우에는 위치 제어와 견인 부하 제어를 혼합하여 제어를 하도록 한다.

⑤ 동력인출 장치

엔진 동력의 일부를 외부의 작업기에서 이용하기 위한 것으로 일반적으로 트랙터의 뒷부분에 장착이 되어 있고 앞부분 또는 트랙터의 밑 부분에 위치한 경우도 있다(그림 4-56). PTO에는 샤프트 또는 벨트로 동력을 전달하는 기계식과 유압펌프와 유압호스를 이용하는 유압식, 그리고 일부 대형 트랙터에서는 PTO 발전기를 이용하여 전력을 공급하는 방식도 있지만, 일반적으로 샤프트를 이용하여 작업기에 동력을 전달하는 방식이 많이 사용되고 있다. 트랙터 뒷부분에 장착된 PTO축은 일반적으로 540rpm과 1,000rpm의 2종류가 있고 rpm에 따라 스플라인(그림 4-57)의 규격 형상이 다르다. 트랙터의 동작중에 사용하는 작업기(예 로터리경운)도 있고, 트랙터가 정지한 상태에서 작업기(예 탈곡기)를 구동하기 위하여 사용하는 경우도 있다.

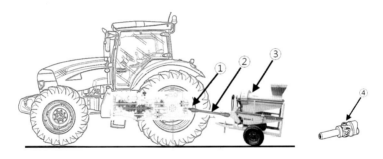

① PTO출구 ② PTO축 ③ 작업기 ④ 유니버설조인트

<그림 4-56> PTO를 이용한 작업기의 구동

<그림 4-57> 트랙터의 동력인출장치(PTO(power take-off)

(출처: Wikipedia.com)

트랙터가 도로 및 비도로(농작업 포함)에서 곡선 주행시 주행 경로에서 크게 벗어날 경우에 안정성에 문제가 생기지 않도록 하기 위하여 조향축 제어 기능과 잠김 방지 브레이크 시스템(ABS)을 이용하여 그림 4-58과 같이 주행 안정성을 높여주는 기술(ESC(Electronic stability control))을 적용한 트랙터도 있다. 속도별 ESC 로직을 이용하여 운전 및 조향 정밀도와 주행 안정성을 높이고 좌,우측 차륜 보상 제어를 하여 지면과 접지력을 높이도록 한다.

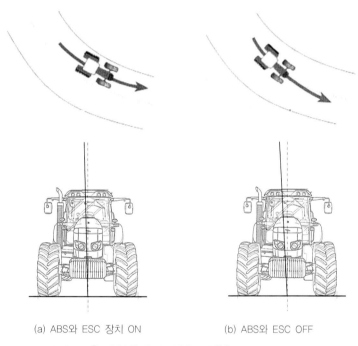

(a) ABS와 ESC 장치 ON   (b) ABS와 ESC OFF

〈그림 4-58〉 ABS와 ESC 장치를 이용한 트랙터의 자세 제어

(6) 농업용 트랙터의 성능

최근의 트랙터는 연료 효율 및 작업 효율의 향상, 진동 및 소음의 저감, 조작성 및 거주성, 안전성의 향상을 위하여 기술개발이 되고 있고 전자제어 기구가 많이 적용되고 있다. 트랙터의 성능은, 엔진의 출력, 트랙터의 형상, 토양의 상태 등 많은 요인에 의하여 좌우되고 플라우, 해로우, 트레일러 등을 견인하여 작업을 할 때 필요한 견인 성능과 엔진의 성능, 동력전달부의 특성, 작업기의 부하 특성 등에 의하여 좌우되고 로터리 및 포래지 하베스터 등의 작업기를 구동하면서 작업을 할 때 필요한 구동 성능으로 구분할 수 있다.

① 구동력

트랙터에는 구동에 대한 주행 저항과 작업기로 인한 견인 저항이 작용하게 되고 이를 합하여 트랙터의 구동력이라고 한다. 차륜형 트랙터에서는

$$F_t = \frac{60 \cdot 1000 P \cdot \gamma \cdot \eta_m}{\pi \cdot D \cdot n} = \frac{3600 P \cdot \eta_m}{V}$$

여기서 F_t는 구동력(driving force)(N), n은 엔진의 회전속도(rpm), D는 구동륜의 직경(m), P는 엔진의 출력(kW), γ는 엔진의 회전속도에 대한 구동륜의 회전속도의 비를 나타내는 총감속비, η_m은 엔진 출력이 구동륜축에 전달되는 비율을 나타내는 기계효율(%), V는 주행속도(km/h)를 나타낸다.

② 견인계수

주행속도를 낮출수록 그리고 엔진출력이 증가할수록 구동력이 증가함을 알 수 있다. 트랙터의 실제 견인력은 구동력으로부터 지면에서의 손실 및 트랙터 자체의 주행저항 등을 제외한 것으로 견인 동력계로 계측할 수 있다. 견인력과 구동륜에 작용하는 수직력과의 비를 견인계수라고 하고 이는 차륜의 종류와 토양의 상태에 좌우된다.

$$C_p = \frac{F_P}{F_n}$$

여기서 C_P는 견인계수(coefficient of traction)(%), F_P는 견인력(traction force)(N), F_n은 구동륜에 작용하는 수직력(N)을 나타낸다.

③ 미끄럼률

트랙터가 견인작업을 할 경우에 차륜과 지면 사이에 미끄럼이 발생하게 된다.

$$S = \frac{l_0 - l}{l_0}$$

여기서 S는 미끄럼률(slip factor)(%), l_0는 무부하 견인시에 구동륜 1회전당의 진행 거리(m), l은 부하견인시에 구동륜1회전당의 진행거리(m)를 나타낸다.

미끄럼률은 견인력이 커질수록 증가한다. 일반적으로 미끄럼률이 20~30% 이상이 되면 그림 4-59와 같이 견인력이 조금만 증가하여도 미끄럼율은 크게 증가하여 트랙터의 주행이 불안정하게 되기 때문에 일반적으로 미끄럼율 20% 이하의 조건에서 사용한다. 지면의 특성에 따라 미끄럼률과 견인계수는 각각 약 5~16% 및 40~75% 정도까지 변하게 된다.

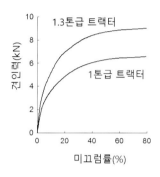

<그림 4-59> 차륜형 트랙터의 미끄럼률과 견인력 관계

④ 점착계수

견인부하가 커져서 일정 한계에 도달하면 구동륜이 공전하여 전진할 수 없게 되고 이때 일반적으로 최대 견인력이 발생하게 된다. 트랙터의 성질과 최대 견인력과의 관계는 점착계수로 나타낸다. 차륜형 트랙터에서는

$$k_a = \frac{F_{P,\max}}{W}$$

여기서 k_a는 점착계수(%), $F_{P,\max}$는 최대 견인력(N), W는 트랙터의 중량(kgf)를 나타낸다. 점착계수는 차륜의 형상 및 토양의 조건에 좌우되고, 미경작지와 경작지에서 각각 약 60% 및 약 40~50%이다. 차륜형 방식에 비하여 궤도 방식 트랙터에서는 점착계수가 증가하게 되고 약 70~90%이다.

⑤ 견인출력

트랙터가 작업기를 견인하는 경우에 견인작업에 이용되는 제동출력(brake power)을 견인출력(drawbar power)이라고 하고

241

$$P_d = \frac{F_P \cdot V}{1000}$$

여기서 P_d는 견인출력(kW), F_P는 견인력(N), V는 주행속도(m/s)를 나타내고, 각각의 관계는 그림 4-78과 같다. 미끄럼이 최대가 될 때 견인력은 최고가 되고 주행속도가 0이 되고 견인출력도 0이 되는 것을 알 수 있다. 저속의 경우에는 엔진의 회전속도가 낮아지지 않을 때는 미끄럼률이 20% 부근까지 최대가 된다. 차속이 빠른 경우에는 미끄럼률이 100%가 되기 전에 엔진 회전속도가 낮아지게 되어 견인력이 작을 경우에는 견인출력이 최대가 되어 경우에 따라서는 엔진이 정지하게 된다.

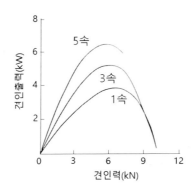

<그림 4-60> 변속단수에 따른 견인력과 견인출력의 관계

⑥ 견인효율

견인출력과 엔진출력의 비를 견인효율이라고 한다.

$$\eta_d = \frac{P_d}{P}$$

여기서 η_d는 견인효율(%), P_d는 견인출력(kW), P는 엔진출력(kW)를 나타낸다.

견인효율은 토양의 조건과 상태에 좌우되고 토양에 따라 차륜형 트랙터의 경우에 약 55~80%이다.

⑦ PTO축출력

PTO축출력은 엔진으로부터 동력을 PTO축에 의하여 인출하는 것이고, 구동성능의 중요한 지표이다. 엔진출력이 엔진으로부터 PTO축까지 전달되는 동안에 출력의 기계적 손실이 있다. 손실분을 제외하고 실제로 PTO축에 전달되는 출력의 비율을 기계효율이라고 하고, 변속단수와 감속비 등에 따라 변하게 되고 일반적으로 85~90%이다.

$$P_d = \frac{\eta_m \cdot P}{100}$$

여기서 P_d는 PTO축출력(kW), η_m은 기계효율(%), P는 엔진출력(kW)을 나타낸다.

4.3.4 국내 트랙터 보급 현황

국내에서 트랙터 보급 동향을 보면, 성능과 출력의 향상에 따라 그림 4-61과 같이 트랙터는 초창기 20~30마력 대에서 최근에는 80~90마력 대의 트랙터가 많아지고 있는 경향을 알 수 있다. 1990년대 중반까지 트랙터의 주력 출력은 30Ps 이하이고 전체에서의 비중이 60%를 상회하고 있었으나, 이후 점차 40Ps 트랙터가 공급되기 시작하였으며, 50Ps급이 증가하면서 40~50Ps의 비중이 55%를 상회하게 되었다.

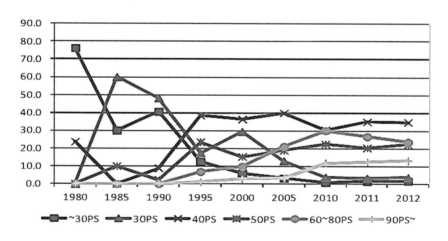

<그림 4-61> 트랙터 출력별 공급 대수 비중

(출처: 농기계연감)

국내 트랙터의 보급 대수는 다음 그림 4-62 및 4-63와 같고, 연도별 보급 대수가 점차 낮아지는 경향이 있는 것을 알 수 있다. 트랙터 제작사별 분포를 보면, 최근에는 대동 → LS → 동양 → 구보다 → 국제 → 얀마의 순서로 많이 보급을 하고 있다.

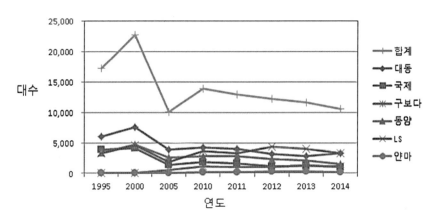

<그림 4-62> 1995년~2014년에 보급된 트랙터의 대수 동향

(출처: 농기계연감)

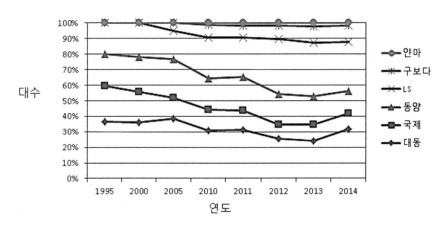

<그림 4-63> 1995년~2014년에 보급된 트랙터의 대수 비중

(출저: 농기계연감)

2016년 현재 국내 보급된 트랙터의 엔진 출력 분포를 보면 표 4-8 및 그림 4-64~66과 같고, 1995년~2014년에 보급된 트랙터에서 51~60 마력→41~50 마력→61~70 마력 →71~80 마력→81~90 마력→91~100 마력→100 마력 이상→31~40 마력의 순서로 많이 보급되어 있고, 2014년에 보급된 기종에서는 표 9와 같이 41~50 마력→51~60 마력→31~40 마력→61~70 마력→71~80 마력→81~90 마력→91~100 마력→21~30 마력→100 마력이상→31~40 마력의 엔진 순서로 많이 보급 되었다. 따라서 트랙터는 대부분이 41~80 마력급 임을 알 수 있다.

<표 4-8> 2016년 현재 국내 보급 트랙터의 제작사별 출력 범위

제작사	트랙터 출력 범위									
	20 이하	21~30	31~40	41~50	51~60	61~70	71~80	81~90	91~100	100 이상
대동	–	○	○	○	○	○	○	○	○	○
국제	–	○	○	○	○	○	○	○	○	○
동양	–	○	○	○	○	○	○	○	○	○
아세아텍	–	○	○	○	○	–	○	–	–	○
LS	–	○	○	○	○	○	○	○	○	○
구보다	○	–	–	○	○	○	○	○	○	○
얀마	–	–	–	○	○	○	○	○	○	○

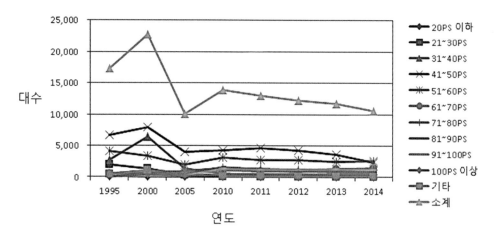

<그림 4-64> 1995년~2014년에 보급된 트랙터의 엔진 출력별 대수 동향

(출처: 농기계연감)

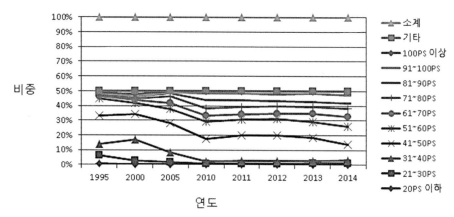

<그림 4-65> 1995년~2014년에 보급된 트랙터의 엔진 출력별 보급 대수 비중

(출처: 농기계연감)

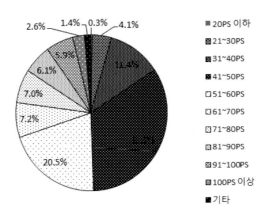

- ■ 20PS 이하
- ▨ 21~30PS
- ▦ 31~40PS
- ▨ 41~50PS
- ▢ 51~60PS
- ▢ 61~70PS
- ▢ 71~80PS
- ▦ 81~90PS
- ▨ 91~100PS
- ▨ 100PS 이상
- ■ 기타

2.6% 1.4% 0.3% 4.1%
11.4%
6.1%
7.0%
7.2%
20.5%

<그림 4-66> 1995년~2014년에 보급된 트랙터의 엔진 마력에 따른 보급 비중

(출처: 농기계연감)

<표 4-9> 2014년에 보급된 트랙터의 엔진 마력 분포

20 이하	21~30	31~40	41~50	51~60	61~70	71~80	81~90	91~100	100 이상	기타
0.2%	2.1%	3.9%	21.7%	24.1%	13.3%	11.5%	7.2%	10.9%	4.7%	0.4%

그 동안 보급된 농용트랙터기의 제작사 분포를 보면, 그림 4-67 및 표 4-10과 같이 대동이 31.5%, LS엠트론이 약 25.4%, 동양이 약 20%, 그리고 국제가 약 14.4%를 차지하고 있음을 알 수 있다.

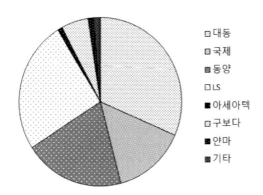

- ▢ 대동
- ▨ 국제
- ▨ 동양
- ▢ LS
- ■ 아세아텍
- ▨ 구보다
- ■ 얀마
- ▨ 기타

<그림 4-67> 1995년~2014년에 보급된 트랙터의 제작사에 따른 보급 대수 비중

(출처: 농기계연감)

246

<표 4-10> 1995년~2014년에 보급된 트랙터의 제작사에 따른 보급 대수 비중

대동	국제	동양	LS	아세아텍	구보다	얀마	기타
31.5%	14.4%	20.0%	25.4%	1.0%	5.3%	1.0%	1.4%

　2015년 현재 국내 보급 동력경운기, 이앙기, 콤바인 그리고 트랙터의 출력과 배기량 특성을 비교하면 그림 4-68과 같고, 콤바인은 약 50~120PS의 범위에 있음을 알 수 있고, 이앙기는 50PS 이하의 출력 범위를 나타내고 있음을 알 수 있다. 트랙터는 콤바인에 비하여 상대적으로 엔진의 배기량이 크고 출력이 높음을 알 수 있고, 트랙터는 30PS부터 200PS 이상의 넓은 범위의 출력 특성을 나타내고 있다.

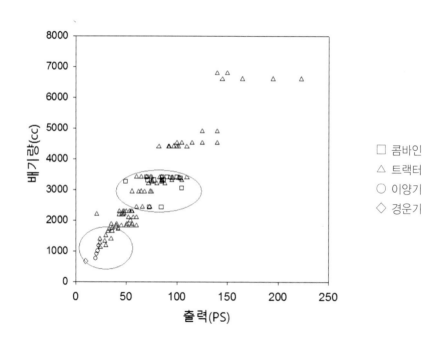

<그림 4-68> 기종에 따른 출력과 배기량 특성 비교

　출력 범위와 함께 생산량을 상대적으로 비교하기 위하여 제작사별로 출력과 생산량 히스토그램을 이용하여 비교를 하여 보면, 트랙터의 출력 히스토그램을 나타내면 그림 4-69와 같고, 트랙터의 출력 분포를 보면 대부분(약 60%)의 장비가 50~120PS의 범위의 출력을 갖고 있음을 알 수 있다.

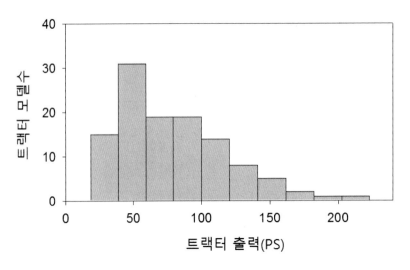

<그림 4-69> 국내 생산 트랙터의 출력 히스토그램

그림 4-70에는 국내 생산 트랙터 엔진배기량의 히스토그램을 나타내었고, 2,000cc이하가 제일 많고 그 다음으로 3,000cc 및 4,000cc 순으로 많음을 알 수 있고, 거의 대부분의 트랙터 엔진의 배기량은 약 4,500cc 이하임을 알 수 있다.

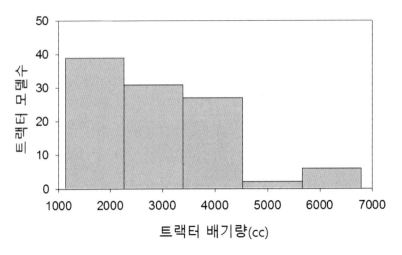

<그림 4-70> 국내 생산 트랙터의 엔진 배기량 히스토그램

2015년 현재 생산중인 농업기계(트랙터, 콤바인, 이앙기, 동력경운기)에 사용되고 있는 디젤엔진의 출력(PS)과 배기량(cc) 관계를 나타내면 그림 4-71과 같다.

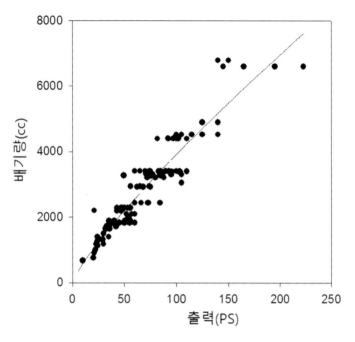

<그림 4-71> 농업기계 디젤엔진의 출력과 배기량 관계

그림 4-71로부터 엔진 배기량(cc)과 출력(PS)의 관계를 구하면 다음 식과 같다.

$$배기량(cc) = 0.017(출력(PS))^{1.045}$$

그림 4-71에 나타낸 동일 배기량에 대한 출력 편차는 터보차저 과급과 자연흡기의 차이 및 전자제어 커먼레일 방식과 기계식 연료공급 시스템 기술의 따른 차이때문이다. 농업기계에 사용되는 디젤엔진의 연료 탱크의 부피와 출력 및 엔진 배기량 관계를 비교하여 보면 그림 4-72와 같고, 연료 탱크의 체적(x)과 엔진 출력(y)의 상관 관계를 구해보면 $y = 5.1x^{0.6}$의 관계를 갖고 있어 엔진 출력과 엔진 배기량이 클수록 연료 탱크의 부피가 커지는 것을 알 수 있다.

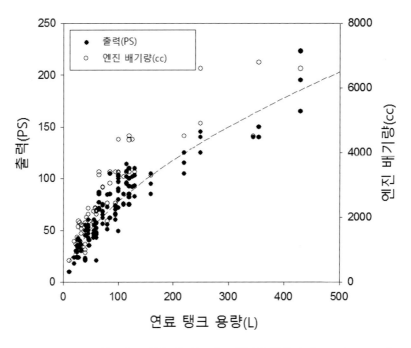

<그림 4-72> 농업기계 디젤엔진의 연료탱크 체적과 엔진 출력 및 배기량 관계

국내 트랙터에서 사용하는 연료(경유)의 사용량을 추산하여 보면 다음과 같다. 다음 식과 같이, 2014년 현재 농업기계 보유 대수(농업기계연감)에 기종별 연비와 사용시간(농업용 면세유류 공급요령, 농림축산식품부 고시 제2015-40호)을 적용하여 농업기계에서 연료(경유) 사용 총량을 추산할 수 있다.

$$\sum 사용\,연료량 = \sum(대수 \times 연비 \times 사용시간)$$

농업용 면세유류 공급요령의 기종별 및 출력별 연료 소모량 조견표(표 4-11에 트랙터의 경우만 표시)와 기종별 연간 기계사용 시간 조견표(표 4-12에 트랙터 경우만 표시)을 이용하여 주요 기종별 연료 소모량을 계산하기 위해서는 기종별 평균 마력을 알아야 하기 때문에 다음과 같이 주요 기종의 출력별 평균 마력을 산출하였다.

〈표 4-11〉 트랙터의 출력별 시간당 연료(경유)소모량 조견표

출력	경유 소모량(L/시간)	출력	경유 소모량(L/시간)	비고
6	1.0	19	3.6	
7	1.2	20	3.8	
8	1.4	21	4.0	
9	1.6	22	4.2	
10	1.8	23	4.4	
11	2.0	24	4.6	
12	2.2	25	4.8	31마력 이상은 매 1마력
13	2.4	26	5.0	증가시마다 경유 0.2L 가산
14	2.6	27	5.2	
15	2.8	28	5.4	
16	3.0	29	5.6	
17	3.2	30	5.8	
18	3.4			

〈표 4-12〉 트랙터의 연간 기계사용 시간 조견표

기 종 별	구 분	사용시간
트랙터	29kW(40ps) 미만	115
	29~44kW(60ps)	181
	44kW(60ps) 이상	267

2012년 현재 트랙터 출력별 공급 대수 비중은 그림 4-76에 나타낸 바와 같고, 2012년 트랙터 출력별 비중에 따른 평균 출력 및 연비를 추산하면 다음 표 4-13과 같다.

〈표 4-13〉 트랙터 출력별 평균 출력 및 연비 추산 결과

평균 출력(ps)	30 이하	30	40	50	60~80	90 이상	합계
비중(%)	2	4.25	35	22	23.5	13.25	100
	40 미만		40 이상~60 미만		60 이상		
	6.25		57		36.75		100
평균 연비(L/h)	6	7	9	11	14	18	
등급별 비중	0.32	0.68	0.61	0.39	0.64	0.36	
평균 연비	6.68		9.78		15.44		

이상의 결과를 이용하여 주요 농업기계에 공급된 경유 사용량을 산정하여 보면 표 4-14와 같다.

<표 4-14> 트랙터를 포함한 주요 농업기계에서 연간 경유 사용량 산정 결과

기종		대수	연비(L/h)	연간 이용 시간(h)	연료 사용량(L)
기종	합계	1,956,387			
동력경운기		598,315	3	143	256,677,135
트랙터	계	282,829		177.9	
	소형	73,763	6.68	115	56,664,737
	중형	147,375	9.78	181	260,880,278
	대형	61,691	15.44	267	254,319,914
스피드스프레이어		55,182	5	43	11,864,130
동력이양기	계	213,346		29.1	
	승용형	98,829	10.92	43	46,406,145
	보행형	114,517	1	18	2,061,306
관리기	계	407,163		45	
	승용형	35,263	3.6	45	5,712,606
	보행형	371,900	1.6	45	26,776,800
콤바인	계	78,961		63	
	3조이하	16,047	4.1	39	2,565,915
	4조	41,744	14.4	52	31,257,907
	5조이상	21,170	17.4	80	29,468,640
곡물건조기		78,381	15	254.7	299,454,611
농산물건조기		242,210	3	200	145,326,000
합계(리터)					1,429,436,123

그림 4-73~75에는 2014년 현재 기준으로 추산한 주요 농업기계의 출력별 대수, 연간 연료 사용량, 1대당 연간 연료 사용량을 각각 나타내었다. 농업기계 전체의 연료 소비량 가운데 트랙터가 차지하고 있는 비중은 약 26.7%임을 알 수 있고, 트랙터 등급에 따른 비중은 소형(40마력 미만), 중형(40~60마력), 대형(60마력 이상)이 각각 2.6%, 12.2%, 11.9%를 차지하고 있어 중형→대형→소형 순으로 연료 소비량에 비중이 높음을 알 수 있다. 트랙터 1대당 연료 사용량 비중은 소형, 중형, 대형이 각각 약 4.3%, 9.9%, 23.1%를 차지하고 있어 대형→중형→소형 순으로 트랙터 1대당 연료 소비량 비중이 높음을 알 수 있다. 표 4-15에는 트랙터의 출력 범위에 따른 대수, 연료 사용량, 대당 연료 사용량 비중을 각각 나타내었다.

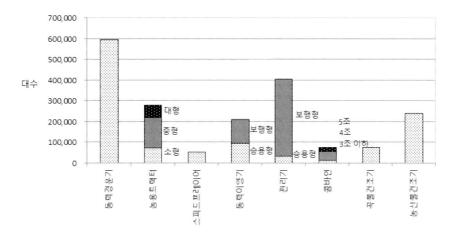

<그림 4-73> 2014년 기준 주요 농업기계의 출력별 대수 추산 결과

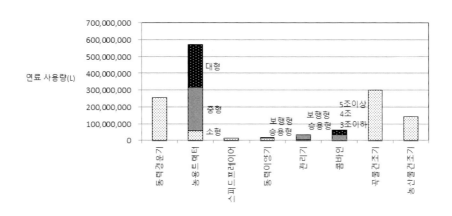

<그림 4-74> 2014년 기준 주요 농업기계의 출력별 연료 사용량 추산 결과

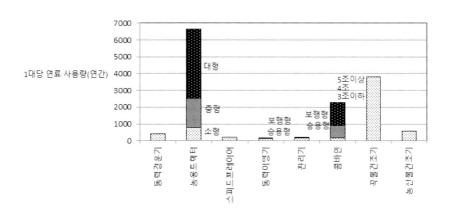

<그림 4-75> 2014년 주요 농업기계 출력별 1대당 연간 연료 사용량 추산 결과

<표 4-15> 트랙터의 대수, 연료 사용량, 대당 연료 사용량 비중

		대수 비중	연료 사용량 비중	대당 연료 사용량 비중
트랙터	계	14.5%	26.7%	11.3%
	소형(40미만)	3.8%	2.6%	4.3%
	중형(40~60)	7.5%	12.2%	9.9%
	대형(60이상)	3.2%	11.9%	23.1%

4.4 지게차 및 산업용 차량의 구조

4.4.1 지게차의 구조 및 분류

지게차는 화물을 싣거나 내리기 위하여 유압을 이용한 승강 또는 경사가 가능한 하역용의 포크를 차체 전면에 갖춘 하역 자동차를 의미하고, KS, JIS, ISO에서는 포크 리프트 트럭(forklift truck)이라고 한다. JIS에서는 동력을 사용한 포크 등을 승강시키는 마스트를 갖춘 하역 자동차로 규정하고 있고, 포크 등으로 화물을 잡고 운반할 수 있는 장치를 장비하거나 마스트를 장비하거나 또는 동력을 갖고 주행, 포트 등의 승강을 수행할 수 있는 기능을 갖춘 차를 의미하고 있다. 국내에서는 지게차를 건설기계의 하나로 구분하고 있지만, 해외에서는 산업 차량(industrial truck)으로 분류를 하고 있다. 지게차의 주요 구조는 그림 4-76과 같다.

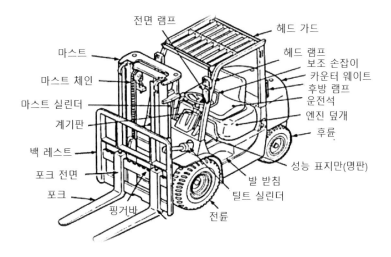

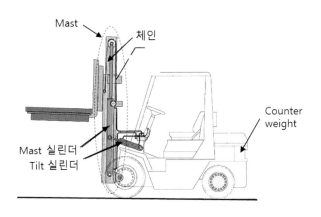

<그림 4-76> 지게차의 주요 구조

지게차의 하역장치는 마스트 및 유압장치로 구성되어 있고, 화물을 포크에 적재하여 필요한 높이로 올리거나 필요하면 각도를 기울여서 하역을 위한 동작을 할 수 있는 구조로되어있다. 마스트의 양측에 장착된 리프트 실린더를 유압에 의하여 신축시키고 여기에 연결된 리프트 체인을 통하여 마스트의 안내 레일을 따라 포크의 상하 동작을 한다. 그림4-77과 같이 마스트의 아웃터 마스트가 인너 마스트의 레일이 되어 인너 마스트에 부착되어 있는 리프트 브라켓(포크가 부착된 부분)이 리프트 실린더가 신축됨에 따라 포크를상, 하로 동작을 시키게 된다. 아웃터 마스트, 인너 마스트, 리프트 브라켓에는 마스트를상, 하로 원활히 동작시키기 위한 사이드 롤러 및 리프트 롤러가 부착되어 있다. 리프트체인의 한쪽 끝에는 아웃터 마스트 또는 리프트 브라켓에 연결되어 있고, 다른 한쪽 끝에

는 체인 휠을 통하여 리프트 브라켓에 연결되어 있어, 리프트 실린더의 피스톤 로드를 유압으로 밀어 올리면 리프트 브라켓은 피스톤의 2배의 속도로 상승을 하게 된다.

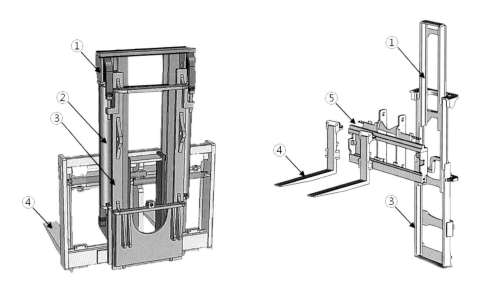

① 아웃터 마스트 ② 마스트 실린더 ③ 인너 마스트 ④ 포크 ⑤ 핑거 바

<그림 4-77> **마스트의 구성**

프리 리프트 높이는, 마스트를 수직으로 하여 마스트의 높이를 변화시키지 않고 리프트 브라켓을 올리는 것이 가능한 최대 높이를 말하고, 지면으로부터 포크의 수평 부분의 윗면까지의 높이를 의미한다. 프리 리프트 높이가 클수록 천정이 낮은 콘테이너 안 등에서의 작업에 유리하게 된다. 지게차의 외관 형상에 의하여 지게차를 분류하면 표 4-16과 같다.

사용하는 동력에 따라 분류를 하면 표 4-16과 같이, 내연기관(엔진)을 사용하는 휘발유, 디젤, LPG, LPG/휘발유 겸용 지게차 등이 있고, 납축전지를 동력원으로 하는 전기식 지게차가 있다. 그리고 내연기관과 전동기를 탑재한 엔진 하이브리드식 지게차와 축전기와 캐패시터를 탑재한 캐패시터 하이브리드식 지게차(5장(2))가 개발되어 실용화되고 있다.

<표 4-16> KS 규격에 의한 지게차의 분류(출처: KS R 6002(포크 리프트 트럭 용어))

지게차 이름	특징	외관
카운터 밸런스 포크 리프트 [트럭] (counter balanced fork lift truck)	포크 및 이것을 상하시키는 마스트를 차체 전방에 갖추고 차체 후방에 카운터 웨이트를 설치한 지게차	
스트래들 포크 리프트 [트럭] (straddle fork lift truck, straddle truck)	차체 전방으로 뻗어나온 주행 가능한 리치레그에 의하여 차체의 안정을 유지하고 또한, 포크가 양쪽의 리치레그 사이에 내려지는 형태의 지게차	
팰릿 스태킹 트럭 (pallet-stacking truck)	차체 전방으로 뻗어나온 주행 가능한 리치레그에 의해 차체의 안정을 유지하고 또한, 포크가 리치레그 위로 뻗어있는 형태의 지게차	
사이드 포크 리프트 [트럭] (side fork lift truck, side-loading truck)	포크 및 이것을 상하시키는 마스트를 차체 옆쪽에 갖춘 지게차	
리치 포크 리프트 [트럭] (reach fork lift truck, reach truck)	마스트 또는 포크가 전후로 이동할 수 있는 지게차	
워커 포크 리프트 [트럭] (pedestrian controlled truck)	운전자가 걸으면서 조종하는 비승차형 지게차	
래터럴 스태킹 트럭 (lateral stacking truck)	차량 진행 방향의 양쪽 또는 한쪽에 대하여 하물을 적재할 수 있는 지게차	
3방향 스태킹 트럭 (lateral and front stacking truck)	차량의 진행 방향 및 그 양쪽에 대하여 하물을 적재할 수 있는 지게차	

257

오더 피킹 트럭 (order picking truck)	하역 장치와 함께 움직이는 운전대에 위치하는 운전자가 조종하는 지게차	
러프 터레인 포크 리프트[트럭] (rough terrain fork lift truck)	정리하지 않은 땅에서 사용할 수 있도록 만들어진 지게차	
멀티 디렉셔널 포크 리프트 [트럭] (multi-directional fork lift truck)	전후 뿐만 아니라 좌우 방향으로도 주행할 수 있는 지게차	
플랫폼 스태킹 트럭 (platform-stacking truck)	차체 전방으로 뻗어나온 주행 가능한 아우트리거에 의해 차체의 안정을 유지하고, 또한 플랫폼이 아우트리거 위로 뻗어 있는 형태의 포크 리프트	

엔진 지게차(그림 4-78)는 엔진(디젤 또는 휘발유), 마찰클러치 또는 토크컨버터(유체클러치)를 이용하여 엔진의 동력을 끊거나 연결하는 클러치, 지게차의 주행속도의 변화시키거나 전진 또는 후진을 할 수 있도록 하는 변속기(트랜스미션), 곡선을 주행하는 경우와 내측과 외측의 타이어의 회전을 조정하는 차동기어, 그리고 구동축 등으로 구성되어 있다.

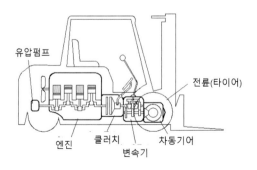

유압펌프　　전륜(타이어)

엔진　클러치　차동기어
변속기

<그림 4-78> 엔진 지게차 동력시스템의 구조

258

<표 4-17> 사용 동력에 따른 지게차의 분류(참조 KS R 6002)

종류	내용
내연기관(엔진) 방식 지게차	내연 기관을 동력원으로 하는 지게차의 총칭
휘발유 방식	가솔린 엔진을 동력원으로 하는 지게차
LPG 방식	액화석유가스를 연료로 하는 엔진을 동력원으로 하는 지게차
LPG/휘발유 병용(bi-fuel) 방식	액화석유가스 및 휘발유를 연료로 하는 엔진을 동력원으로 하는 지게차
경유 방식	경유를 연료로 하는 엔진을 동력원으로 하는 지게차
전기 방식	전동기를 동력원으로 하는 지게차의 총칭
축전지(배터리) 방식	탑재한 축전지로 구동시키는 전동기를 동력원으로 하는 지게차
외부 전원식 배터리 방식	외부 전원으로 구동하는 전동기를 동력원으로 하는 지게차
엔진/전기 병용 방식	내연 기관 및 전동기를 탑재한 지게차
하이브리드 방식	2개 이상의 동력원을 병용하여 사용하는 지게차
연료 전지 방식	화학연료전지를 에너지원으로 이용하여 구동되는 지게차

배터리 지게차(그림 4-79)는 주행을 하기 위한 모터(전동기), 타이어의 회전 속도를 낮추기 위한 감소기어, 엔진 지게차와 동일한 차동기어 및 구동축으로 구성되어 있다.

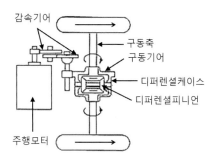

<그림 4-79> 전기 지게차 동력시스템의 구조

엔진 방식과 배터리 방식 지게차의 장단점을 비교하면, 엔진 방식은 스피드와 출력이 좋고, 작업 효율이 좋고, 장시간 작업이 가능한 등 장점이 있고, 단점으로는 작은 회전이 어려워 좁은 장소에서 작업이 곤란하고 배기가스를 배출하는 점 등이 있다. 이에 비하여 배터리 방식은 엔진 방식에 비하여 상대적으로 가격이 낮고 배출가스를 배출하지 않는 장점이 있지만, 출력 부족 및 중량물의 운반시 속도가 저하되는 단점이 있고, 재생품을 사용하기도 하지만 배터리 교환 비용이 높고 충·방전을 반복함에 따라 배터리 수명이 짧아지는 문제가 있다. 배터리 수명의 단축에 의한 전조증상은 전력부족, 열발생, 배터리액 증발 단축 등이 있다.

조종(운전) 방식에 따라서 지게차를 분류하면, 승차식(운전자가 승차하여 조종하는 방식), 좌석식(운전자가 앉아서 조종하는 방식), 전향 좌석식(운전자가 전진 주행 방향으로 앉아서 조종하는 방식), 횡향 좌석식(운전자가 주행 방향과는 다르게 향해 앉아서 조종하는 방식), 입석식(운전자가 서서 조종하는 방식), 전향 입석식(운전자가 전진 주행 방향으로 서서 조종하는 방식), 횡향 입석식(운전자가 주행 방향과는 달리 옆으로 향해 서서 조종하는 방식), 보행식(운전자가 보행하면서 조종하는 지게차, 승차 장치 부착 차량도 있음), 그리고 무인식(컴퓨터 등으로 조종하는 무인 방식) 등이 있다.

차륜 방식에 따른 분류는 표 4-18과 같다.

<표 4-18> 차륜 방식에 따른 지게차의 분류(참조 KS R 6002)

종류	내용
뉴매택 차륜 (Pneumatic tire)	뉴매틱 타이어를 장착한 지게차
쿠션 차륜 (Solid tire)	쿠션 타이어를 장착한 지게차

지게차를 비롯한 산업용 차량은, 각 장비의 특성 및 사용 환경에 따라서 적합한 타이어를 사용하도록 되어 있다. 그림 4-80에 비교한 바와 같이, 일반 도로 주행 자동차용 타이어에는 공기를 많이 주입하여 사용하지만, 화물 운반을 목적으로 하는 지게차의 경우에는 공기를 많이 주입하여 사용하면 승차감은 좋아지지만 화물의 무게 중심 변화 또는 타이어 펑크 발생에 의하여 사고가 발생할 수 있기 때문에 일반적으로 공기를 주입하지 않은 방식의 타이어를 많이 사용한다.

지게차용 타이어는 쿠션(cushion) 타이어와 솔리드 뉴매틱(solid pneumatic) 타이어로 크게 구분할 수 있고, 지게차 종류 및 사용용도에 따라 표 4-24와 같은 여러 가지 특성의 타이어 가운데 적합한 것을 선택하여 사용하도록 되어 있다.

쿠션(cushion) 타이어는 단단한 합성 고무를 타이어에 압착시킨 것으로 실내 및 외부 부드러운 지면 주행에 사용하고, 주로 물류 창고와 공장과 같은 내부에서 사용을 한다. 작은 회전 반경 주행이 가능하기 때문에 좁은 장소용으로 적합하다. 솔리드 뉴매틱(solid pneumatic) 타이어에 비하여 자체가 낮아지기 때문에 외부에서는 콘크리트 또는 아스팔트 지면에서만 사용한다.

솔리드 뉴매틱(solid pnuematic) 타이어는 100% 고무로 만들어서(그림 4-80(b)) 타이어 펑크가 발생하지 않는다. 지게차와 같은 산업 차량은, 지면에 못과 금속 이물질 등이 있는 환경에서 사용할 가능성이 많아 이와 같은 타이어를 사용하는 것이 좋다. 그러나 뉴매틱(pneumatic) 타이어에 비하여 탑승감이 떨어진다.

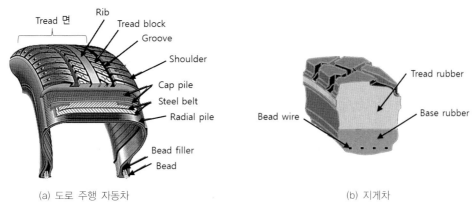

<그림 4-80> **타이어의 구조 비교**

지게차용 타이어는 표 4-19와 같이, 깨끗한 바닥에 타이어 자국을 남기지 않기 위하여 쓰레드가 없는 타이어를 사용하기도 하고, 수분이 많은 냉동창고용, 식품공장용, 전기 지게차용, 리치 방식 지게차용 등으로 작업 및 사용 환경에 따라 구분하여 사용하도록 되어 있다.

그림 4-81과 같이 타이어 측면에 구멍을 만들어서 하중 변화에 따른 타이어의 탄성 특성을 개선한 쿠션 타이어도 있다.

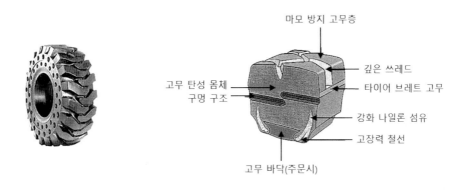

<그림 4-81> **쿠션 타이어(좌)의 예 및 내부 구조(우)**

<표 4-19> 지게차 타이어의 종류의 예

Cushion tire				
종류	표준형	소프트형	전기 지게차용	칼라 타이어
외관				
용도	• 포장 도로 주행 • 엔진 지게차 등 일반 산업차량	• 약간 요철이 있는 포장 도로용	• 포장 도로 주행 • 전기 지게차용	• 실내 주행용 • 식품 공장 등 • 청결한 환경 • 전기 지게차용

Solid pneumatic tire				
	플랫형	소프트형	돌기형	그립형
외관				
용도	• 리치식 지게차	• 조향이 용이	• 미끄러운 지면	• 높은 밀착력 • 냉동창고 주행용

작업 하중에 의하여 지게차를 분류하면, 0.5t~1t 급, 1t~3.5t 급, 3.5t~5t 급, 5t~10t 급, 그리고 10t 이상급 등으로 분류할 수 있다. 작업 중량별 동력원 및 배기가스 중 유해 물질의 배출량의 상대적으로 비교를 하면 그림 4-82와 같다.

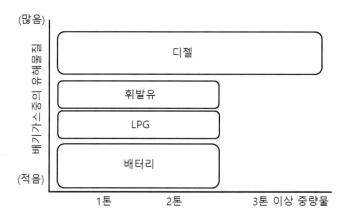

<그림 4-82> 작업중량 및 동력원에 따른 배출가스 배출량 상대적 비교

262

지게차의 포크의 형태와 운반 방식에 따라 분류를 하면 표 4-20 및 그림 4-83과 같다.

<표 4-20> 지게차에서 화물을 운반하는 방식(참조 KS R 6002)

외관	내용	외관	내용
	화물을 적재하여 쌓고 내리기 위하여 지게차에서 일반적인 형태의 포크		하물의 구멍에 삽입하여 사용하는 막대 모양의 부속 장치인 램
	크레인 작업을 하기 위한 부속 장치인 크레인 암		백 레스트와 별도로 포크를 상하 방향으로 기울일 수 있는 부속 장치인 힌지드 포크
	포크가 마스트에 대하여 전후로 이동할 수 있는 부속 장치인 리치 포크		포크 위의 하물을 밀어내기 위한 부속 장치인 푸셔
	하물을 사이에 끼우는 부속 장치인 클램프		수직면 내에서 회전할 수 있는 장치인 회전 클램프
	수직면 내에서 포크를 회전할 수 있는 부속 장치인 회전 포크		포크 위의 하물을 누르는 장치인 로드 스테빌라이저
	원료를 용해로 등에 투입하기 위한 부속장치인 퍼니스 차저		단조물 등을 잡고 회전시키기 위한 부속 장치인 매니퓰레이터
	벌크 화물 하역에 사용하기 위한 부속 장치인 버켓		시트 팰릿에 적재한 하물을 취급하는 부속 장치인 푸시풀
	차체의 전방 및 좌우 양쪽의 하물을 취급하는 부속 장치인 3방향 로딩 포크		

<그림 4-83> 지게차의 포크 및 운반 방식에 따른 비교

2014년 현재, 국내 디젤 지게차 보급 대수는 약 142,300여대이고, LPG 지게차 보급 대수는 약 1,500여대로 대부분의 지게차는 디젤엔진을 사용하고 있다. 실내에서 운반 작업용으로 많이 보급되고 있는 그림 4-84와 같은 전기 지게차는 전체 지게차 보급대수에서 절반 정도에 이를 것으로 추정이 되고 있다.

<그림 4-84> 전기 지게차의 예

국내에 보급된 지게차(2012년 현재)의 차량 연수(차령)은 그림 4-85와 같고, 약 20년 차령의 지게차가 사용되고 있음을 알 수 있다.

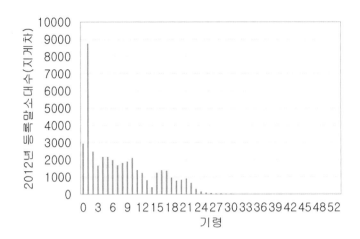

<그림 4-85> 국내 보급(2012년 현재) 지게차의 차량 연수

지게차는 좁은 장소에서 사용하기 때문에 KS 규격에서는 그림 4-86과 같은 치수를 정의하고 있다.

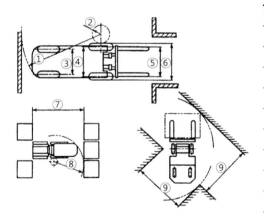

번호	설명
1	최소 선회 반경
2	내륜 선회 반경
3	후륜 바퀴 거리(윤거)
4	전륜 바퀴 거리(윤거)
5	포크 조정 간격(최대)
6	전체 폭
7	직각 적재 통로폭
8	최소 선회 반경
9	최소 직각 통로폭

<그림 4-86> 지게차의 회전 및 크기 관련 규격 치수(출처: KS R 6002)

4.4.2 지게차의 안전 작업

지게차의 안전은, 지렛대 받침 점, 무게(하중) 중심, 안전도 삼각형 등의 3요소를 고려하여야 한다.

① 지렛대 받침 점

지게차에서 지렛대 받침점은 전륜축이고 무게는 지게차의 카운터 웨이트와 균형을 이룬다(그림 4-87).

② 무게 중심

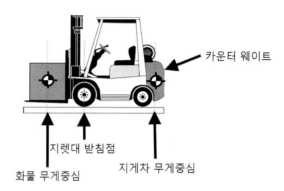

<그림 4-87> 지게차의 지렛대 받침점과 무게 중심

지게차의 무게 중심은 지게차 자체의 모든 중량의 무게 중심과 새로운 화물의 하중이 증가 또는 감소할 때 마다 그림 4-88과 같이 변하게 되고 화물을 올릴 경우에도 그림 4-89와 같이 무게 중심이 변하게 된다.

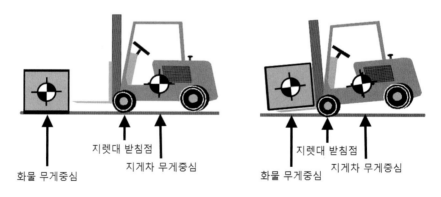

(a) 화물을 적재하지 않은 경우   (b) 화물을 적재한 경우

<그림 4-88> 지게차에서 무게 중심의 이동

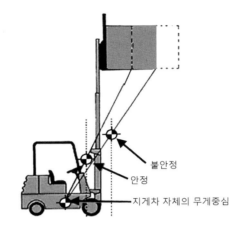

<그림 4-89> 화물을 올릴 경우에 무게 중심의 이동

③ 안전도 삼각형

지게차의 무게 중심은 전륜의 구동축과 후륜(조향되는 차륜)으로 이루어진 가상의 삼각형(그림 4-90)내에 있어야 지게차는 안정하다. 이를 지게차의 안전 삼각형이라고 한다.

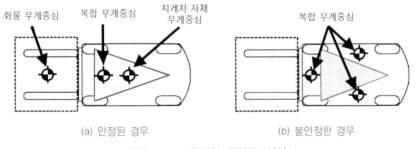

(a) 안정된 경우   (b) 불안정한 경우

<그림 4-90>. **지게차 안정도 삼각형**

가장 안정된 한계는 화물을 운반할 때 무게중심이 전륜 구동축에 근접할 때이다. 결합된 무게 중심(지게차 자체의 무게 중심과 화물의 무게 중심의 모멘트 합)이 지게차 자체의 무게 중심 앞으로 이동을 하게 되면 지게차는 불안정해지고 전복될 수 있다. 지게차 사고의 대부분은 전복으로 인한 것이고, 다음과 같은 이유에 의하여 지게차는 전방 또는 후방으로 전복될 수 있다. 미끄러운 지면, 과적, 부적절한 포크 사용, 화물을 전방으로 향하여 경사지를 내려갈 경우, 과도한 제동, 마스트를 올리면서 움직일 경우, 마스트를 올리면서 전진할 경우, 무게 중심이 이동하거나 벗어났을 경우 등이다. 복합 무게 중심이 안정성

267

삼각형의 밖으로 벗어난 다음과 같은 경우에는 옆으로도 전복될 수 있다. 회전을 하면 과속, 마스트를 올리면 회전, 경사진 지면, 미끄러운 지면, 요철이 있는 지면, 비좁은 곳에서 회전, 무게 중심에서 벗어나거나 이동한 화물, 경사지에서 옆으로 회전할 경우 등이다.

지게차의 전복 사고(그림 4-92)를 방지하기 위하여 지게차 작업에서 화물 중심 위치와 허용 하중의 관계(그림 4-92)의 관리는 매우 중요하다.

<그림 4-91> 지게차 전복 사고의 예

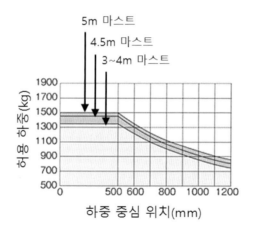

<그림 4-92> 지게차의 하중 중심 위치와 허용 하중 관계의 예

4.4.3 산업용 차량의 분류

국내에서는 산업 차량이란 공식적인 분류가 없지만, 미국과 일본에서는 산업 차량(industrial truck)에 지게차를 비롯하여 산업 현장에서 사용되는 차량 별도로 구분하여 분류하고 있다. 산업차량은, 공장 구내, 창고, 배송 센터, 역, 항만 부두, 공항 등의 구내에서 사용되는 하역 운반 차량을 일컫는 표현(참조 일본산업차량협회)이고, 주요한 기종으로는 지게차, 무인 반송차, 구내 운반 및 견인차 등이 있고, 각각의 기능은 표 4-21과 같다. 국내에서는 지게차를 건설기계의 한 종류로 분류하여 관리하고 있지만, 해외에서는 지게차를 건설기계가 아닌 산업 차량의 하나로 분류하고 있다.

<표 4-21> 산업차량의 분류(출처: 일본산업차량협회 자료)

주요 기종	주요 기능	비고
지게차	화물을 다루고 상승 하강하기 위한 마스트 등을 차량 전면에 장비한 하역 및 반송 작업을 수행하는 차량	원칙적으로 도로에서 화물을 적재한 채로 주행할 수 없음
무인 반송차	화물의 쌓고 내리고 대차의 견인, 자동 하역 운반 작업 등을 수행하는 자동 주행 차량. 상면(床面)의 전자 가이드라인 및 탑재한 자이로 등에 의하여 제어를 함	거의 100% 전동식
구내 운반 및 견인차	공장 또는 창고, 공항 등에서 화물의 운반을 수행하는 차량. 부품, 제품, 화물 등을 쌓거나 dolly, cart 등을 견인하는 차량	주로 전동식 또는 휘발유/LPG

위 표 가운데 무인 반송차, 구내 운반차, 견인차의 외관 예는 표 4-22와 같다.

<표 4-22> 무인 반송차, 구내 운반차, 견인차의 예

주요 기종	외관의 예
무인 반송차	
구내 운반차	
견인차	

현재 국내 지게차 관련 KS 규정(KS R 6002)은 폐지를 하였고 ISO 5053 규정을 따르고 있다. 산업용 트럭의 용어와 분류에 관한 ISO 규정에 따라서 각 장비(지게차 및 트럭(특장차) 등)별 구동 방식, 동력원, 운전 방식, 화물 승강 방식 등에 따라 분류(표 4-23)를 하면 표 4-24와 같다.

<표 4-23> ISO 5053 규정(산업용 트럭의 용어와 분류)의 장비 특성 분류

구동 방식		고정 높이 운반차
		견인 트랙터
	Lift 트럭 (지게차)	높이 쌓는 기능
		뻗는 기능
		쌓는 기능은 없고 낮은 상승 기능
		물품 꺼내는 기능
동력원		보행 추진 방식
		엔진
		전기
운전 방식		장비에 앉는 방식
		서서 운전하는 방식
		보행하면서 방식
화물을 올리는(승강) 기능		승강 기능 없음
		낮은 승강, 적재 기능 없음
		승강 기능 있음

<표 4-24> 지게차를 포함한 하역, 적재, 운반, 견인차량의 기능에 따른 분류(출처: ISO 5053-1)

장비 이름			Towing tractor	Pushing tractor	Counter-balance lift truck	Reach truck	Platform truck	Side-loading truck (one side only)	Rough-terrain truck
외관									
구동 방식	지게차	고정 높이 운반차	−	−	−	−	−	−	−
		견인 트랙터	○	○	−	−	−	−	−
		높이 쌓는 기능	−	−	○	○	○	○	○
		뻗는 기능	−	−	−	−	−	−	−
		쌓는 기능은 없고 낮은 승강 기능	−	−	−	−	−	−	−
		물품 꺼내는 기능	−	−	−	−	−	−	−
동력원		보행 추진 방식	−	−	−	−	−	−	−
		엔진	○	○	○	−	−	○	○
		전기	○	○	○	○	○	○	○
운전 방식		장비에 앉는 방식	○	○	○	○	○	○	○
		서서 운전하는 방식	○	○	○	○	○	−	−
		보행하면서 방식	○	○	○	○	−	−	−
화물을 올리는 (승강) 기능		승강 기능 없음	○	○	−	−	−	−	−
		낮은 승강, 적재 기능 없음	−	−	−	−	−	−	−
		승강 기능 있음	−	−	○	○	○	○	○

270

장비 이름			Lateral-stacking truck (both sides)	Lateral- and front-stacking truck (three sides)	Order-picking truck	Straddle truck	Pallet-stacking truck	Pallet truck	Platform and stillage truck
외관									
구동 방식	지게차	고정 높이 운반차	–	–	–	–	–	–	–
		견인 트랙터	–	–	–	–	–	–	–
		높이 쌓는 기능	○	○	–	○	○	–	–
		뻗는 기능	–	–	–	–	–	–	–
		쌓는 기능은 없고 낮은 승강 기능	–	–	–	–	–	○	○
		물품 꺼내는 기능	–	–	○	–	–	–	–
동력원		보행 추진 방식	–	–	–	–	–	–	–
		엔진	○	–	–	–	–	–	–
		전기	○	○	○	○	○	○	○
운전 방식		장비에 앉는 방식	○	○	–	–	○	○	○
		서서 운전하는 방식	○	○	○	○	○	○	○
		보행하면서 방식	–	–	–	○	○	○	○
화물을 올리는 (승강) 기능		승강 기능 없음	–	–	–	–	–	–	–
		낮은 승강, 적재 기능 없음	–	–	–	–	–	○	○
		승강 기능 있음	○	○	○	○	○	–	–

장비 이름			End-controlled pallet truck	Center-control order-picking truck/pallet truck	Double-stacker	Non-stacking lowlift straddle carrier	Stacking high-lift straddle carrier	Variable-reach truck	Rough-terrain variable-reach truck
외관									
구동 방식	지게차	고정 높이 운반차	–	–	–	–	–	–	–
		견인 트랙터	–	–	–	–	–	–	–
		높이 쌓는 기능	–	–	○	–	○	–	–
		뻗는 기능	–	–	–	–	–	○	○
		쌓는 기능은 없고 낮은 승강 기능	○	○	–	○	–	–	–
		물품 꺼내는 기능	–	–	–	–	–	–	–
동력원		보행 추진 방식	–	–	–	–	–	–	–
		엔진	–	–	–	○	○	○	○
		전기	○	○	○	–	–	–	–
운전 방식		장비에 앉는 방식	–	–	○	○	○	○	○
		서서 운전하는 방식	○	○	○	–	–	–	–
		보행하면서 방식	–	–	–	–	–	–	–
화물을 올리는 (승강) 기능		승강 기능 없음	○	○	–	–	–	–	–
		낮은 승강, 적재 기능 없음	○	○	–	○	–	–	–
		승강 기능 있음	–	–	○	–	○	○	○

장비 이름			Slewing rough terrain variablereach truck	Variable-reach container handler	Counterbalance container handler	Burden and personnel carrier	Lorry-mounted truck	Pedestrian propelled stacker truck	Pedestrian propelled pallet stacker
외관									
구동 방식	지게차	고정 높이 운반차	–	–	–	○	–	–	–
		견인 트랙터	–	–	–	–	–	–	–
		높이 쌓는 기능	–	–	○	–	○	○	○
		뻗는 기능	○	○	–	–	–	–	–
		쌓는 기능은 없고 낮은 승강 기능	–	–	–	–	–	–	–
		물품 꺼내는 기능	–	–	–	–	–	–	–
동력원	보행 추진 방식		–	–	–	–	–	○	○
	엔진		○	○	○	○	○	–	–
	전기		–	–	○	○	○	–	–
운전 방식	장비에 앉는 방식		○	○	○	○	○	–	–
	서서 운전하는 방식		–	–	–	–	–	–	–
	보행하면서 방식		–	–	–	–	–	○	○
화물을 올리는(승강 기능)	승강 기능 없음		–	–	–	○	–	–	–
	낮은 승강, 적재 기능 없음		–	–	–	–	–	–	–
	승강 기능 있음		○	○	○	–	○	○	○

장비 이름			Pedestrian propelled pallet truck	Pedestrian propelled scissor lift pallet truck	Towing and stacking tractor	Driverless truck	Multi-directional lift truck	Articulated counterbalance lift truck
외관								
구동 방식	지게차	고정 높이 운반차	–	–	–	○	–	–
		견인 트랙터	–	–	○	○	–	–
		높이 쌓는 기능	–	–	○	○	○	○
		뻗는 기능	–	–	–	○	–	–
		쌓는 기능은 없고 낮은 승강 기능	○	–	–	○	–	–
		물품 꺼내는 기능	–	○	–	–	–	–
동력원		보행 추진 방식	○	–	–	–	–	–
		엔진	–	–	–	○	○	○
		전기	–	–	○	○	○	○
운전 방식		장비에 앉는 방식	–	–	–	–	○	○
		서서 운전하는 방식	–	–	○	–	○	○
		보행하면서 방식	○	○	–	–	○	○
화물을 올리는 (승강) 기능		승강 기능 없음	–	–	–	○	–	–
		낮은 승강, 적재 기능 없음	○	–	–	○	–	–
		승강 기능 있음	–	○	○	○	○	○

이상과 같은 ISO 5053 규정(산업용 트럭의 용어와 분류)에 따라서 각 장비(지게차 및 산업용 트럭(특장차) 등)의 특징을 살펴보면 다음과 같다. 다음에서는 각 장비의 이름은 ISO 규정의 영어 명을 그대로 사용하여 기술하였다.

Towing tractor는 연결 장치를 갖추고 차량 및 장비를 견인하는 목적으로 지상에서 운행하는 장비이고, 예는 그림 4-93과 같다.

<그림 4-93> **Towing tractor의 예**

Towing truck과 형태는 비슷하지만, 지게차와 같이 자력으로 화물을 적재할 수 있는 기능은 갖추지 않고 야외 및 실내에서 화물이나 사람을 이동하는 데 사용하는 차량이 Burden and personnel carrier이고, 예를 그림 4-94에 나타내었다. 단, 이 차량은 일반 도로에서는 사용하지 않는다.

<그림 4-94> **Burden and personnel carrier의 예**

Reach truck은 마스트를 승강시킬 수 있는 구조를 갖춘 지게차를 뜻 하고, Platform truck은 화물을 올려놓을 수 있는 받침대를 갖추고 화물을 들어 올려 화물을 적재하는 데 사용되는 장비이고, 각각의 예는 그림 4-95(a) 및 그림 4-95(b)와 같다.

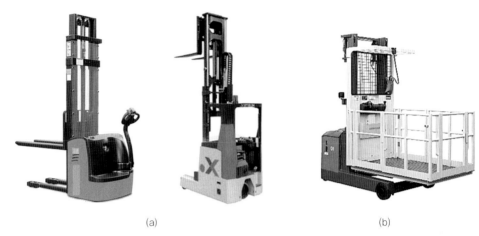

(a)   (b)

<그림 4-95> (a) Reach truck과 (b) Platform truck의 예

그림 4-96은 화물을 지면으로부터 들어 올려서 운반하는 기능을 공통적으로 갖고 있는 장비들이고, Straddle truck(그림 4-96(a))은 outrigger(하역시 안정성을 증가시키기 위해 설치한 다리)와 무게 안전 중심 내에 위치하는 포크 암을 갖춘 화물 적재용 지게차이고, Pallet stacking truck(b)은 프레임 앞으로 돌출된 포크를 갖는 화물 적재용 지게차이고, Pallet truck(c)은 1m 미만으로 화물을 들어 올리는 포크를 갖춘 것이고, Platform and stillage truck(d)은 포크 대신에 플랫폼을 갖춘 것이다. 두 장비 모두 보행 또는 탑승하여 운전하는 지게차이고, 화물을 승강하여 적재하는 용도로는 사용하지 않고 화물을 들어 올려 운반하는 용도로 사용하는 지게차이다. End-controlled pallet truck(e)은, 그림과 같이 운전자가 진행 방향과 직각 방향으로 탑승하여 운전하는 것으로 화물을 높이 승강하지 않는 포크를 갖춘 지게차이다. Center-controlled oder-picking truck(f)은, 후륜이 한 개이고 운전자가 탑승하여 조종하는 지게차이고, 이 지게차도 마찬가지로, 화물을 지면으로부터 높게 승강하지 않고 낮게 들어 올려 운반하는 용도로 사용하는 것이다.

그림 4-96(g)는 Double-stacker, (h)는 Towing and stacking tractor, (g)는 Order picking truck의 예를 각각 나타낸 것이고, (g)는 화물을 2개를 지게차의 support와 arm으로 각각 지지 및 승강하여 하역하는 것이고 (h)는 트레일러 등을 견인하고 화물을 운반 및 적재하는 기능을 갖춘 운반차이고, 그리고 (i)는 플랫폼 또는 포크에 작업자가 올라타고 승강하면서 화물을 선반으로부터 하역하는 등의 작업을 할 수 있는 장비이다.

276

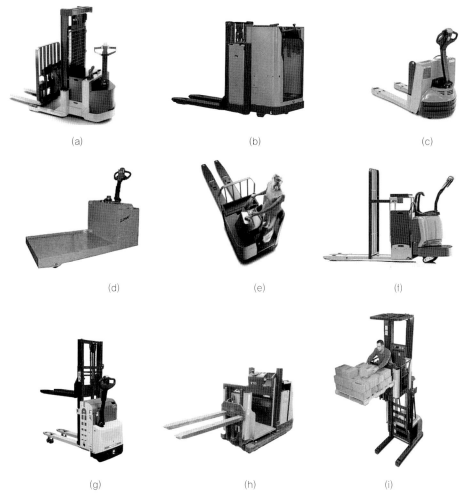

<그림 4-96> (a) Straddle truck (b) Pallet stacking truck (c) Pallet truck
(d) Platform and stillage truck (e) End-controlled pallet truck
(f) Center-controlled oder-picking truck (g) Double-stacker
(h) Towing and stacking tractor (i) Order picking truck의 예

전진, 후진, 좌·우측으로 주행하면서 화물을 운반 및 적재할 수 있는 Multi-directional lift truck은 그림 4-97(a)와 같고, (b)에는 전방 및 측면으로 화물을 운반 및 적재 작업을 할 수 있는 Lateral-and front-stacking truck을 나타내었고, 그리고 (c)에는 좌·우 양 측면으로 화물을 운반할 수 있는 Lateral stacking truck의 예를 나타내었다.

277

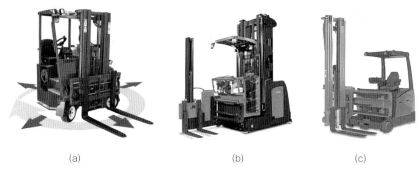

(a)   (b)   (c)

<그림 4-97> (a) Multi-directional lift truck
(b) Lateral-and front-stacking truck
(c) Lateral stacking truck의 예

그림 4-98(a)에는, 운전석과 하역 장치를 90° 까지 꺾을 수 있어 좁은 장소에서도 하역 작업을 할 수 있는 탑승형 및 보행형 굴절 지게차를 나타냈고, (b)에는 자동 유도 장치에 의하여 자동으로 운전이 가능한 운전자가 필요없는 무인 운반 장치를 나타냈다.

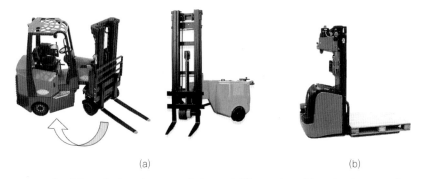

(a)   (b)

<그림 4-98> (a) Articulated counterbalanced lift truck과 (b) Driverless truck의 예

그림 4-99(a)에는 Pederstrian-propelled stacker truck, (b)에는 Pederstrian-propelled pallet stacker, (c)에는 Pederstrian-propelled pallet truck, 그리고 (d)에는 Pederstrian-propelled industrial scissor-life pallet truck의 예를 각각 나타내었고, 모두 수동으로 화물을 적재하고 장비를 조향 및 평탄한 지면에서 운반하는 용도로 사용하는 장비이다. (a)는 outrigger와 fork arm을 갖춘 것으로 틸트 기능은 없고 fork arm은 outrigger 사이에 위치한다. (b)는 (a)와 유사하고 outrigger의 모양에 차이가 있다. (c)는 수동으로 방향 제어 장치인 tiller를 조작하여 유압으로 fork arm을 승강시키고

278

화물을 적재하여 운반하는 장치이다. (d)는 수동으로 Tiller를 조작하여 마스트에 장착된 fork arm을 승강시키고 3륜 또는 4륜으로 지지된 x자 구조물 위에 화물을 적재하여 운반하는 장치이다.

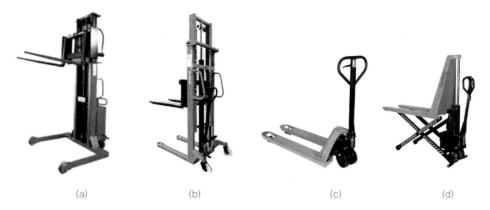

(a)   (b)   (c)   (d)

<그림 4-99> (a) Pederstrian-propelled stacker truck
(b) Pederstrian-propelled pallet stacker
(c) Pederstrian-propelled pallet truck
(d) Pederstrian-propelled industrial scissor-life pallet truck의 예

Side-loading truck의 예는 그림 4-100(a)와 같고, 차량(트럭)의 전·후 차축 중간에 지게차의 마스트와 포크를 설치하여 화물의 승강 및 적재 작업을 할 수 있는 기능을 차량의 한쪽에 갖춘 장비(차량)이다. 자체 동력으로 트럭 등에 장착되어 이동하여 트럭 등에서 화물을 하역할 때 사용되는 Lorry mounted truck의 예를 (b)에 나타내었다.

(a)   (b)

<그림 4-100> (a) Side-loading truck과 (b) Lorry mounted truck의 예

컨테이터를 적재, 운반, 하역하는 기능을 공통적으로 갖고 있는 장비(산업용 트럭) 가운데, 그림 4-101(a)에는 Counterbalance container handler, (b)에는 Variable-reach container handler reach stacker, 그리고 (c)에는 Stacking high-lift straddle carrier의 예를 나타내었다. 그림에서 (a)는 컨테이너 적재에 사용하기 위한 마스트를 갖춘 장비이고, (b)는 컨테이너를 적재하기 위한 굴절 및 늘어나는 암을 갖춘 장비이고, 그리고 (c)는 컨테이너를 끌어올리고 운반 및 적재를 하는 목적으로 사용되는 장비의 예를 나타낸 것이다.

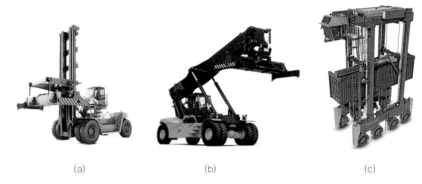

(a) (b) (c)

<그림 4-101> (a) counterbalance container handler
(b) Variable-reach container handler reach stacker
(c) Stacking high-lift straddle carrier의 예

그림 4-102에는 화물을 끌어올려 운반을 하는 목적으로 사용하는 장비인 Non-stacking low-lift straddle carrier의 예를 나타내었다. 이 장비는 화물의 적재를 위한 것은 아니다.

<그림 4-102> Non-stacking low-lift straddle carrier의 예

그림 4-103(a)에는 건설공사장과 같은 비포장 지형에서 화물을 들고 길게 뻗어 화물의 하역 작업에 사용하는 Rough-terrain variable-reach truck의 예를 나타내었고, (b)에는 장비의 길이 방향으로 화물을 5° 이내로 회전시키는 기능을 갖추고 화물을 적재할 수 있는 기능을 갖춘 Variable-reach truck의 예를 나타내었고, 그리고 (c)는 건설공사장과 같은 비포장 지형에서 화물 운반 및 하역 작업을 하는데 적합한 Rough-terrain truck의 예를 나타내었다.

(a)   (b)   (c)

<그림 4-103> (a) Rough-terrain variable-reach truck
           (b) Variable-reach truck
           (c) Rough-terrain truck의 예

미국 ITA(Industrial Truck Association)은 지게차를 포함한 산업용 차량(트럭)에 대하여 표 4-25와 같은 특성에 따라 8가지로 분류를 하였고, 결과는 표 4-26과 같다.

<표 4-25> 미국 ITA의 지게차 포함 산업용 트럭 분류

분류	특징
Class I (Electric rider trucks)	3개 또는 4개의 쿠션(solid) 또는 뉴매틱(공기 충전) 타이어로 구성되고, 탑승하여 앉아서 또는 서서 조정이 가능한 지게차
Class II (Electric narrow aisle trucks)	창고에서 물건을 꺼내는 용도로 사용하는 운반 팔을 갖춘 차. 벨트 또는 밧줄 장치에 의하여 운전자 안전을 확보하고, 운전자는 화물을 갖고 올라타고 내릴 수 있음. 기타 협소용 운반차에는 standup straddle, swing mast, side loader 및 turret truck 등이 있고, 화물 용량은 약 2톤~3톤 범위
Class III (Electric hand pallet jacks or walkie/rider jacks)	낮은 리프트를 수동으로 조작하는 전기 구동 팰럿 잭. 마스트가 없고 팰럿 포크를 사용 또는 지면에서 몇 cm 떨어진 플랫폼에 화물을 올려 사용. 마스트가 있는 walkie는 counterbalance가 있거나(배터리 무게를 사용하여) outrigger 또는 straddle 암을 사용. 뻗는 기능이 있는 것도 있고, straddle만 있는 것도 있음. 화물 용량은 약 1.5~5톤 범위
Class IV (Engine cushion tire trucks)	화물 용량은 약 1.5~10톤 범위
Class V (Pneumatic tire trucks)	화물 용량은 약 2~22톤 범위
Class VI (Rider on tuggers)	400kgf(900 lbf) 이상의 손잡이(draw bar pull)가 있어야 함
Class VII (Rough terrain trucks)	뉴매틱 타이어를 사용하고 거의 대부분 디젤엔진으로 구동되고 야외에서 사용. 일부 장비는 고정된 마스트가 있고, 길이가 늘어나는 방식의 마스트를 갖춘 장비도 있음
Class VIII (Personnel, Burden carriers)	전기 구동 방식

<표 4-26> 지게차의 분류(출처: 미국 ITA)

Class Ⅰ : Electric motor rider truck(전기 구동 지게차)			
	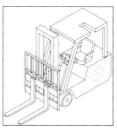		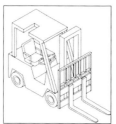
Lift Code 1	Lift Code 4	Lift Code 5	Lift Code 6
Counterbalanced rider type, stand up	Three wheel electric truck, sit down	Counterbalanced Rider, Cushion Tires, Sit Down	Counterbalanced Rider, Pneumatic or Either Type Tire, Sit Down

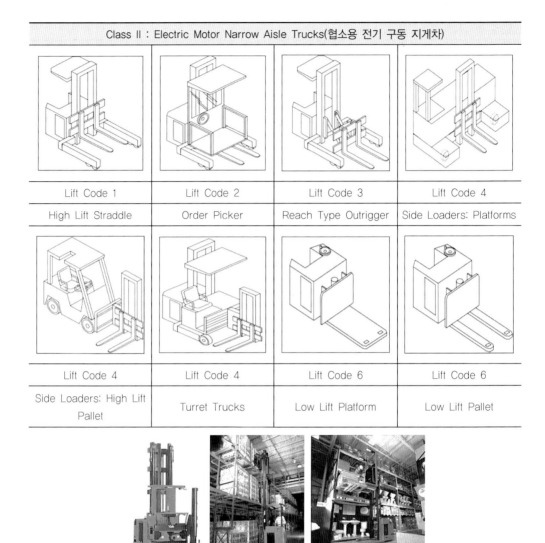

Class II : Electric Motor Narrow Aisle Trucks(협소용 전기 구동 지게차)

Lift Code 1	Lift Code 2	Lift Code 3	Lift Code 4
High Lift Straddle	Order Picker	Reach Type Outrigger	Side Loaders: Platforms

Lift Code 4	Lift Code 4	Lift Code 6	Lift Code 6
Side Loaders: High Lift Pallet	Turret Trucks	Low Lift Platform	Low Lift Pallet

Class III : Electric Motor Hand Trucks or Hand/Rider Trucks(전기 구동 수동 조향 지게차)

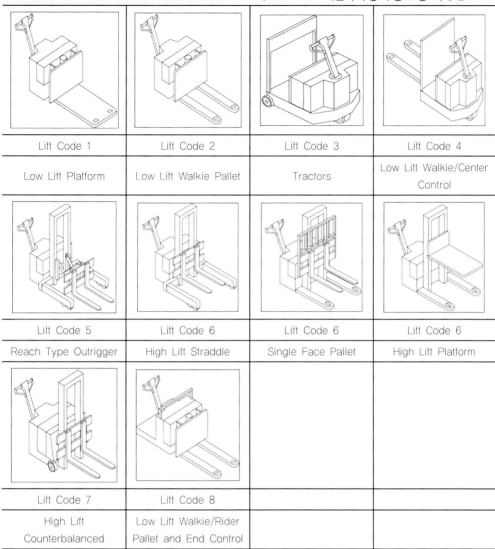

Lift Code 1	Lift Code 2	Lift Code 3	Lift Code 4
Low Lift Platform	Low Lift Walkie Pallet	Tractors	Low Lift Walkie/Center Control
Lift Code 5	Lift Code 6	Lift Code 6	Lift Code 6
Reach Type Outrigger	High Lift Straddle	Single Face Pallet	High Lift Platform
Lift Code 7	Lift Code 8		
High Lift Counterbalanced	Low Lift Walkie/Rider Pallet and End Control		

Class IV : Internal Combustion Engine Trucks(Solid/Cushion Tires) (엔진 지게차(솔리드/쿠션 타이어))	
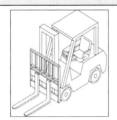 Lift Code 3 Fork, Counterbalanced (Cushion Tire)	

Class V : Internal Combustion Engine Trucks(Pneumatic Tires) (엔진 지게차(뉴매틱 타이어))	
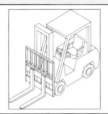 Lift Code 4 Fork, Counterbalanced (Pneumatic Tire)	

Class VI : Ride on tuggers(전기 및 엔진 지게차)	
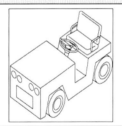 Lift Code 1 Sit-Down Rider (Draw Bar Pull Over 999 lbs.)	

Class Ⅶ : Rough Terrain Forklift Trucks(비포장 도로 사용 지게차)

 Vertical mast type.	주로 야외에서 사용하도록 제작된 견고한 구조의 지게차
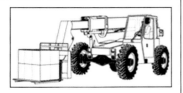 Variable reach type	늘어나는 붐을 장비하여 다양한 거리에 있는 화물을 들어서 이동 및 적재할 수 있는 지게차

Class Ⅶ : Rough Terrain Forklift Trucks(비포장 도로 사용 지게차) (계속)

Variable reach type	
 Truck/trailer mounted	트럭/트레일러의 뒤에 탑재되어 작업장까지 이동하고, 트럭/트레일러에서 화물을 내리는 용도로 사용되는 비포장 도로 주행용 지게차. 단, 이러한 지게차가 모두 비포장 도로 주행용만은 아님

Class VIII : Personnel, Burden Carriers & Tow Tractors(사람, 화물 운반 및 견인차)

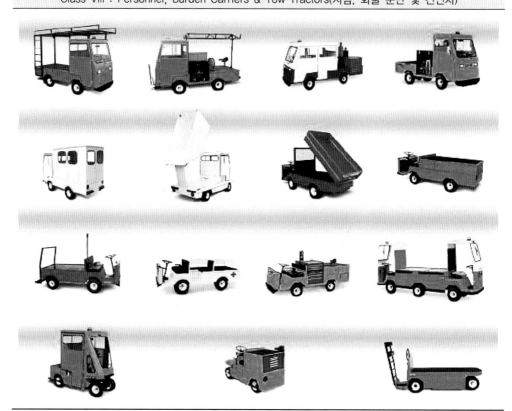

CHAPTER

5

신기술 및 장래 건설기계 기술

Introduction to Construction Machinery Engineering

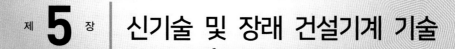

제 5 장 │ 신기술 및 장래 건설기계 기술

5.1 장래 기술 전망

장래 건설기계 및 농업기계의 기술 개발 방향으로, 친환경, 배출가스 저감, 안전성 향상, 에너지 저감, 인력 절약을 위한 자동화 및 무인화 등을 열거할 수 있고, 이를 위하여 다음과 같은 기술 분야의 연구개발이 필요하다.

5.1.1 차세대 동력 기술(5.2장 및 5.3장)

현재 국내 건설기계 및 농업기계에 적용되고 있는 배출가스 규제 기준은 해외 선진국과 거의 동일한 수준이고, 앞으로 더 강화가 될 것으로 예상되고 있다. 주요 국가에서 도로 주행 자동차를 제외한 비도로 사용 건설기계, 농기계, 산업기계 등의 장비에 대한 배출허용 기준은 그림 5-1과 같고, 국내는 2016년 현재 미국 및 유럽 등과 거의 동등한 배출허용 기준을 적용하고 있다.

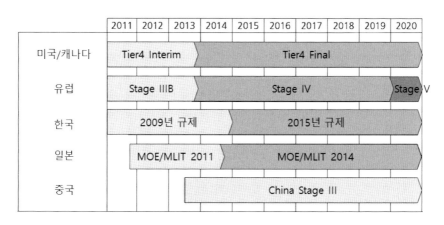

<그림 5-1> 각국의 비도로 장비 배출허용 기준

291

국내 배출허용 기준은 휘발유(LPG 포함) 자동차의 경우에는 CVS(constant volume sampling)-75 시험 사이클(그림 5-2(a))를 적용하고 있고, 경유 자동차의 경우에는 EUDC(European urban driving cycle) 시험 사이클(그림 5-2(b))을 적용하여 시험을 하고 있지만, 건설기계에 대하여는 560kW 미만의 원동기만을 대상으로 NRSC(non-road steady cycle)(그림 3-17(a)) 및 NRTC(non-road transient cycle) 시험 사이클(그림 3-17(b))을 이용하여 배출가스 측정 시험을 하고 있고, 2015년부터는 전술한 3장의 표 3-2와 같은 배출허용 기준을 적용하고 있다.

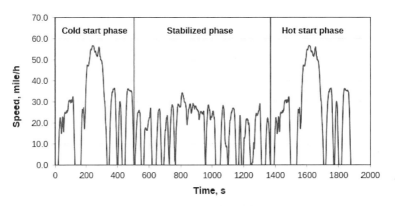

(a) CVS-75 모드의 차속 사이클

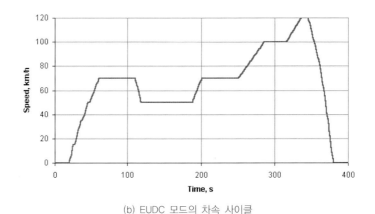

(b) EUDC 모드의 차속 사이클

<그림 5-2> 배출가스 시험 사이클의 예

농업기계의 경우에는 정격출력이 560kW 미만의 콤바인과 트랙터만을 대상으로 표 3-2와 동일한 기준을 적용하고 있고, 이와 같은 규정은 환경부 대기환경보전법의 시행규칙에서 규정하고 있다.

배출가스 규제 기준이 강화됨에 따라 디젤엔진에 DPF(diesel particulate filter) 또는 SCR(selective catalytic converter)과 같은 후처리 장치를 적용하게 되어 비도로 장비용 디젤엔진의 가격이 상승하게 된다. Tier3 수준의 엔진과 비교하여 Tier4 수준이 되면 소형 엔진의 경우에는 그림 5-3과 같이 엔진 가격이 2배 이상 상승할 것으로 추정이 된다.

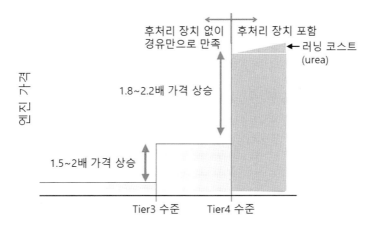

<그림 5-3> 배출가스 규제 기준 강화에 따른 비도로 장비에서 엔진 가격의 상승 비교

또한 연비 향상과도 관계가 있는 온실가스 배출량의 저감도 중요한 문제이고, 가까운 장래에 건설기계에 연비 기준을 적용할 것으로 예상이 되고 있다. 따라서 배출가스 저감과 연비 향상을 시킬 수 있는 기술의 개발이 중요하고, 현시점에서 가장 현실적인 기술은, 하이브리드, 전기 동력 기술, 그리고 대체 연료 기술이다.

하이브리드 건설기계 및 농업기계 기술은 자동차에서 먼저 적용한 하이브리드 기술을 굴삭기, 휠로더 그리고 지게차 등에 적용한 것이다. 하이브리드 굴삭기 기술은, 엔진, 유압펌프, 각 엑츄에이터 등으로 구성된 유압 굴삭기에서, 엑츄에이터별로 모터와 유압펌프를 사용하거나, 엔진 이외의 동력원으로 발전기, 배터리, 캐패시터를 조합하여 구성한 것이고, 링크의 위치 에너지, 주행 및 선회의 운동에너지를 회생(저장하고 다시 사용하는 것)하는 방식을 이용하여 에너지를 40% 정도까지 절약하는 것도 가능하다. 하이브리드 기술의 적용으로 인하여 디젤엔진의 출력을 줄이는 것이 가능하기 때문에, 배출가스 저감 효과도 얻을 수 있을 것으로 예상할 수 있다. 자동차의 기술 동향과 비교하여 보면, 배출가스 및 연비 향상을 위하여 건설기계 및 농업기계에서 하이브리드와 전기 구동, 그리고 장기적으로 연료전지 기술의 개발 및 적용은 점차 더 중요하게 될 것으로 예상을 할 수 있다.

5.1.2 자율 무인 주행 및 작업 정보화 기술(5.4장)

건설기계 및 농업기계 분야에서, IT 기술을 활용하여 기계를 원격 감시하여 효율적인 작업 관리, 유지 보수 관리하는 기술의 연구 개발이 수행되고 있다. 연구 개발 목적은, 건설공사에서 건설기계 및 공사 작업장 관련된 정보를 사업 관리자 및 운전자에서 전달을 하여 건설기계의 현재 위치, 연료 보급시점, 가동율 계산, 고장 이력 예측 및 판단, 안전 정보 등의 정보를 제공하거나, 농작업 분야에서 과수, 원예, 곡물 생산 농작업 등을 효율적으로 관리 및 수행을 하는 것이고, 이를 위하여 자동화 기술 및 IT 기술을 활용하는 것이 중요하다. 건설기계 및 농업기계의 위치 측정에는 GPS 신호 및 장비의 용도에 따라 보정된 GPS 신호를 이용하여 파악을 하고, 이동 통신 시스템 또는 위성 통신 시스템을 이용하여 무선 통신으로 정보를 송·수신하도록 한다. 활용 목적에 따른 필요한 정보를 얻기 위하여 장비에 센서를 탑재하여 계측된 데이터를 무선 통신 시스템을 이용하여 관리 시스템으로 전송을 한다. 또한 건설기계 또는 농업기계의 가동 데이터를 정보 관리국에 전달하고 업체의 서버로 전송하여 빅데이터 처리 방법을 활용하여 분석을 하고, 이후 인터넷을 통하여 운전자 또는 작업장 관리자에게 정보를 제공하는 기술이다.

이와 같은 것을 작업 정보화 기술이라고 하고, 건설 시공 또는 농작업 전반에서 관련된 정보를 효율적으로 사용하여 작업의 효율성·안전성·품질의 향상, 에너지 및 인력 절감 등을 목적으로, 건설기계 또는 농업기계를 효율적으로 사용하는 기술을 의미한다. 건설기계 분야에서는, 설계 데이터 및 위치 데이터 등의 시공 상위 단계부터 센서 계측 정보와 기계로부터 실측된 데이터를 활용하여 장비를 제어하여 작업을 합리적으로 관리하는 것도 포함이 된다. 장비에 탑재된 센서로부터 계측된 데이터와 GPS 및 관리 시스템에서 계측된 작업 데이터를 실시간으로 비교하여 설계 계획대로 기계의 동작(유압)을 제어하는 machine control 기술도 중요하다.

특히 건설공사에서는 작업 정보화 기술에 의하여 그림 5-4와 같이 사전 준비 작업에 소요되는 시간을 대폭 줄일 수 있어, 인력을 절약하고 작업자의 숙련도에 따라 시공 품질이 좌우되지 않도록 할 수 있다.

294

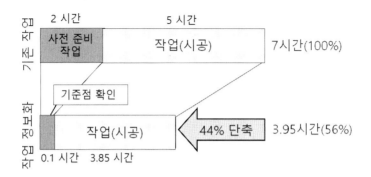

<그림 5-4> 작업 정보화에 의한 작업(공기) 단축 예

5.1.3 대체 연료 기술(5.5장)

화석 연료를 사용하는 건설기계의 내연기관에서 기존의 경유 또는 휘발유를 대체하기 위하여, CO_2를 적게 배출하고 배출가스 저감 특성 및 상대적인 경제성이 있는 대체 연료를 도입하는 것이 필요하다. 따라서 메탄(CNG 또는 바이오가스)과 LPG 연료를 사용하는 대체 연료 건설기계 및 농업기계 개발 기술이 연구되고 있다.

건설기계 및 농업기계의 역사를 되돌아보면 더 빠르고 더 경제적인 방향으로 생산성을 높여 온 것을 알 수 있고, 또한 품질의 향상, 안전성 확보, 인력 사용 저감을 위한 방향으로 기술 개발이 이루어져 왔음을 알 수 있다. 이와 같은 기술 방향과 함께 현재 및 앞으로는 배출가스 및 온실가스 저감, 폐기시 환경 부하 저감을 위한 재제조(remanufacturing) 기술 등의 개발 및 적용이 연구 및 기술 개발의 중요한 방향이 되고 있다.

5.2 하이브리드 동력 기계 기술

5.2.1 에너지의 변환 및 변환 효율

일반적으로, 한 물체가 다른 물체에 대하여 일을 할 수 있는 상태에 있을 경우에 그 물체는 에너지를 갖고 있다고 할 수 있다. 운동에너지는, 질량 m의 물체가 속도 V로 움직일 경우의 에너지로서, $E = 1/2mV^2$으로 나타낼 수 있고, 물체가 중력 방향으로 움직일 경우의 위치에너지는 $E = mgh$로 나타낼 수 있다. 그리고 물체의 내부에너지에 의한 열에너지, 빛에너지, 전기에너지, 파동 에너지, 전자기장 에너지 등 여러 가지 종류의 에너지 (표 5-1)가 있다.

<표 5-1> 에너지의 종류

종류	내용
위치에너지	높은 위치에 있는 물체가 중력에 의하여 낙하를 할 때 갖는 에너지
운동에너지	물체가 운동을 할 때 갖는 에너지
열에너지	물체의 내부에너지가 변화할 때 갖는 에너지
전기에너지	물체의 전하·전류·전자파 등이 갖고 있는 에너지
탄성에너지	변형된 물질이 복원력을 나타낼 때 갖는 에너지
화학에너지	물질의 내부에너지 가운데 화학결합에 관계하는 에너지
빛에너지	전자파의 일종인 빛이 갖는 에너지
핵에너지	원자핵이 분열 또는 융합할 때 방출되는 에너지

에너지는 그림 5-5와 같이 다른 형태의 에너지로 변환(transformation)이 될 수 있다.

<그림 5-5> 에너지의 변환

예를 들어, 전기 발전을 위하여 사용하여 터빈제너레이터는 가압된 증기의 에너지를 전기에너지로 변환을 하는 것이다. 에너지는 한 형태에서 다른 형태로 변환이 될 수 있고 에너지의 변화에 사용되는 장비를 변환기(transducer)라고 한다. 이때 변환에 의한 효율 (변환 손실)을 적용하게 된다. 예를 들어 배터리는 화학에너지를 전기에너지로 변환을 하는 변환기이고, 댐은 중력 위치 에너지를 물의 운동에너지로 변환을 하고 궁극적으로 전기에너지로 변환을 하고, 열기관(엔진)은 열에너지를 일 에너지로 변환을 하는 것이다. 에너지에 따라 변환 효율이 높은 것도 있고, 실제로 모든 에너지는 소규모로는 변환을 할

수는 있지만, 대규모로 변환은 곤란한 경우도 있다. 변환 손실이 없을 경우에 에너지는 위치에너지에서 운동에너지로 변환을 할 수 있고 반대로 운동에너지를 위치에너지로 변환을 할 수 있다. 이를 에너지 보존 법칙이라고 한다. 주요 과정에서 변환 효율은 표 5-2 와 같다.

<표 5-2> 변환 효율

변환 과정	입력 에너지	출력 에너지	효율(%)	비고
디젤엔진	화학	운동에너지	<50	
휘발유 엔진	화학	운동에너지	20~30	
전기 모터	전기에너지	운동에너지	20~99.5	출력 200W 이상의 모터는 70% 이상
발전기	운동에너지	전기에너지	95~99.5	
인버터	전기에너지	전기에너지	93~98	
리티움 이온 배터리	화학(전기)	전기(화학)	80~90	
니켈 메탈 하이드라이드 배터리	화학(전기)	전기(화학)	66	
납축 전지	화학(전기)	전기(화학)	50~95	
기어 펌프	운동에너지	운동에너지	<90	

5.2.2 하이브리드 기술의 원리

에너지 사용 효율을 개선하기 위하여 자동차 및 일부 건설기계에서 하이브리드 기술이 개발되어 사용되고 있다. 하이브리드 기술은 복수의 동력 시스템(예 내연기관(엔진)과 전동기(모터))를 같이 사용하는 것으로, 한 동력 시스템(예 엔진)은 효율이 좋은 조건에서 주로 사용하고 효율이 나쁜 조건(예 엔진의 부하가 낮은 조건)에서는 두 가지 시스템(예 엔진을 이용하여 발전한 전기와 2차전지에 저장된 전기에너지로 전동기를 구동)을 함께 사용(예 엔진과 전동기로 함께 동력을 발생)하여 에너지 효율을 높이는 기술을 의미한다. 그림 5-6과 같이 엔진만으로 구동되는 건설기계에서는 장비의 최대부하를 가정하여 엔진을 선정하게 되기 때문에, 실제 작업 부하에서는 엔진만을 사용하게 되면 엔진 효율이 높지 않은 조건에서도 사용하게 된다.

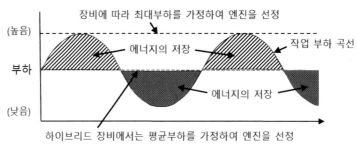

<그림 5-6> 하이브리드 기술의 개념

승용 자동차는 도로 주행을 하는 것이 목적이고, 건설기계는 부하(토크)가 변동하는 작업을 하는 것이 목적이다. 자동차와 굴삭기의 특성 차이를 비교하여 보면 표 5-3과 같다.

<표 5-3> 자동차와 굴삭기의 특성 비교

구 분		자동차	굴삭기	필요 특성
사용목적		운반(주행)	굴삭,적재,고르기,크레인	사용 편리성
조작입력		페달	다축 레버 및 페달	조작성
엑츄에이터 갯수		1축(주행)	6축	조작성 동력 배분
부하 특성	종류	주행 저항, 관성	굴삭 저항, 관성	내구성, 유연성
	크기/변동	부하 작음/ 변동 작음	부하 큼/ 변동 많음	
	예측	가능	불가능	
속도 변화		늦음	빠름	응답성

자동차에서 하이브리드 효과를 분석하여 보면, 자동차는 그림 5-2(a)와 같은 주행 사이클(CVS-75)에 따라 주행을 하게 되고, 이 경우에 구름 저항(rolling resistance) 에너지, 운동에너지, 공기 저항 에너지의 비율은 그림 5-7과 같다.

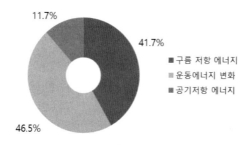

<그림 5-7> CVS-75 사이클로 주행하는 자동차에서 소요 에너지별 비율

자동차에서 하이브리드에 의한 연비 개선 기여도를 보면, 그림 5-8과 같이 약 23%인 것을 알 수 있다. 이로부터 하이브리드 기술은 대상 장비의 특성과 사용 부하 조건을 고려하여 최적 설계를 하여 구성을 해야 함을 알 수 있다.

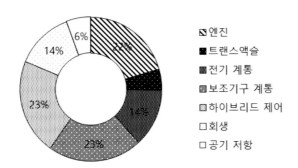

<그림 5-8> 하이브리드 자동차에서 하이브리드 기술에 의한 연비 개선 기여도

자동차와 건설기계는 그림 5-9와 같이 출력 또는 토크 조건이 다르기 때문에 동일한 방식의 하이브리드 기술을 적용할 수가 없고, 건설기계에는 각 기종의 특성과 사용 부하 특성에 맞는 기술을 적용하여야 한다.

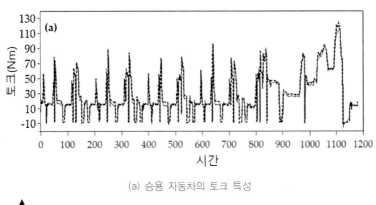

(a) 승용 자동차의 토크 특성

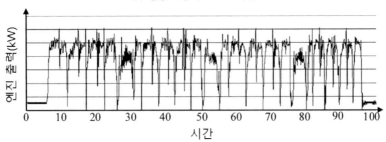

(b) 평탄화 작업시 굴삭기의 엔진 출력

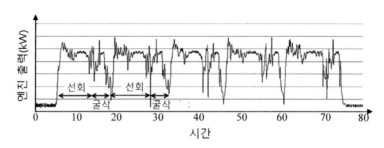

(c) 굴삭 및 적재 작업시 굴삭기의 엔진 출력

<그림 5-9> 승용 자동차와 굴삭기의 사용 특성 비교

기존 자동차에 엔진, 발전기, 전동기의 효율을 고려하여 하이브리드 기술을 적용하였을 경우에 종합 효율을 비교하여 보면 그림 5-10과 같이 약 절반의 에너지 입력으로 동일한 출력을 얻을 수 있음을 알 수 있다.

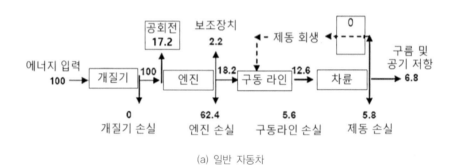

(a) 일반 자동차

(b) 하이브리드 자동차

<그림 5-10> 일반 자동차와 하이브리드 자동차의 전체 효율의 비교

따라서 하이브리드 시스템의 일반적인 원리는

(a) 엔진은 효율이 좋은 토크가 높은 조건(그림 5-6의 고부하)에서 주로 사용을 하고,

(b) 실제 작업 부하에서 사용하고 남은 엔진의 에너지는 변환(운동에너지를 전기에너지

300

로)을 하여 저장하고, (c) 엔진의 효율이 낮은 부하 조건에서는 엔진 대신에 전동기를 구동하기 위하여 2차전지에 저장된 전기에너지를 사용(회생(regeneration)이라고 함)하여 전체 에너지 효율을 높이는 방식을 사용하는 것이다.

5.2.3 시스템(에너지원)에 따른 효율

어떤 시스템에 에너지의 입력과 출력이 있고, 이에 따른 손실(=에너지 입력−에너지 출력)을 나타내면 그림 5-11과 같다.

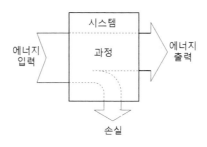

<그림 5-11> **시스템에서 에너지 입·출력과 손실 개념**

엔진에서의 에너지 손실은 $\eta_{엔진} = \eta_{연소} \cdot \eta_{열} \cdot \eta_{기체교환} \cdot \eta_{기계}$로 나타낼 수 있고(그림 5-12), 엔진의 열효율(thermal efficiency)의 예를 회전수와 토크 관계로 나타내면 그림 5-13과 같다. 이로부터 엔진은 낮은 부하 및 낮은 회전수에서 효율이 상대적으로 낮은 것을 알 수 있다.

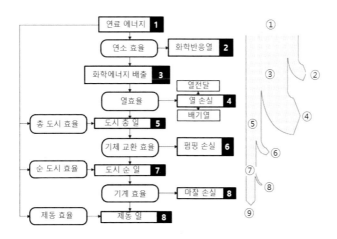

<그림 5-12> **엔진에서 손실**

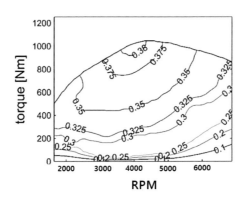

<그림 5-13> 엔진의 열효율의 예

유압 시스템에서 동력전달 경로에서는 그림 5-14과 같은 손실이 발생하게 된다. 가압된 작동유는 밸브 및 파이프를 통하여 유압 엑츄에이터로 전달되어 유체 동력(유압)을 다시 기계적 동력으로 변환하여 작업기(실린더 등)를 움직인다. 에너지원에서부터 작업기까지 그림에 나타낸 손실 이외에 유압유의 누유, 시스템 내부 마찰 저항 등의 손실이 있고, 이를 줄여서 전체 에너지 효율을 높이는 기술이 중요하다.

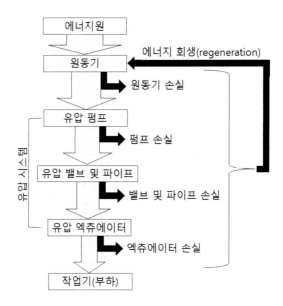

<그림 5-14> 유압 시스템 동력전달 경로

유압 굴삭기에서 손실이 발생하는 과정을 나타내면 그림 5-15와 같고, 유압 굴삭기의 에너지 손실은 그림 5-16과 같다. 기존 유압 굴삭기에서는 열에너지 손실, 유압에너지 손실, 기계적 에너지 손실 등으로 인하여 실제 작업에 사용되는 에너지는 약 10% 정도밖에 되지 않는다.

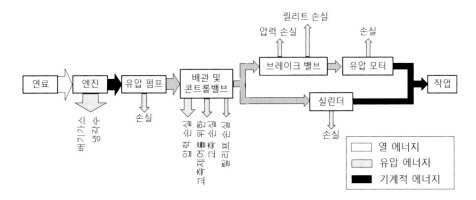

<그림 5-15> 유압 굴삭기의 에너지 손실

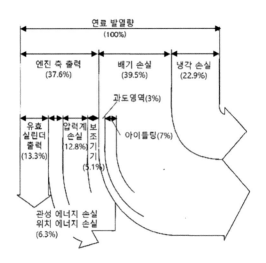

<그림 5-16> 유압 굴삭기의 에너지 손실

건설기계, 농업기계, 산업기계 등의 비도로장비에 많이 사용하는 유압 기술은 큰 동력을 빠르게 전달할 수 있어 이 분야에서 중요한 기반 기술이다. 그러나 에너지 손실, 소음, 누유 등의 문제점도 적지 않다. 따라서 유압 시스템에서는 유압 펌프, 밸브 및 배관, 유압 모터 등에서 발생하는 손실이 많기 때문에, 그림 5-17과 같이 엔진을 더 효율이 높은 조

건에서 주로 사용하고, 전자 제어 기술과 배터리 및 커패시터 등 에너지 저장 장치 기술의 발전에 따라 유압 구동 시스템에서 동력 손실을 줄여 에너지 효율을 향상시킬 수 있는 하이브리드 기술을 개발 및 적용하기 시작하였다. 건설기계에서 하이브리드 기술은 연료 또는 전기에너지원을 이용하여 구동하는 원동기(엔진 또는 모터)에 연결된 유압 펌프를 이용하여 기계적 동력을 유체 동력(유압)으로 변환하는 것이다.

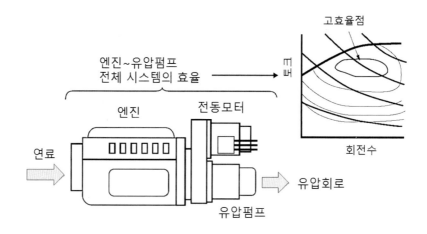

<그림 5-17> 엔진 및 유압 시스템에서 하이브리드에 의한 효율 개선 예

① 전지

자동차와 건설기계 등 이동하는 장비의 하이브리드 시스템에서는 현재 엔진과 함께 전기 저장 장치에 에너지를 저장하고 재이용하는 방식을 사용하고 있고, 운전 조건에 따라 두 장치를 최적으로 조합 및 제어를 하여 전체 에너지 효율을 높이는 것이 중요한 설계 목표이다. 하이브리드 시스템에서는 전기에너지를 이용하기 위하여 전원을 탑재해야 하고, 따라서 장비의 크기, 가동 시간, 수명, 안전성을 고려해서 전원의 종류를 선택해야 한다. 현재, 하이브리드 시스템에서는 표 5-4와 같은 배터리(battery, 전지(電池)) 가운데 적합한 것과 엔진 및 발전기를 조합한 동력원을 사용하고 있다. 배터리는 화학 배터리와 물리 배터리로 구별되고 일반적으로 사용하고 있는 것은 화학 배터리이고, 물리 배터리에는 태양전지가 있다. 화학배터리와 같이 1회만 사용할 수 있는 것을 1차 전지, 충전하여 사용을 반복할 수 있는 것을 2차 전지라고 하고 그밖에 연료전지가 있다.

<표 5-4> 배터리(battery, 전지)의 분류

		망간 전지
화학 배터리	1차 전지	알카리 전지
		산화 수은 전지
	2차 전지	알카리 축전지
		니켈카드뮴 축전지
		니켈수소 축전지
		납축전지
		유기 전해액 전지
		리튬이온 축전지
		리튬폴리머 축전지
	연료 전지	고체고분자형 연료전지
		고체전해질형 연료전지
		용융탄산염형 연료전지
		인산형 연료전지
전기화학capacitor	전기2중층 capacitor	
	하이브리드 capacitor	
	Redox capacitor 등	
물리 전지	태양 전지	
	열기전력 전지	
	원자력 전지	

배터리의 성능을 표시하는 지표에는, 에너지 밀도, 전압, 전류, 용량, 보존성, 사이클 수명 등이 있고, 이 가운데 제일 중요한 지표는 에너지 밀도이다.

(a) 에너지 밀도

에너지 밀도는 충전도를 나타내는 것으로 부피면에 제약을 받는 많은 이동형 기기에서는 '체적 에너지 밀도'가 중요하고 자동차 등에서 중량을 가볍게 하는 관점에서는 '중량 에너지 밀도'가 중요하다. 일반적으로 1차 전지와 비교하여 2차 전지는 충전 및 재사용을 하기 위한 방식의 구조로 인하여 에너지 밀도가 작다. 그림 5-18과 같은 러고니 선도 (Ragone chart)는 여러 가지 에너지 저장 매체의 성능을 비교하기 위하여 사용하는 선도이고, 그림에는 하이브리드 시스템을 구성하기 위한 시스템(에너지원)에 따른 에너지밀도와 출력밀도 특성을 비교하였다. 에너지밀도(Wh/kg)는, 에너지를 장시간에 걸쳐 지속적으로 보급할 수 있는가를 표시하기 때문에 시스템의 내구력을 나타낸다. 출력밀도(W/kg)

는, 빈번히 에너지를 꺼내는 것이 가능한지를 표시하기 때문에 시스템의 순발력을 나타낸다. 에너지 밀도(y축)는 질량당 에너지 용량을 나타내고 출력 밀도(x축)은 질량당 출력을 나타낸다. 러고니 선도는 y축의 질량당 에너지를 x축의 질량당 출력으로 전달할 수 있는 시간을 나타내고, 각각 $specific\,power = (V \times I)/m$와 $specific\,energy = (V \times I \times t)/m$를 의미한다. 여기서 V는 전압(V), I는 전류(A), t는 시간(s), m은 질량(kg)을 나타낸다. 이로부터 전기, 화학에너지에 의한 축적매체는 에너지 밀도가 높음을 알 수 있고, 유압 어큐물레이터는 출력밀도가 높음을 알 수 있다. 축압식 하이브리드차에서 에너지 회수 능력을 비교하여 추산을 해보면, 리튬이온전지의 에너지 변환효율은 81%, 유압 어큐물레이터는 94%로 유압시스템이 유리함을 알 수 있다.

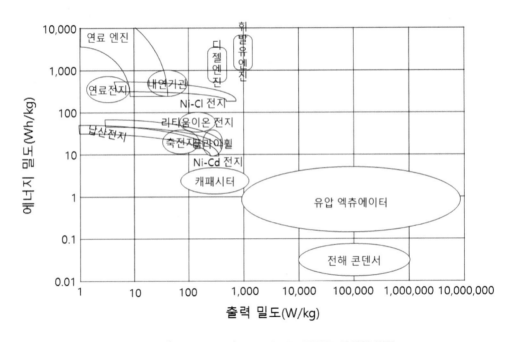

<그림 5-18> 시스템별 출력밀도와 에너지밀도 특성의 비교

유압 펌프와 모터의 질량에 따른 출력비를 비교하여 보면 그림 5-19와 같고, 모터에 비하여 유압 펌프의 경우에 출력비가 매우 큰 것을 알 수 있다.

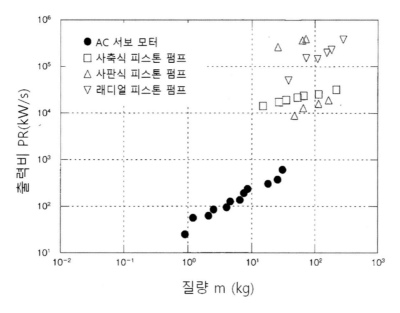

<그림 5-19> 시스템별 질량과 출력비 비교

(b) 전압

배터리는 기본적으로 양(+)극, 음(−)극, 전해액, 세퍼레이터(seperator) 등으로 구성되었고, 양극과 음극이 결정되면 원리적으로 전압이 결정된다. 양극의 전위와 마이너스극의 전위 차가 배터리의 전압(기전력)이 된다. 그러나 일반적으로 여러가지 내부 저항 및 과전압에 의하여 이론 전압과 실제 전압에 차이가 발생하게 된다. 전해액이 수용액인 경우에는 물의 분해 전압의 제약을 받기 때문에 2V 정도가 최대 전압이 된다. 전극이 리튬과 같은 물과 반응하는 재료의 경우에는 유기 용매를 사용하기 때문에 분해 전압의 폭이 크고 높은 전압을 얻을 수 있다.

(c) 전류

전류의 정의는 단위 시간 당의 물질의 이동량을 의미하고, 전류의 크기는 전지 재료, 전극 구성, 전지 구조 등에 좌우되고 다음과 같은 저항에 따라 결정이 된다. 그리고 전류는, 전극, 단자 등의 전기 저항, 전극 표면에서의 반응 물질이 전자를 받을 때의 저항, 전해액중의 반응 물질이 전극에 접근하여 전자를 받은 후에 전극 근처로 이동할 때의 저항 등에 의하여 전류가 결정된다. 전류를 흐르면 일반적으로 전압이 떨어지는 것은 이와 같은 저항 때문이다.

(d) 용량

용량(capacity)은 전기용량을 의미하고 충방전에 의하여 반응한 전극 재료(활성 물질)의 양을 표시한다. 일반적으로 방전 용량을 나타내지만, 2차 전지의 경우에는 충전 용량을 표시하는 경우도 있다. 용량 C는 $C(mAh) = I(mA) \cdot t(h)$로 표시되고 예를 들어 $1000mAh$는 전류 $1A$를 1시간 방전할 수 있는 것을 의미한다. 전지는 화학 반응을 하기 때문에 자발적으로 반응하는 것을 방지할 수 없고, 일반적으로 온도가 높을수록 반응이 빨라진다. 이는 전지 재료의 특성에 의존한다.

(e) 보존성

2차 전지의 보존성에는, 자기 방전과 용량 회복성의 2종류가 있고, 자기 방전은 방치하여 두면 전지가 자연히 방전되어 용량이 저하되는 것을 의미하고 전지 구성 재료의 최적화 등에 의하여 개선을 할 수 있다. 용량 회복성은 충전과 방전 상태인 전지를 특정 조건 하에서 보존한 후에 충·방전을 했을 때 초기 용량에 비하여 어느 정도 회복이 되는가를 표시하는 것이다.

(f) 사이클 수명

사이클 수명은, 2차 전지만의 지표이고, 전류의 크기 및 충방전 심도 등 사용조건에 따라 크게 변화를 한다. 모든 전지에서 대전류에서 대용량으로 계속 사용하게 되면 수명이 저하되는 경향이 있다. 리튬 2차 전지의 경우, 충전 전압을 올리면 전극 표면에서의 부반응이 일어나기 쉬워 수명 저하가 촉진된다.

② 커패시터

현재 하이브리드 시스템에 많이 사용되고 있는 전원인 대용량의 리튬이온 2차전지와 전기2중층 커패시터(EDLC : Electric Double-Layer Capacitor)는, EDLC, 슈퍼커패시터, 울트라커패시터 등으로 불리고 있고, 구조 및 특징은 다음과 같다. 2차 전지는 산화·환원반응을 이용하여 전기에너지를 얻는 화학 장치(그림 5-20(a))이고, 전기2중층 커패시터는 고체와 액체의 경계면과 전극 표면의 정전 결합을 이용하는 물리 장치(그림 5-20(b))이다.

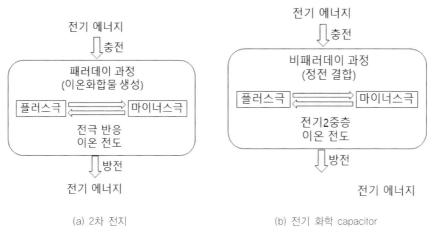

(a) 2차 전지   (b) 전기 화학 capacitor

<그림 5-20> **화학전기와 전기화학 capacitor의 원리 비교**

EDLC는, 충·방전에 의한 열화가 잘 일어나지 않고 직류 전기를 고효율로 저장할 수 있는 대용량 컨덴서이다. 화학반응에 의하여 전기에너지를 저장하는 2차 전지와 다르게 양극과 음극 양방향의 전극 표면 가까이에서 발생하는 '전기2중층'이라고 하는 물리 현상을 이용한 것이다.

그러나, 그림 5-21과 같이 2차 전지와 비교하여 보면 전기2중층 커패시터는 순발력을 나타내는 출력밀도는 높지만 지속력을 나타내는 에너지 밀도는 부족하여 실용적인 출력 보조 장치로는 부족하고, 현재보다 몇 배의 에너지 밀도(10kW/kg 이상) 기술 개발이 되면 향후 2차 전지의 일부를 대체할 것으로 예상이 된다. 최근(2014년 현재)에 신소재의 연구, 셀 구조의 개량 등의 특성 및 신뢰성을 높이는 기술 개발이 수행된 결과, 전기2중층 커패시터의 원리를 이용하면서 음극에 리튬 이온을 첨가(도핑)하여 에너지 밀도를 3배 가까이 증가시킨 리튬 이온 커패시터나 리튬 이온 전지의 화학반응을 추가한 '전기2중층 하이브리드 커패시터' 등 새로운 종류의 커패시터가 계속 개발되고 있다. 장래, 양극 측의 정전 용량을 높일 수 있는 등의 커패시터 자체의 재료 개발과, 높은 전압을 만드는 직렬화 회로개발 등의 주변 전자 시스템 고효율화 기술 개발이 예상된다.

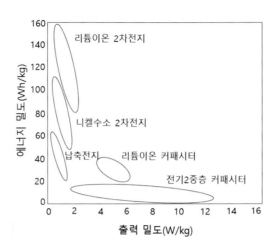

<그림 5-21> 전력저장 시스템의 성능 영역 비교(Ragone chart)

EDLC는 컨덴서와 마찬가지로 0V를 기준으로 충전을 하면 선형적으로 전압이 올라가 (그림 5-22(a))과 같이 $E=(1/2)QV=(1/2)CV^2$으로 에너지가 저장이 된다. 그러나 유기용매를 사용한 형식에서도 3V 정도가 한계이다. 이 이상으로 전압을 올리면 유기용매(propylene carbonate)가 분해되어 기체가 발생하게 된다.

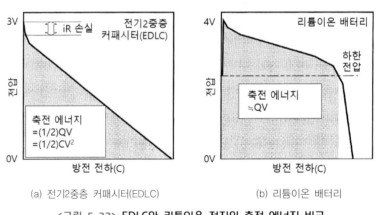

(a) 전기2중층 커패시터(EDLC)   (b) 리튬이온 배터리

<그림 5-22> EDLC와 리튬이온 전지의 축전 에너지 비교

파워 전자회로 등에 많이 사용되고 있는 알루미늄 전해 컨덴서나 세라믹 컨덴서는 수십~수백V의 높은 전압을 걸 수 있지만, 용량(C)은 μF 단위이다. 이에 반하여 EDLC는 kF 단위(μF 보다 109배)이다. 따라서 알루미늄 컨덴서나 세라믹 컨덴서보다도 에너지 밀도(지속력)는 높지만, 출력 밀도(순발력)은 작기 때문에, 수초~수십초의 충·방전에 적

합한 축전 장치이다. 그러나 배터리와 달라서 전압이 크게 변화를 하기 때문에 DC/DC 컨버터(직류 전압 변환기)를 사용하여 전압을 제어할 필요가 있다.

EDLC는 리튬이온 전지와 비교하면 1/20 정도의 에너지 밀도가 갖지만, 화학반응을 하지 않고 물리 반응을 하기 때문에 부반응이 잘 일어나지 않고 사이클 수명이 긴 장점이 있다. 또한 순발력이 우수하기 때문에 순간적인 충·방전에 적합하다.

전기2중층은 100여년전 Helmholtz가 발표한 이론에 기초한 것으로, 전극과 전해액의 계면에서 전극에 모인 전하에 이끌리는 이온(양 이온 또는 음 이온)이 달라붙어 전위차를 만들고, 전해액 쪽을 향해서는 완만한 전위차가 생기는 현상으로 인하여 '전기2중층'이라고 한다. 그림 5-23과 같이, 양극과 음극의 양쪽과 전해액과의 계면에 전기2중층이 생긴다. 따라서 2개의 컨덴서를 직렬로 연결한 형태와 같이 된다.

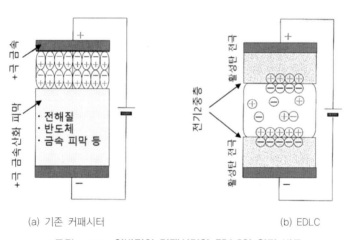

(a) 기존 커패시터   (b) EDLC

<그림 5-23> 일반적인 커패시터와 EDLC의 원리 비교

그림 5-24에 EDLC의 구조를, 표 5-5에 EDLC의 형태의 예를 나타내었다. 일반적으로 EDLC는 전극과 전해액(전해질염을 포함), 세퍼레이터(양·음 전극의 접촉을 방지하는 것)로 구성이 된다. 집전체 위에 활성 탄화 분말을 도포하여 전극을 구성하였고, EDLC는 각각의 활성탄분과 전해액에 접하는 계면에 형성된다. EDLC를 충전하면 양극에는 마이너스 이온과 void가, 음극에는 플러스 이온과 전자가 계면을 사이에 두고 배열된다. 이와 같이 이온과 전자(void)가 배열된 상태를 전기2중층이라고 한다. 이러한 이온의 물리적인 이동에 의하여 형성이 되었기 때문에 화학반응을 수반하지 않아 EDLC는 충방전 사이클 수명이 우수하다. 전극에 활성탄을 사용하는 이유는 전극 표면적을 크게하기 위해서이다.

활성탄 표면에 작은 구멍이 있기 때문에 전극의 표면적인 매우 커지게 된다. 표면적이 크면 클수록 큰 전하를 저장할 수 있기 때문에 ELDC는 매우 높은 정전용량을 갖을 수 있다.

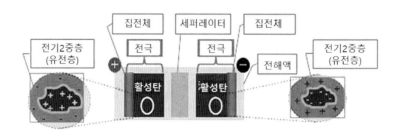

<그림 5-24> EDLC의 구조

<표 5-5> EDLC의 형태

코인형	실린더형	케이스형	라미네이트형

다른 컨덴서 및 전지와 비교를 그림 5-25에 나타내었고, x축은 정전 용량을, y축은 정격 전압을 나타낸다. 세라믹컨덴서는 폭넓은 전압에 대응하지만 용량은 최대 수백 μF 정도이다. 이에 대하여 EDLC는 수백 mF부터 $1F$ 정도의 큰 용량을 나타낸다.

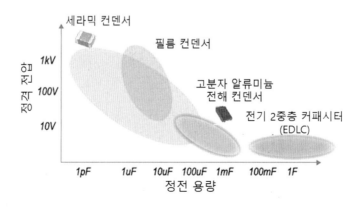

<그림 5-25> 컨덴서와 커패시터의 정전용량과 정격전압의 비교

312

그림 5-26에는 전해 컨덴서와 전지를 EDLC와 에너지와 출력 밀도를 비교하였다. x축의 에너지 밀도는 얼마나 전하를 저장할 수 있는지를 나타내고, y축의 출력 밀도는 얼마나 큰 전시를 순간적으로 방출할 수 있는지를 나타내는 것이다. 전지는 큰 전하를 저장할 수 있지만 순간적으로 방출할 수 있는 전하의 양은 적다. 거꾸로 전해 컨덴서는 순간적으로 방출할 수 있는 전하량은 많지만 저장할 수 있는 전하량은 소량이다. 이에 비하여 EDLC는 중간적인 특성을 나타내고, 다른 컨덴서에 비하여 높은 에너지를, 전지에 비하여 높은 출력을 나타냄을 알 수 있다.

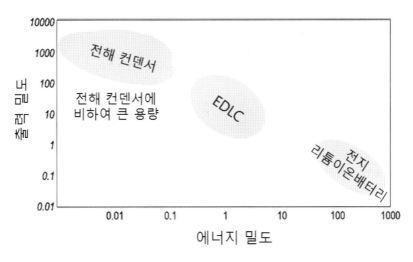

<그림 5-26> 컨덴서와 전지와 비교한 커패시터의 에너지 밀도와 출력 밀도

EDLC는 많은 가전제품의 백업 전원(축전지)로 사용되고 있지만, 순발력과 전해컨덴서를 능가하는 지속력을 활용하여 하이브리드 시스템에서 모터의 회생에 사용되고 있다. 원리상 모터를 브레이크로 제동을 할 때 발전을 하여 전력을 발생할 수 있지만, 순간적인 발전이기 때문에 일반적으로는 열 손실로 없어지게 된다. 모터를 빈번히 반복 작동을 시키면 절반 정도가 손실이 된다. 또한 모터를 고속으로 회전시키기 위해서 큰 순간 전력이 필요한 경우도 있다. 그림 5-27과 같이, 브레이크를 사용하여 발생한 전력을 EDLC에 저장으로 하고, 모터의 고속회전에 필요한 전력(가속 전력)으로 공급을 하면 에너지 효율을 높일 수가 있고, 따라서 건설기계 및 농용트랙터 등에서 에너지 효율을 높이기 위한 하이브리드 시스템 구성에 사용하고 있다.

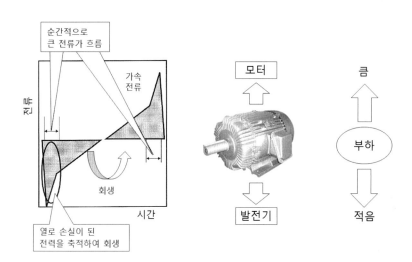

<그림 5-27> 모터의 회생(regeneration)과 가속

하이브리드 건설기계에 사용되고 있는 EDLC와 리튬이온 전지의 성능을 비교하면, 표 5-6과 같다. 단, 리튬은 자원 양이 많지 않기 때문에 휘토류 물질(rare earth metal)이라고 불리고 있다.

<표 5-6> EDLC 커패시터와 리튬이온 전지의 성능 비교

항목	EDLC	리튬이온 배터리
충전 시간	1~10초	10~60분
사이클 수명	106 또는 30,000 시간	500 이상
셀 전압	2.3~2.7V	3.6~3.7V
에너지 밀도(Wh/kg)	약 5	100~200
출력 밀도(W/kg)	10,000 이하	1,000~3,000
Wh 당 가격	약 $20	$0.5~$1.00(대규모)
수명(차량)	10~15년	5~10년
충전 온도	−40~65oC	−0~45oC
방전 온도	−40~65oC	−20~65oC

이들 전원과 다른 에너지원의 에너지 밀도 및 출력 밀도 특성을 러고니 선도에 비교하여 나타내면 그림 5-28과 같고 커패시터는 높은 에너지 밀도를 갖도록 개발하고, 리튬이온 전지는 더 높은 에너지 밀도와 출력밀도를 갖도록 개발하고 있다고 할 수 있다. 일반적으로 항속거리 및 이동시간과 관계가 있는 에너지 밀도와 순발력과 관계가 있는 출력 밀

도는 이율배반적인 관계이고, 이동 장비에서는 에너지 밀도와 출력 밀도 관계와 전원의 사용 방법이 전원의 열화에 미치는 영향을 고려해야 한다. 2차 전지는 과충전 및 과방전을 하는 등 심한 충·방전을 하게 되면 사이클 수명이 급속히 짧아지게 되기 때문에 실제로 사용하는 충방전 영역은 절반이하로 제한될 경우가 많다.

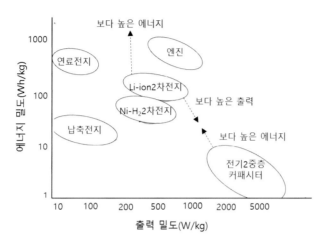

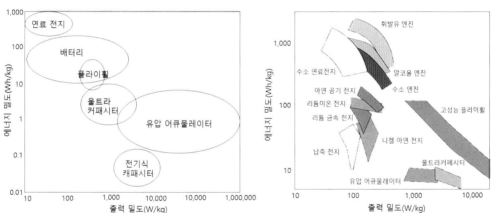

<그림 5-28> 에너지 공급원의 출력 밀도와 에너지 밀도의 비교

③ 모터

모터의 원리는 3.3장에 전술한 바가 있고, 모터(전동기)는 전기적 에너지를 기계적 에너지로 변환하는 장치이고, 이 과정에서 손실이 발생하게 된다. 일반적으로 효율(=출력/입력)은 60% 이상이고 손실이 적은 모터를 개발하는 것이 중요하다. 입력(출력)(전력)은 전압(V)×전류(A)로 표시할 수 있고, 기계적 출력(W)는 회전속도(rad/s)×회전력(N·m)

로 표시할 수 있다. 모터의 효율은 입력전력에 대한 기계적 출력을 %로 나타낸 것이다. 모터에서 발생하는 손실 가운데는 마찰과 같은 기계적 요인으로 발생하는 것도 있지만, 큰 비중을 차치하고 있는 것은 구리선 내에서 손실과 철심 내의 손실이고, 이를 각각 동손실(copper loss)와 철 소실(iron loss)라고 한다(그림 5-29). 모터(전동기)의 효율 예를 회전수와 토크의 관계로 나타내면 그림 5-30과 같다.

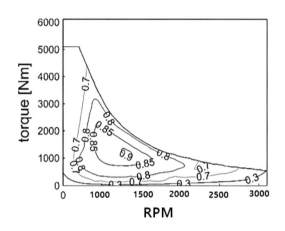

<그림 5-29> 모터(전동기)의 효율 예

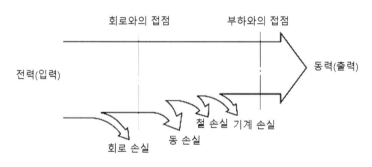

<그림 5-30> 모터의 입력과 출력

모터는 기본 구조는 그림 5-31과 같고, 회전하는 부분인 rotor(회전자)와 지지하는 부분인 stator(고정자)로 구성되어 있다. Stator(고정자)는 분포형, 집중형, 유도자형, 영구자석형으로 분류할 수 있고, rotor(회전자)의 종류에는 10여개가 있다, 모터의 종류를 분류하기 위한 방식은 (a) 변환 원리에 의한 분류(전자 모더, 정전 모터, 초음파 모터) (b) 전원에 의한 분류(직류 전원·단상 교류 전원·삼상 교류 전원) (c) 회전 방식에 따른

분류 (회전 속도를 결정하는 요소·역전) (d) 구조에 따른 분류(회전하는 것과 정지하는 것의 조합에 따른) 등이 있다. 모터를 분류하면 표 5-7과 같다.

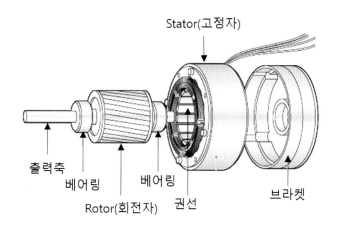

<그림 5-31> 모터의 기본 구조

<표 5-7> 모터의 분류

DC 모터	영구 자석계자형 DC 모터	
	전자석 계자형 DC 모터	분권 모터
		직원 모터
		기타 모터
브러시리스 DC 모터	표면 자석형(SPM)	
	매립자석형(IPM)	
교류 모터	정류자형 모터	
	동기 모터	리럭턴스 모터
		히스테리시스 모터
		인덕턴스 모터
	유도 모터	바구니형 유도 모터
		와전류 모터
		권선형유도 모터
		단상유도 모터
스위치 리럭턴스 모터		
스태핑 모터	VR형 스태핑 모터	
	PM형 스태핑 모터	
	하이브리형 스태핑 모터	
초음파 모터		

직류 모터의 회전력(torque)은, stator에서 발생한 자계(magnetic field)의 강도와 rotor에 흐르는 전류의 곱에 비례한다. Stator에 발생하는 자계에 의한 자속을 계자속(field flux)라고 한다. 직류 모터는 영구자석 계자형 DC 모터와 전자석 계자형 DC 모터로 분류할 수 있다.

브러시리스(brushless) DC 모터는 DC 모터의 단점인 브러시와 정류자를 없앤 것으로, 영구자석 계자형 DC 모터의 계자형 영구자석(stator 측)과 전기자 권선형(rotor 측)을 교환하여 계자용 영구자석을 rotor측에, 전기자 권선을 stator측에 배치하였고, 정류자의 위치 교환에 의하여 브러시를 사용한 통전 교체 대신에 rotor 위치 신호 검출을 위한 홀소자를 사용하여 Inverter로 피드백을 하여 통전 제어를 하는 것이다(그림 5-32).

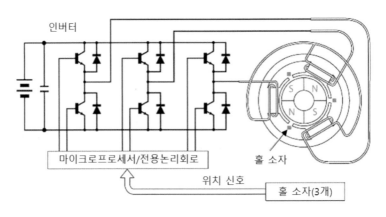

<그림 5-32> 인버터를 사용한 브러시리스 DC 모터의 구성도

여기서 Inverter는, 직류를 삼상 교류로 변환하는 장치이고, 일반적으로 가정용 기기 및 산업용 기기에서는 교류를 Converter(단상교류 또는 삼상교류를 다이오드, 사이리스터, 또는 트랜지스터 등의 반도체 소자를 사용하여 직류로 변환하는 정류 장치)를 통하여 직류로 변환하고 이를 다시 Inverter를 이용하여 교류로 변환하여 모터를 구동하는 경우가 많다.

교류 모터(alternating-current motor)는, 정류자형 모터, 동기 모터, 유도 모터로 구분할 수 있다. 정류자형 모터(commutator motor)는, 정류자형 rotor를 사용한 모터의 총칭이고, 동기 모터와 유도 모터는 회전 자계에 의하여 회전 속도를 결정하는 교류 모터이다. 회전 자계라는 것은, stator 권선에 3상 교류 또는 2상 교류 등의 다상 교류 전류가 흐르게 되면 발생하는 자계가 다상교류 전류의 주파수에 의하여 결정되는 회전수(=동기속도)로 회전하는 현상을 말한다. 회전 자계에 의하여 rotor가 이끌려서 회전하고 그 회전방법의 차이에 의하여 교류 모터를 분류한다.

발전기(electrical generator)는, 전자 유도 법칙에 따라 기계적 에너지를 전기적 에너지로 변환하는 장치이다. 구조가 전동기와 유사하기 때문에 모터(전동기)로 주행하는 하이브리드 자동차 등에서는 모터를 발전기로 이용하여 제동력을 얻거나(발전 브레이크) 또는 재이용(회생, regeneration)하여 전력을 배터리에 저장하는 것이 가능하다.

④ 발전기

발생하는 전력의 종류에 따라 직류 전동기와 교류 발전기로 크게 구분할 수 있고, 교류 발전기는 동기 발전기, 유도 발전기, 주파수 발전기 등으로 분류할 수 있다. 발전기의 효율을 회전수와 토크의 관계로 나타내면 그림 5-33과 같다.

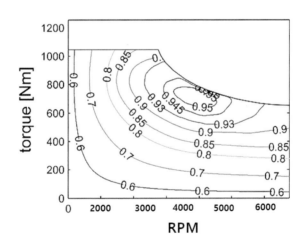

<그림 5-33> 발전기의 효율 예

5.2.4 하이브리드 기술의 종류

전술한 그림 5-6과 같이, 하이브리드는 두 가지 동력원을 이용하여 한 동력원의 에너지가 남는 경우(예, 평균 사용 조건보다 높은 부하에서 엔진의 운전)에는 남은 에너지를 다른 시스템(예 배터리)에 저장하고, 에너지가 부족한 경우(예, 평균 사용 조건보다 낮은 부하 또는 효율이 낮은(나쁜) 조건에서 엔진의 운전)에는 저장된 에너지를 재이용 또는 회생

(regeneration)하여 사용하는 것이 기본 원리이다. 따라서 하이브리드는 주 동력원(엔진)을 효율이 좋은(높은 부하) 조건에서 사용(boost)하고, 남은 에너지를 저장(saving), 그리고 동력원의 특성에 맞는 부분(예, 자동차에서 제동시, 건설기계 선회 제동시)에서 에너지를 회수하여 재이용(회생)(regeneration)하는 세가지 기본적인 원리를 이용하는 기술이라고 할 수 있다.

여러 하이브리드 기술에서 에너지 저장 기술을 비교하면 표 5-8과 같고, 회수된 운동에너지를 탄성에너지(예, 스프링, 유압, 공압)으로 저장하거나, 회수된 운동에너지를 다른(예, 플라이휠) 운동에너지로 저장하거나, 회수된 운동에너지를 화학에너지(예, 배터리)로 저장하는 방식 등이 있다.

<표 5-8> 하이브리드 기술을 위한 에너지 저장 형태과 회생 형태의 비교

	남은(잉여) 에너지 형태	저장된 에너지 형태	저장 매체	회수하여 사용 (회생) 에너지 형태	비고
1	운동에너지	탄성에너지	스프링	운동에너지	스프링 반발력
2			유압		유압 엑츄에이터 구동
3			공압		공압 펌프 구동
4	운동에너지	운동에너지	플라이휠	운동에너지	발전기 구동 또는 운동에너지 직접 이용
5	운동에너지	화학에너지	배터리	전기에너지	모터 구동

① 회수된 운동에너지를 스프링의 탄성에너지로 저장 및 재이용 방식

자동차의 제동시에 제동력에 의한 운동에너지를 스프링의 탄성에너지 형태로 저장을 하고 출발시에 이용(회생)하여 사용하는 하이브리드 기술의 예를 그림 5-34에 나타내었다.

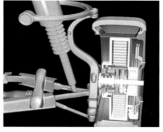

<그림 5-34> 스프링의 탄성에너지를 이용한 하이브리드 기술의 예

(출처: youtube.com)

② 회수된 운동에너지를 유압유 탄성에너지로 저장 및 재이용 방식

유압유의 압축성을 이용하여 유압유에 탄성에너지 형태로 에너지를 저장하는 방식이 축압식이고, 발전기 및 전동기 대신에 유압 펌프와 모터를 이용하여 자동차 및 건설기계 하이브리드 기술로 사용되고 있다. 차량이 감속될 때 또는 건설기계의 운동 정지시(예 선회의 정지)에 운동에너지를 유압 어큐뮬레이터(accumulator)에 유압유의 탄성 에너지 형태로 저장 및 이를 회수하여 사용하는 방식이다. 그림 5-35와 같은 유압 어큐뮬레이터에서 ① Bladder는 질소가스에 의하여 어큐뮬레이터 본체내부에 가득 팽창한 상태 ② 유압 시스템의 최고 압력까지 작동유를 축적한 상태 ③ 어큐뮬레이터를 움직이기 위하여 최저한으로 필요한 압력까지 작동유를 내보낸 상태를 각각 나타내었고, 그림의 우측에는 고압으로 압축하여 저장한 유압에 유압 엑츄에이터를 연결하여 운동에너지로 회수하여 재이용하는 개념을 나타내었다.

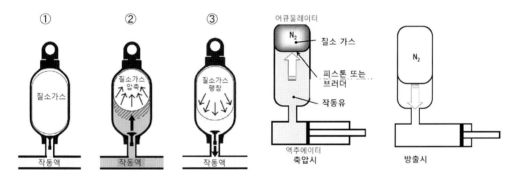

<그림 5-35> 유압 어큐뮬레이터를 이용한 유압 엑츄에이터의 구동

연비를 개선하여 CO_2 배출을 줄이기 위하여 휘발유 엔진과 전기모터를 이용하는 하이브리드 자동차를 보급하고, 건설기계에서는 유압을 이용하여 에너지를 저장 및 회생하는 방식의 하이브리드를 연구 개발하고 있고 일부는 실용화가 되었다. 이 방식은 발전기와 모터 대신에 유압 펌프와 유압 모터를 사용한 것으로, 자동차의 경우에 차륜이 감속(건설기계에서는 선회시 감속)할 경우에 운동에너지를 배터리에 저장하는 방식과 비교하여, 유압 어큐뮬레이터에 저장(축압)하는 것으로 축압식 하이브리드 방식이라고 한다. 축압식 하이브리드 자동차의 구동 방법은, 전기 하이브리드 차와 마찬가지로 병렬방식(그림 5-36(a))과 직렬방식(그림 5-36(b))으로 구분할 수 있다.

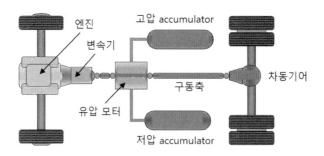

(a) 병렬(parallel) 방식 축압 하이브리드

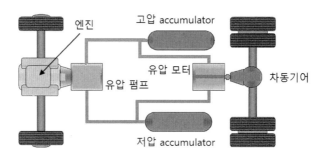

(b) 직렬(series) 방식 축압 하이브리드

<그림 5-36> 축압식 하이브리드 차의 방식 구분

　병렬 방식은, 엔진으로부터 동력전달을 그대로 이용하면서 구동축에 유압 펌프와 유압 모터를 부가적으로 장착한 것으로, 저압측의 작동유 어큐뮬레이터(reservoir)와 고압측의 작동유 어큐뮬레이터에 유압 에너지를 저장하여 이용하는 방식이다. 기존 차량을 이용하기 때문에 유압 시스템에 문제가 생겨도 기존 동력 시스템을 이용하는 것이 가능하다. 직렬 방식은, 변속기 및 구동축을 제거하고 엔진측에 유압 펌프를 구동륜측에 유압 모터를 직결하여 유압 어큐뮬레이터를 이용하여 에너지를 축적 및 회수하는 방식이다. 이 방식에서는 엔진과 차륜의 회전 속도가 직접적으로 관계가 없기 때문에 엔진을 완전히 정지한 상태에서도 운전이 가능하여 항상 최적의 효율 조건에서 운전하는 것이 가능하여 엔진을 작게 하는 것도 가능하다.

　전기 방식과 축압 방식을 비교하면, 전기 방식 하이브리드에서, 배터리 가격은 약 $10,000~$40,000 이상인 반면에 동급 유압 어큐뮬레이터는 약 $5,000이고 내구성은 더 높고 폐기시 환경부담도 상대적으로 낮다. 에너지 저장률을 비교하여 보면, 표 5-9와 같이 전기 방식 하이브리드에서 제동 회생(brake regeneration)의 효율은 약 21%이고, 축압식에서는 배터리 충전률에 좌우되지 않기 때문에 70% 이상이다. 배터리 중량은 200~500kg 정도인 반면에 탄소 섬유 유압 어큐뮬레이터의 무게는 100kg 정도이고 대형 차 또는 건설기계에서는 차이가 더 크게 된다. 유지 관리는 전기 방식에 비하여 축압식이 덜 복잡하고 안전하고, 질소로 충전을 해서 사용하기 때문에 화재 위험도 낮다. 따라서 건설기계 및 농업기계 등의 분야에서 중대형 고출력 장비를 대상으로 하이브리드 시스템의 구성에는 축압 방식 하이브리드가 유리한 점이 많다고 할 수 있다.

<표 5-9> 전기 방식과 축압 방식 하이브리드 시스템에서 가속시 에너지 효율 비교

	가속시 에너지 효율					
전기 방식 회생	에너지 입력 (100%)	31% → 모터 26% → 배터리 22% → 모터 21% → 에너지 사용				
축압 방식 회생	에너지 입력 (100%)	86% → 유압 펌프 80% → 유압 accumulator 78% → 유압 모터 71% → 에너지 사용				

축압식 하이브리드 방식을 자동차에서 이용할 경우에는, 변속기 및 구동축 라인을 철거 하고 엔진축과 구동륜축에 각각 유압펌프와 유압모터를 직결하고 유압 어큐뮬레이터를 이용하여 에너지를 축적 및 회수를 한다. 엔진과 차륜과의 회전속도가 직접적인 관계를 갖고 있지 않기 때문에 엔진을 완전히 정지시켜 항상 효율이 좋은 최적의 상태에서 운전 하는 것이 가능하여 결과적으로 엔진의 소형화가 가능하다. 유압 축압식 하이브리드차의 실용 시험 사례로서, 미국 물류 대기업인 UPS사에서 연비 50% 향상, 배기가스 30% 저감 을 목표로 하여 직렬방식의 배송차를 7대 도입(2012년 현재)하여 시험한 사례가 있다(그 림 5-37).

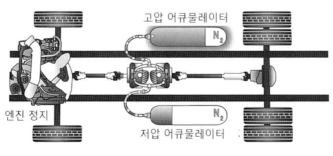

(a) 가속시

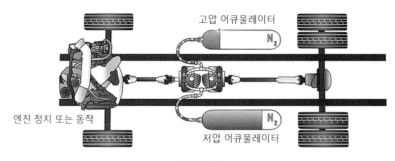

(b) 주행시

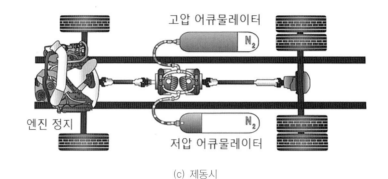

(c) 제동시

<그림 5-37> 축압식 하이브리드 자동차의 운전 모드에 따라 작동 방식

(출처: youtube.com)

일본에서 그림 5-38과 같이 1990년대 초에 축압식 하이브리드 자동차를 노선버스에서 시험하였으나 유지보수, 조작성, 소음 등의 문제점이 있어 본격적으로 보급되지는 않았다.

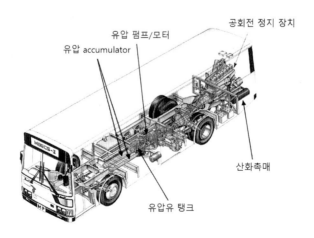

<그림 5-38> 버스에서 축압식 하이브리드 연구 사례(일본)

또한 1993~95년에 일본 트럭메이커 3사가 중형 트럭의 연비 및 소음과 배기가스를 저감하기 위하여 디젤엔진과 조합하여 축압식의 하이브리드차를 개발한 사례가 있고, 유압 펌프는 유압모터와 겸용으로 하여 에너지 회생시에는 펌프로, 회생시에는 모터로써 작동하고 유압에 평형인 가스압에는 질소 또는 공기를 이용하여 연구한 사례가 있다. 이와 같은, 유압유 탄성에너지를 이용하여 운동에너지를 저장하고 재사용하는 축압식 하이브리드 기술은 굴삭기에도 적용하여 연구가 되고 있다.

그림 5-39와 같이, 축압식 하이브리드 기술을 이용한 굴삭기(Caterpillar사)에서는 ① ESP(Electronic standardized programmable) 유압 펌프를 이용하여 엔진 부하에 따라 유량을 제어하여 하이브리드 시스템에서 동력원의 변화에 따른 부드러운 변환과 효율을 개선하여 엔진과 펌프의 성능을 높이고 ② 유압 하이브리드 선회 시스템은 질소가스 충전 어큐뮬레이터를 이용하여 선회 에너지를 흡수하고, 가속시 축압된 유압 에너지를 사용하도록 하여 선회 제동으로 인하여 낭비되는 에너지를 회수하여 결국 엔진 부하를 줄이고 ③ 하이브리드 시스템을 제어하는 ACS(Adaptive control system)를 통하여 밸브를 제어하고 유압 흐름을 독립적으로 제어하여 동력의 손실이 없도록 하는 등의 기술을 이용하여 기존 장비에 비하여 약 25%의 연비 효율을 개선하고 있다.

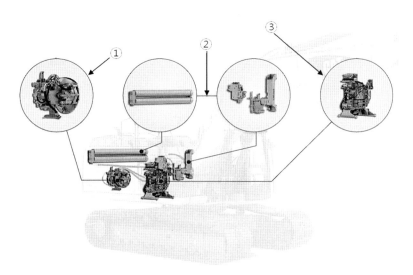

① 연비 향상 ② 에너지 절약 ③ 성능 향상

<그림 5-39.> 축압식 하이브리드 굴삭기 개발 예(출처: Caterpillar 자료)

③ 회수된 운동에너지를 공기 탄성에너지로 저장 및 재이용 방식

유압을 이용하여 압축한 공기를 축압 용기에 압축공기의 탄성 에너지 형태를 축적하여 사용하는 방식이다. 감속중에는 유압모터를 작동시켜 공기를 압축하고 가속시에는 이 압축공기를 이용하여 유압을 높여 유압모터를 회전시켜 운동에너지로 사용을 한다. 자동차에서 연구된 사례(그림 5-40)를 보면, 전륜을 구동륜으로 하여 유압모터의 구동력과 엔진의 구동력은 CVT(continuously variable transmission)를 통하여 차륜에 전달하는 방식을 적용하였고 NEDC(New European Driving Cycle) 시험 사이클에서 30%, 시가지 주행만으로 45%의 연비 향상효과가 있는 것으로 조사되었다.

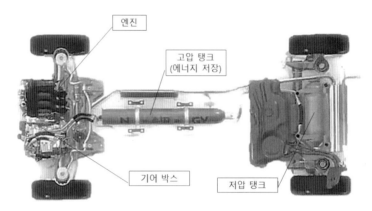

(a) 공기 축압식 하이브리드 자동차의 구조

(b) 공기 축압식 하이브리드 자동차에서 엔진만으로 구동 모드

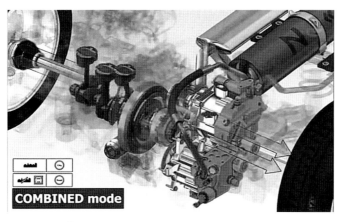

(c) 공기 축압식 하이브리드 자동차에서 엔진과 유압으로 구동 모드

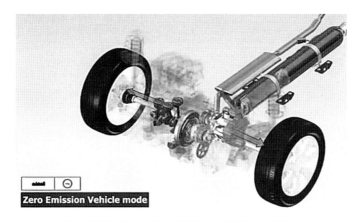

(d) 공기 축압식 하이브리드 자동차에서 유압만으로 구동 모드

<그림 5-40> 공기 축압식 하이브리드 자동차의 구조(출처: youtube.com)

④ 회수된 운동에너지를 플라이휠에 운동에너지로 저장 및 재이용 방식

플라이휠을 이용하는 기술은 산업혁명부터 존재하였고 증기 엔진에 넓게 이용되어 왔다. 플라이휠 축전 시스템은 장치의 내부에 대형 원반(플라이휠)을 회전시켜 전력을 운동에너지로 저장하고 필요에 따라 회전력을 다시 전력으로 변환하는 방식이다. 시스템차에 탑재한 피스톤 구동의 엔진과 같이 에너지원이 일정하지 않은 경우, 크랭크 축에 장착된 회전 디스크가 안정된 에너지를 공급할 수 있고, 필요한 에너지양에 따라 직경 수십센티에서 1인치 미만의 것도 있다. 그러나 플라이휠에 저장할 수 있는 관성에너지는 다음 식과 같고, 플라이휠이 크고 무거울수록 그리고 고속으로 회전시킬수록 큰 에너지를 저장하는 것이 가능하다.

$$E_{회전} = \frac{1}{2} I\omega^2 = \frac{1}{2} \int_m r^2 dm$$

수송기계에 최초로 이용한 사례는 스위스의 Gyro Bus(그림 5-41)(Oberlikon사의 기사 Bjame Storsand이 1946년 특허)이고 1932년에 스위스 FBW사의 트럭에 탑재한 사례가 있다.

 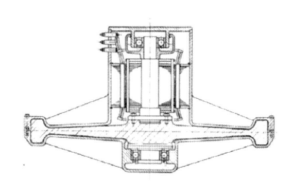

<그림 5-41> 플라이휠을 이용한 하이브리드 버스 사례(스위스 1930년대)

이 사례에서 강철제 플라이휠은 직경 1.6m, 중량 1.5톤이고, 마찰저항을 줄이기 위하여 수소 용기(0.7 기압) 안에 격납하였고, 3,000rpm으로 회전하여 9.15kWh의 축전 용량을 가졌다. 플라이휠에는 유도전동기가 직결되어 플라이휠의 가속과 감속시에 발전기 역할을 하고, 차량 가속시 플라이휠의 감속에 따른 발선 선력을 차량의 전동기(52kW)에 공급한다. 속도 제어는 발전기와 전동기간에 병렬로 접속된 콘덴서의 용량을 바꾸어서 수행을 하였다. 플라이휠의 충전은 정차장마다 설치된 포스트(380V의 3상 교류)로 급전하는 방식을 이용하였다. 제동시의 에너지는 플라이휠에 저장되게 되고, 1회의 충전으로 55km/h의 속도로 약 5~6km의 주행이 가능하였고 이를 위하여 4.5km 마다 충전 포스트를 설치하였다. 그러나 전기값과 내구성 문제로 1959년까지 모두 폐차를 하였다.

수송기관이 아닌 발전을 위한 목적으로, 초전도 플라이휠 축전 시스템을 시험한 사례(2015년 4월 일본)(그림 5-42)가 있다.

328

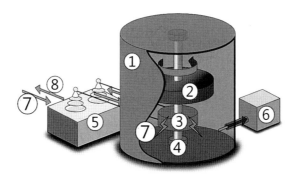

① 진공 용기 ② 플라이휠(로터) ③ 발전기/모터 ④ 축 받침 ⑤ 인버터 ⑥ 진공펌프 ⑦ 충전 ⑧ 방전

<그림 5-42> 발전용 플라이휠 이용 전기에너지 저장 시스템 사례

플라이휠 축전 시스템은 열화가 없는 축전지이고, 태양광 및 풍력 등 불안정한 발전시스템과 조합하여 전력계통을 안정화시키는 용도 또는 전기 철도의 회생 시스템 등에도 응용이 되고 있다. 고온초전도 코일과 고온초전도 벌크체로 구성된 초전도자기축 받침에 의하여 플라이휠은 비접촉으로 부상을 시켜서 손실이 적고, 장기간의 안정된 운용이 가능하다. 이 사례에서 출력 300kW, 축전용량 100kWh로, 내장한 탄소 섬유 강화 플라시스틱제의 중량 4톤 및 직경 2m의 플라이휠을 최고 분당 6,000회전으로 초전도자기(50K(−223℃)축 받침에 의하여 회전을 지지하는 방식이다.

최근, 자동차에서 플라이휠 축전 방식을 이용한 하이브리드 기술 연구 사례를 보면, Volvo사의 플라이휠 시스템(그림 5-43)에서는 전륜구동차의 후륜에 장착하여 운전 상황에 따라 4륜구동 시스템으로 변환이 가능하고 감속시 에너지를 탄소제 플라이휠의 고속회전에 의하여 저장을 하는 방식을 이용하였다. 발진시에는 플라이휠의 회전 에너지를 CVT를 통하여 후륜을 구동하고 연비는 중형차(Volvo S60)에 저장한 경우, NEDC 시험 사이클에서 25%의 연비저감을 할 수 있는 것으로 조사되었다.

기존의 하이브리드 자동차에서 감속시 에너지 회생은 전기식이 메인으로, 에너지 저장을 위하여 대용량의 배터리를 사용하기 때문에, 비용측면에서 양산 소형차에는 부담스럽다. 강철제 플라이휠은 지나치게 무겁기 때문에, 최근에는 탄소 복합소재 플라이휠을 진공 중에 회전시켜 마찰저항을 저감하는 방식을 많이 사용하고 있다.

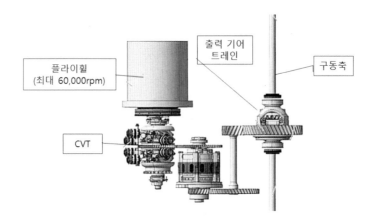

<그림 5-43> 플라이휠 저장 운동에너지을 이용하는 방식의 자동차용 하이브리드 시스템
(출처: youtube.com)

그밖에 Jaguar사의 시스템은, 플라이휠을 사용하여 제동시에 후륜 차동장치에 장착한 소형 CVT에 의하여 운동에너지를 플라이휠에 전달하는 방식으로, 운전자가 가속페달을 밟으면 CVT를 통하여 플라이휠의 에너지를 차륜으로 전달을 하여 60kW을 약 7초 동안 공급하고, 플라이휠은 60,000rmp까지 회전하는 방식을 이용하였다. 셔틀버스를 대상으로 Toroidal 방식의 CVT를 이용한 플라이휠 운동에너지 저장 방식(그림 5-44)도 연구가 되고 있다.

이와 같은 기계적 플라이휠 시스템은, 운동에너지를 전기로 바꾸어 배터리에 저장하는 대신에 CVT를 통하여 에너지를 직접 플라이휠과 차륜사이에서 변환을 하기 때문에 배터리-전기모터 하이브리드 시스템보다 작고 가볍고 더 효율적이라고 한다.

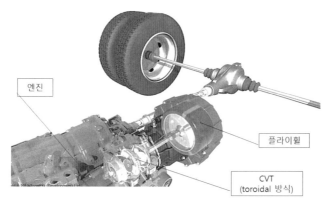

<그림 5-44> 플라이휠 저장 운동에너지을 이용하는 방식의 셔틀버스용 하이브리드 시스템
(출처: youtube.com)

굴삭기는 높은 피크 출력이 필요하고 장시간의 낮은 에너지 저장 사이클을 고려하면 플라이휠 기술이 유용할 것으로 판단을 하여 Ricardo사는 하이브리드 굴삭기에 플라이휠 기술을 선택하여 10%의 연료 절약(특정 부하 사이클에서는 30% 절약도 가능)이 가능한 하이브리드 굴삭기(그림 5-45)를 개발(시제품 2013년, Ricardo사)하였다. 복합재료 플라이휠을 진공 용기에 격납하고 60,000rpm으로 회전을 시켜 0.25kWh의 에너지를 저장하고, 자기 기어 구동 방식으로 동력을 전달하여 28N·m의 토크(플라이휠에서 측정)를 유압 CVT를 통하여 전달할 수 있다. 이 방식의 하이브리드 굴삭기는 전기 방식 하이브리드에 비하여 약 65%의 비용으로 제작할 수 있고, 80% 수준(전기 방식 하이브리드 대비)의 연비를 만족하기 때문에 더 경제적일 것으로 추산하고 있다.

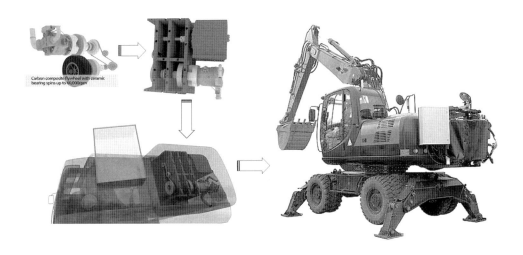

<그림 5-45> 플라이휠 방식 17톤 하이브리드 굴삭기

(출처: Youtube.com)

⑤ 회수된 운동에너지를 전기에너지로 저장 및 재이용 방식

그림 5-46과 같이, 굴삭기의 암, 붐, 버켓의 3개의 엑츄에이터(실린더)와 2개의 좌우 유압 모터는 기존의 유압 엑츄에이터를 사용하고, 선회 운동을 하는 부분만 전기 모터로 구성한 하이브리드 굴삭기 개발 사례가 있다. 차체가 선회시에 브레이크 감속을 할 때 전기 모터가 운동에너지를 인버터를 통하여 커패시터에 전기에너지로 저장을 하고 차체 선회운동의 기동시에 재이용(regeneration)하여 다시 사용을 하는 방식이다. 또한 엔진과 유압 펌프 사이에 설치된 발전기 모터에 의하여 부하의 변동에 따라 최적의 조건에서 엔

진을 사용하도록 하여 엔진에서 발생하는 손실도 줄일 수 있게 되어 실작업시 약 30~40%의 연비가 저감되는 것으로 나타났다. 이와 같은 선회시 운동에너지를 전기에너지로 변환하는 방식이외에 붐을 내릴 때에 위치에너지를 유압 모터 및 발전기로 전기에너지로 변환하여 커패시터에 저장하는 사례(그림 5-47)도 있다. 또는 선회용 유압 모터 및 붐 실린더에서 남는 유압유를 별도의 유압 모터로 보내고 여기에 직결된 발전기 모터를 구동하여 배터리에 저장하고 보조 펌프를 구동하여 다시 주펌프와 함께 이용하는 방식도 연구되고 있다.

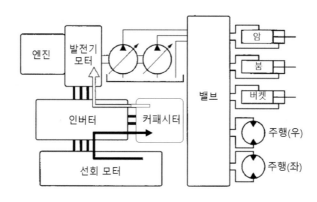

<그림 5-46> 하이브리드 굴삭기 구성 예

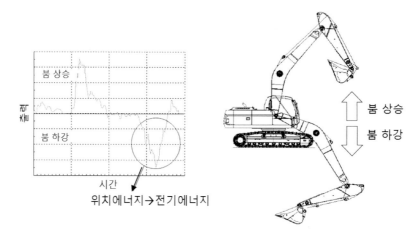

<그림 5-47> 붐 위치에너지를 이용한 하이브리드 굴삭기 예

기존 굴삭기와 하이브리드 굴삭기의 전체 효율을 비교하여 보면, 그림 5-48과 같이 약 25% 정도의 효율이 증가하는 것을 알 수 있다.

(a) 기존 굴삭기

(b) 하이브리드 굴삭기

<그림 5-48> 기존 굴삭기와 하이브리드 굴삭기의 전체 효율의 비교

5.2.5 하이브리드 건설기계 및 농용트랙터의 사례

① 하이브리드 굴삭기

그림 5-49와 같은, Caterpillar사의 하이브리드 굴삭기(336F XE)는 기존 굴삭기에 비하여 동등한 성능에서 연비가 25%가 개선되었다.

<그림 5-49> 하이브리드 굴삭기(Caterpillar사)의 예

(출처: Caterpillar 자료)

333

기존 굴삭기의 차체 선회 동작시 유압 모터를 사용하지만, 하이브리드 굴삭기(그림 5-50)에서는 선회용 전기 모터를 이용하여 선회 감속시에 발생하는 에너지를 회수하는 원리를 이용한다. 기존 굴삭기는 디젤엔진 만으로 가동하지만, 하이브리드 굴삭기에서는 회생한 에너지를 엔진 가속시 모터 보조 장치로 활용(그림 5-51(b))하기 때문에 엔진은 연비 효율이 좋은 중저속 회전 영역에서 사용하는 것이 가능하다. 또한 작업의 대기시에도 초저속 회전을 유지하여 연비를 더욱 개선할 수 있다.

자동차의 경우에는 발진 가속시, 대용량의 전기에너지가 필요하고, 이후에 비교적 안정된 엔진 회전 및 부하를 사용하는 데에 비하여 굴삭기의 경우에는 굴삭 작업 등에 단시간에 빈번한 엔진 회전의 변동 및 출력이 발생 한다. 이러한 빈번한 엔진 회전 및 출력 변동에 따른 출력을 보조하기 위해서 커패시터를 탑재하였다. 자동차에 사용되는 배터리는 화학반응을 하여 충·방전에 시간이 필요하기 때문에 단시간에 충분한 동력을 얻을 수 없지만, 커패시터는 고효율로 회수 및 축전하고 다시 단시간에 방전하는 것이 가능하다. 따라서 굴삭기에 적용된 하이브리드 시스템은 인버터에 의하여 발전기 모터, 선회용 전기 모터, 그리고 엔진을 상황에 따라 최적으로 제어하여 굴삭기의 성능을 최적화하여 연료 소비량을 대폭으로 저감하는 것이 가능하다.

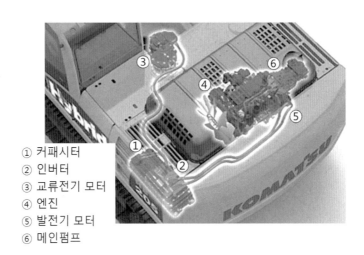

① 커패시터
② 인버터
③ 교류전기 모터
④ 엔진
⑤ 발전기 모터
⑥ 메인펌프

<그림 5-50> 하이브리드 굴삭기(Komatsu사)의 구조

(출처: Komatsu 자료)

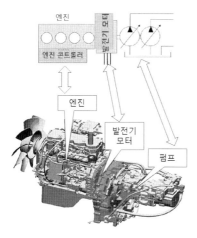

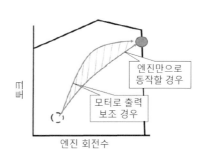

(a) 엔진과 발전기 모터 및 펌프의 구성 　　　　(b) 발전기 모터에 의한 엔진 출력 보조

<그림 5-51> 하이브리드 시스템의 구조

(출처: Komatsu 자료)

　하이브리드 굴삭기(Komatsu HB215LC-1)(그림 5-52)는 커패시터에 에너지를 저장하고 필요시에 유압 시스템에서 재이용하는 방식으로, 유압펌프에 60마력의 출력을 보조하고 있다. 선회 동작의 제동시에 운동에너지를 인버터와 커패시터를 통하여 전기에너지로 변환하고, 굴삭 작업에서 가속시 엔진 출력을 보조하는데 사용을 하기 때문에 기존 장비보다 작은 엔진을 사용한다. 따라서 많은 선회 작업이 필요한 동작에서 하이브리드 기술을 이용하여 에너지 효율을 개선할 수 있다. 이는 자동차에서 제동 비율이 높은 도심지 주행에서 하이브리드에 의한 연비 개선 효과가 높은 것과 동일한 원리이다.

<그림 5-52> 하이브리드 굴삭기(Komatsu)의 예

(출처: Komatsu 자료)

335

② 하이브리드 휠로더

휠로더는 3장에 기술한 바와 같이 타이어로 주행을 하면서 버켓과 리프트암을 이용하여 버켓에 적재한 토사 등을 자체 동력으로 주행 및 운반을 하여 덤프트럭 등 운반기계에 적재하는 작업에 사용되는 건설기계이다. 일본에서 2016년 4월부터 하이브리드 방식의 휠로더(그림 5-53) 양산 판매를 시작하였다.

<그림 5-53> 하이브리드 휠 로더의 외관

(출처: Hitachi건기)

하이브리드 시스템의 방식은, 대상 장비의 사용 조건에 따라 최적의 방식에 차이가 있고, 휠로더에 적합한 하이브리드 방식은, 도로 주행 일반 자동차와는 다르게 시리즈 방식(그림 5-54)이 적합한 것으로 연구가 되었다.

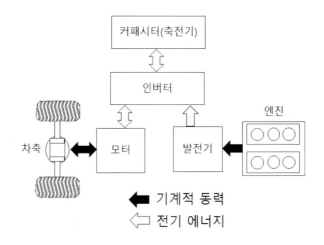

<그림 5-54> 시리즈 방식 하이브리드 시스템에서 에너지 흐름

(출처: Hitachi건기 자료)

    기존 휠로더의 토크컨버터 및 변속기를 발전기와 주행모터로 대체하고 인버터 및 커패
시터(축전기)를 조합하여 하이브리드 시스템을 구성하였다. 엔진으로 발전기를 구동하고
이로부터 발전된 전력으로 주행모터를 구동하는 시리즈 방식이기 때문에, 엔진과 차축의
사이에 기계적 동력전달 장치가 없는 것이 특징이다. 2개의 주행모터는 프로펠러 샤프트
를 통하여 전후 각각 차축에 동력을 전달한다(그림 5-55 및 표 5-10).

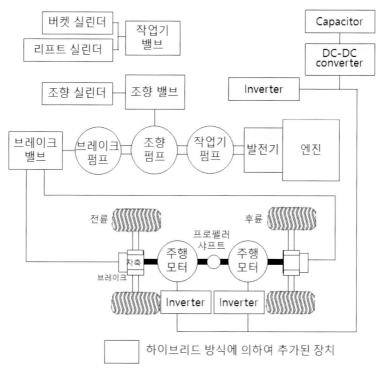

<그림 5-55> 하이브리드 휠로더의 구성 예

(출처: Hitachi건기 자료)

    2개의 주행 모터는 각각 저토크·고회전형 및 고토크·저회전형의 다른 특성을 갖고
있고, 고속 주행시 및 굴삭 작업시 등의 운전 조건에 따라 각 모터를 항상 최적 조건으로
제어를 하는 방식으로 구성이 되어있다. 커패시터(capacitor 축전기)는 DC-DC converter
를 통하여 직류 계통으로 연결하여 감속시에는 회생(regeneration) 에너지를 저장하고,
가속시에는 주행 모터에 구동 에너지를 공급하게 된다. 조향 및 브레이크 계통은 기존과
동일하게 엔진으로 기계적 유압 펌프를 구동하는 방식으로 하이브리드 시스템에 이상이
발생하여 조향과 안전과 문제가 없도록 하고 있다.

<표 5-10> 기존 휠로더와 하이브리드 휠로더의 시스템 구성의 비교

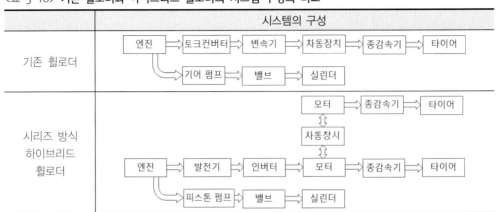

	시스템의 구성
기존 휠로더	엔진 → 토크컨버터 → 변속기 → 차동장치 → 종감속기 → 타이어 / 기어 펌프 → 밸브 → 실린더
시리즈 방식 하이브리드 휠로더	모터 → 종감속기 → 타이어 ⇕ 사동장치 ⇕ 엔진 → 발전기 → 인버터 → 모터 → 종감속기 → 타이어 / 피스톤 펌프 → 밸브 → 실린더

이 하이브리드 휠로더 시스템은 세 가지 이유로 인하여 연료효율이 증가하게 된다. 첫째, 엔진과 차축 사이에 기계적인 동력전달 장치가 없기 때문에 기존의 토크 컨버터, 클러치, 기어 등의 기계적 동력전달 손실을 줄여 효율이 증가하였고, 둘째, 기존 토크 컨버터 및 변속기를 통하여 주행 동력을 전달하기 때문에 요구되는 주행속도 및 구동력을 얻기 위해서는 엔진 회전수에 제약이 있었으나 시리즈 방식에서는 제약이 줄어들어 엔진을 연비 효율이 좋은 영역에서 사용하여 연비 효율이 증가, 셋째, 감속시에 주행 모터로 발전된 전기에너지를 커패시터에 저장하고 가속시에 재이용하기 때문이다. 하이브리드 방식의 적용으로 인하여 기존 장비와 비교하여 출력이 낮고 연비가 좋은 소형 엔진을 이용할 수 있고, 엔진의 회전수를 낮추어 소음 저감에도 도움이 되고 있다.

휠로더에 시리즈 방식의 하이브리드 기술을 적용하여, 동력전달 효율을 높이고 유압계통의 에너지 손실을 줄여 굴삭 작업시의 출력을 최적으로 제어할 수 있게 되어 기존 장비에 비하여 약 26~30%의 연비 향상 효과가 있는 것으로 나타났다. 그러나 휠로더는 쇄석, 농축산, 산업폐기물처리, 제설, 항만하역 등 다양한 작업에서 사용되기 때문에 작업 형태에 따라 연료 소비량에 차이가 발생하게 된다. 주행 계통을 하이브리드화 한 휠로더는 주행 빈도가 높을수록 연료 저감 효과가 높은 경향이 있지만, 주행 빈도가 낮고 공회전시간이 긴 경우에는 연비 향상 효과가 상대적으로 낮아지게 된다. 따라서 건설장비에 하이브리드 기술을 적용할 경우에는 장비의 동작(사용 부하) 특성을 잘 파악을 하여 적절한 시스템 구성 기술을 적용하는 것이 중요하다.

그림 5-56과 같이, 유압과 기계적 동력전달을 함께 사용하는 CVT 기어 방식(Liebherr

338

사 및 Caterpillar사)을 하이브리드 휠로더에 적용한 사례가 있고, 유압 동력전달은 짧은
부하(적재 사이클)에서 사용하고 기계적 동력전달은 긴 거리 주행과 경사지 주행시 이용
을 하는 방식으로 사용 조건에 따라 자동적으로 변환을 하여 사용하고 기존 휠로더에 비
하여 약 30%의 연비 개선 효과가 있는 것으로 나타났다.

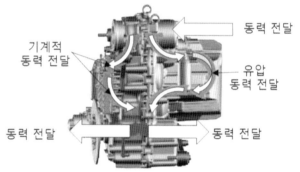

<그림 5-56> CVT를 이용한 하이브리드 휠로더 예

(출처: Liebherr사 자료)

Volvo는 패러렐 방식의 하이브리드 휠로더(그림 5-57)를 업계 최초(2009년 판매)로 개
발하였다. 휠로더 사용시간 가운데, 공회전은 40%까지 되기 때문에 공회전시 통합 스타
터와 발전기를 이용하여 엔진을 정지하고, 시동시에는 고출력 배터리를 이용하여 엔진을
작동 속도까지 회전(최대 67마력, 정지 상태에서 700N・m)시켜 빠른 시간에 재시동을
하도록 하였다. ISG(통합 스타터와 발전기)를 이용하여 발전하여 배터리에 충전하고, 엔
진의 낮은 회전시에는 ISG를 이용하여 토크를 증가시키는 방식이다.

<그림 5-57> 패러렐 방식 하이브리드 휠로더(Volvo)

John Deere의 하이브리드 휠로더(그림 5-58)는 디젤엔진과 함께 전기 구동 방식을 사용하였고, 이 기술은 엔진의 회전과 빈번한 방향전환 및 시간이 소요되는 유압 시스템의 동작에 적합한 방식이다. 엔진은 선택된 정속 회전수로 구동을 하고, 브러시리스 발전기를 돌려서 전기 모터와 3상 파워 전환 변속기에 전력을 공급한다. 제동시에는 엔진과 유압 시스템에 에너지를 회생하도록 하여 하이브리드 휠로더는 표 5-11과 같이 최대 평균 약 25%의 연비를 개선하는 것으로 나타났고 이를 통하여 배출가스 및 유지 비용은 감소하였다.

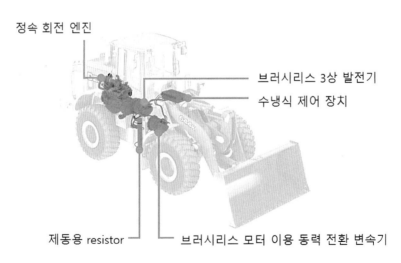

<그림 5-58> 하이브리드 휠로더

(출처: John Deere 자료)

<표 5-11> 하이브리드와 기존 휠로터의 성능 비교(출처: John Deere 자료)

	연료 소모량(L/h)	생산성(ton/h)	연료 효율(ton/L)
트럭 적재	−34%	동등	+54%
토사 쌓기	−16%	+5%	+24%
운반	−10%	동등	+11%
공회전	−24%	n.a.	n.a.

③ 하이브리드 불도저

Caterpillar의 하이브리드 불도저(D7E, 2009년)(그림 5-59)는 연비 효율이 10~30%까지 개선이 되었다. 하이브리드 방식의 장점은 세 가지로, 첫째, 디젤엔진을 연비가 가장 좋은 조건에서 발전기를 구동하도록 사용하고 작업자가 부하를 변동하여도 엔진 속도는 일정하도록 제어하여 연비를 개선, 둘째, 엔진의 정속 회전에 의하여 배출가스를 저감, 셋째, 하이브리드 방식에서는 출력 손실이 적어 엔진의 출력을 낮추는 것이 가능하다. 엔진은 발전기에 직결되어 출력 손실이 적고, 기존의 75~80% 효율에 비하여 90%에 가까운 효율을 나타낸다. 또한 이 하이브리드 시스템에서는 배터리 또는 커패시터 등의 에너지 저장 장치를 사용하지 않고 엔진 구동 발전기에 의하여 전력을 모터에 직접 공급한다.

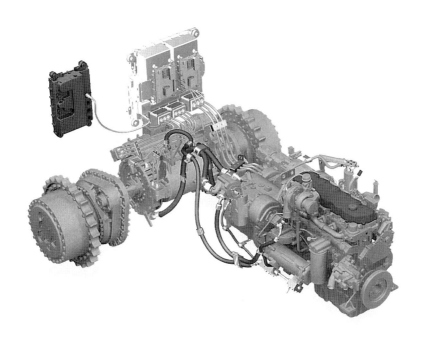

<그림 5-59> 하이브리드 불도저의 엔진 및 구동 시스템

(출처: Caterpillar사 자료)

341

④ 하이브리드 농용트랙터

농용트랙터(이하 트랙터)에서는 엔진 출력의 많은 부분을 기계적 동력으로 인출(PTO 이용)하여 작업기에서 사용을 하고 있다. 여기서 발생하는 손실을 줄이기 위하여 엔진 동력의 일부를 이용하여 발전을 하고 발전된 전기를 트랙터와 작업기에서 이용하는 하이브리드 방식의 트랙터가 연구되고 있다. 이 트랙터에서는 출력 200 마력(147kW)의 4 기통 디젤엔진에 발전기(alternator)(그림 5-60(a))를 장착하고, 용량 130kW의 전기 발전기(연속 출력)로 발전된 전기는 트랙터의 후면에서 인출(그림 5-60(b))하여 기계식 PTO와 같이 작업기를 구동하기 위하여 사용을 하는 방식이다. 발전된 전력은 트랙터(예 냉각 팬 구동, 냉각수 펌프 구동 등) 및 작업기에서 필요한 전기를 공급하여 엔진의 기계적 출력 대신에 전기 동력(전기 모터)을 사용하는 하이브리드 방식이다. 제어 신호와 별도로 구동 전력은 직류 700V로 공급을 하도록 되어있다(그림 5-61).

(a) 엔진이용 발전 시스템 구성   (b) 전력 인출구

<그림 5-60> 엔진을 이용하여 전력을 발전하여 사용하는 하이브리드 방식과 전력 인출구

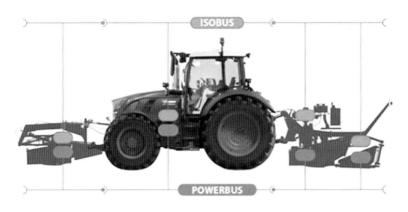

<그림 5-61> 엔진을 이용하여 전력을 발전하여 사용하는 하이브리드 방식 트랙터의 예

⑤ 하이브리드 지게차

3.5 톤급 지게차에서 엔진, 모터, 배터리를 최적 효율로 조합하여 그림 5-62와 같은
엔진 구동 하이브리드 지게차(2009년)를 개발하였다.

<그림 5-62> 엔진 하이브리드 지게차

(출처: Toyota자동직기 자료)

주행은 시리즈 방식이고, 하역은 패러럴 방식을 이용하여 엔진과 모터를 각각 최적의
효율로 조합하였고, 엔진 회전수 제어 및 주행 감속시의 에너지 회생을 수행하여 기존 3.5
톤 지게차와 비교하여 약 50%의 연료 소비가 저감되었다. LCA CO$_2$ 배출량도 45% 저감
이 되었다. 3.5 톤 지게차에서 26kW의 주행 모터로 전륜을 구동하고, 2.5 톤급 디젤 지게
차에 사용되고 있는 엔진은 61 마력으로, 이를 이용하여 발전기와 유압 펌프(46.5 cc/rev)
를 구동한다. 유압 펌프는 엔진과 모터로 구동을 하고, 제동과 빈번한 진진·후진 전환에
서 에너지를 회생되는 전기에너지는 니켈 메탈 하이드라이드(Ni-MH) 배터리에 저장한다.

5.3 전기 및 연료전지 건설기계 기술

5.3.1 전동식 유압 굴삭기

배터리의 전기에너지만으로 구동시킬 수 있는 전동 건설기계는, 엔진을 배터리와 전동기로 교체한 동력 시스템을 이용한 것으로 엔진을 탑재하지 않았기 때문에 하이브리드 건설기계 보다 배출가스 저감 효과가 매우 높다. 외부의 발전시설 등으로부터 전력 케이블을 통하여 직접 전기 공급을 받아 가동하는 유압 굴삭기, pantograph(집진기)를 장착하여 가선으로부터 강력한 전력 공급을 받는 trolley 방식의 수요도 증가하고 있다.

<그림 5-63> 전동 모터식 굴삭기

(출처: Hitachi건기)

그림 5-63과 같은, 전동식 유압굴삭기가 디젤엔진 방식에 비하여 우수한 점은 다음과 같다. 소비연료가 디젤엔진 방식에 비하여 약 1/5, 유지 경비의 20~30% 저감, 배출가스를 배출하지 않고, 연료 및 엔진 오일이 누유가 없고, 그리고 소음이 낮은 점 등이다. 전동식 유압 굴삭기는, 전원 공급 케이블이 필요하기 때문에 전원이 공급되지 않은 장소에서는 가동을 할 수 없고, 장거리의 이동에 작업이 많이 소요되는 등 불편한 점도 있다. 그러나 전원 공급을 위한 설비가 갖추어진 광산에서는 매우 유익한 장비이고, 경비 저감 및

환경에 도움이 되는 측면에서 2001년 개발 및 보급 이후 수요가 증가하고 있다. 이 전동식 유압 굴삭기는, 원동기를 디젤엔진에서 3상 유도 전동 모터로 바꾼 것이고, 전동 모터로 유압 펌프를 구동하고 토출유압유를 실린더 또는 유압 모터에 공급하여 기계를 가동시키는 방식이다. 전동 모터 구동용의 전원은 외부로부터 전원 공급 케이블을 통하여 공급을 한다.

5.3.2 전기 트랙터

전자 기술과 배터리 성능의 발전에 따라 트랙터를 전기로 구동하는 연구 개발이 진행되고 있고, 연료 비용의 절감과 함께 배출가스를 줄일 수 있는 환경적 장점도 있다.

프랑스에서 와인 농장에서 작업용으로 개발한 110 마력(80kW)의 전기 straddle 트랙터(그림 5-64)는 2개의 PTO를 갖고 있고, 좁은 포도 농장에서 사용할 수 있도록 개발을 하였다. 리튬이온 배터리를 8시간에 충천을 할 수 있고 3,000 사이클의 재충전이 가능하다. 경유를 사용하는 경우와 비교하여 95%의 연료비를 절약할 수 있다고 한다. 이 전기 트랙터는 리튬 이온 배터리와 각 7.5kW의 4개의 전기 모터를 사용하고 있다.

<그림 5-64> 전기 트랙터의 개발 예

5.3.3 수소 연료전지 지게차

연료전지의 기본 원리는 그림 5-65와 같고, 다음과 같은 화학반응으로 수소와 공기중의 산소가 화학반응을 하여 전기를 만들고 물만을 배출한다.

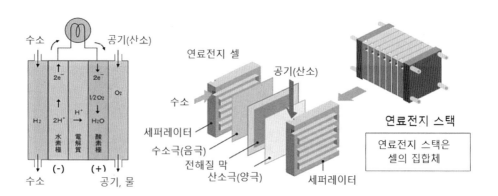

<그림 5-65> 연료전지의 기본 원리

$$수소극(음극) : H_2 \rightarrow 2H^+ + 2e^-$$

$$산소극(양극) : 1/2O_2 + 2H^+ + 2e^- \rightarrow H_2O$$

수소 연료전지는 사용중에는 CO_2 포함 온실가스를 배출하지 않지만, 표 5-12와 같이 LCA(Life cycle assessment) 분석을 하면 수소 연료전지 지게차, 납축전지 지게차, 엔진 지게차 각각에서 각각 배출되는 온실가스 배출량을 추정 및 분석할 수 있다. LCA 분석한 결과, 온실가스 배출량(지게차의 견인일(lift work)당 배출량(kWh/g))은, 연료전지에 사용하는 수소를 어떻게 생산했는가에 따라 온실가스 배출량에 차이가 발생하게 되어, 단순히 지게차를 사용하는 동안에 배기관에서 배출가스(CO_2 포함) 배출이 안 되는 것으로 생각해서는 안 됨을 알 수 있다. 수소 연료전지 지게차의 경우에는, 대부분의 온실가스가 수소 제조 과정에 배출됨을 알 수 있고, 납축전지 지게차(현재 일반적인 전동 지게차)는 납축전지를 충전하기 위한 전기를 발전할 때, 대부분의 온실가스가 배출됨을 알 수 있다. 표에서 보면, 수소 연료 전지 지게차가, 경우에 따라서는 납축 전지 지게차에 비하여 온실가스를 더 배출하기도 한다. 그리고 엔진 지게차는 대부분의 온실가스를 운행(사용)중에 배출하게 된다.

<표 5-12> 지게차에서 온실가스 배출량 LCA 분석(출처: 미국 Argonne Lab.)

기술	수소 생산 기술	온실가스 배출 LCA 분석 결과(g/kWh)
수소 연료전지 지게차	Distributed NG-to-H$_2$	Upstream 수소 제조시 배출 수소 압축시 배출 운행중 배출
	COG-to-H$_2$	
	Wind-to-H$_2$	
납축전지 지게차	Battery(US mix)	
	Battery(CA mix)	
	Battery(NG steam cycle)	
	Battery(NGCC)	
엔진 지게차	LPG ICE	
	Gasoline ICE	
	Diesel ICE	
비고	NG : 천연가스 COG : 코크스로 가스 NGCC : 천연가스 복합사이클 발전 ICE : 엔진(내연기관)	

그림 5-66과 같은 수소 연료전지 지게차(2916년)의 베이스 차량은 2.5톤 전동 지게차 이다.

<그림 5-66> 연료전지 지게차의 예

(출처: Toyota자동직기 자료)

이와 같은, 수소 연료전지 지게차의 특징은 표 5-13과 같다. 현재 시판가격은 약 1,400만 엔이고, 당분간(2016~2018)은 엔진 지게차와의 가격 차이에 1/2에 해당하는 금액의 정부 보조금이 지급 되고 있다.

<표 5-13> 수소 연료전지 지게차의 특징(출처: Toyota자동직기 자료)

항목	특성
환경성	• 가동시 배출가스 배출하지 않음 • Well to wheel CO_2 배출 저감
작업 효율 향상	• 소소 충전 소요시간 약 3분 • 납축전지와 동등(약 8시간) 연속 가도이 가능
공간 절약	• 비상 배터리, 배터리 설치장, 충전 장치가 불필요
외부 전력 공급 가능	• 수소 충전당 약 15kWh 공급 가능

5.4 자율 무인 주행 및 작업 기술

다양한 기술의 발전은 3D 산업으로 인식되어지던 건설 산업의 기계화·고효율화·기술 집약화 등을 기반으로 첨단 기술 개발이 진행 중이며 그 중 가장 대표적인 것이 "자율 무인 주행 건설기계 기술"이다.

건설기계 또는 농업기계를 이용한 무인화 작업은 원격 조작 또는 자율 주행이 가능한 장비를 사용하여 작업을 수행하는 것이고, 기존의 작업에서 측량과 기본 위치 정보 작성에 필요한 검측 작업이 생략된다. 이와 함께 설계된 지면에 따라 공사장 환경을 인식할 수 있는 지능형 건설기계 기술과 결합하여 건설현장 정보가 분단되어 오류가 발생하던 부분을 줄여 비효율적인 부분을 개선하고 생산성을 대폭 높일 수 있는 기술이다. 기존의 건설현장에서의 작업도와 자율 무인 주행 및 작업 기술을 적용함으로서 얻을 수 있는 작업 효과를 그림 5-67에서 확인할 수 있다.

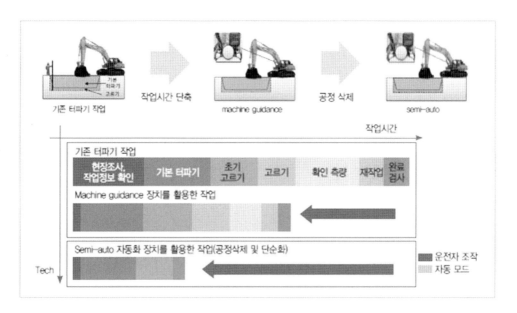

<그림 5-67> 자율 무인 작업을 통한 공정 단순화

(출처: 건설기계 부품 연구원)

기존 시공과 비교하여 사전 준비 및 검사를 위한 계측 등의 작업 공정과 기계 주변에서 작업하는 인원을 대폭 줄일 수 있어 현장의 안전성도 높일 수 있다. 스테레오 카메라를 탑재한 굴삭기는 주변의 지형을 촬영하여 실시간으로 지형 계측이 가능하다. 현재는 무인화 단계의 자율주행이 아닌 설계 데이터를 이용하여 공사를 자동으로 할 수 있도록 한 시공 자동화 단계의 굴삭기를 현장에서 적용하고 있으며 작업시간을 20~63% 정도 절약하는 것으로 나타난다.

일본은 1978년부터 현장에서 많이 활용되고 있다. 건설현장의 열악한 작업환경을 개선하기 위해 건설 자동화부문에 가장 많은 연구·개발이 이뤄지고 있다.

미국은 NASA, NC State Univ. 등에서 위험하거나 특수한 환경 작업을 위한 자동화 장비 및 로봇을 개발하여 국가적 차원의 대형 프로젝트 형태로 1980년대 부터 현재에 이르기까지 건설 자동화분야의 개발을 진행하고 있다.

유럽에서는 산업·학교·연구소 간의 협력 관계를 통하여 건설공사 자동화·기계화에 대한 연구 개발이 이뤄지며, 또한 다양한 산업체와 연구소가 연계하여 직접적인 연구 개발이 진행하고 있다.

미국, 일본, 유럽의 R&D 투자규모, 로봇개발 및 상용화에 비해 국내는 과거 40여년에 걸친 자율주행 건설기계 기술개발에 대한 수준이 미약하다. 하지만 국내에서도 안전, 생산성 문제, 경제성 확보, 품질향상을 위해 자동화 분야의 개발이 간헐적으로 진행되어 메카트로닉스 전문가 및 산·학·연 컨소시엄을 통해 건설자동화 기술 개발에 관한 연구가 다시 활성화되고 있다.

5.4.1 자율 무인 주행 및 작업 제어 기술

자율 무인 주행 및 작업이 가능하도록 건설기계에서 중요한 것은 다양한 센서로 장비의 상황 및 작업의 현황을 파악하여야 하며 엑츄에이터의 기능을 제어할 수 있어야 한다. 인력 대체 장비의 개발을 통하여 인명피해를 줄일 수 있다. 또한 작업자의 작업 환경 개선, 숙련도, 기술력 등을 향상시킨다는 긍정적인 시각을 통하여 다양한 기술이 연구, 개발되고 있다.

그림 5-68과 같은 지능형 굴삭기에는 GPS 안테나와 기준 기지국으로부터 얻은 버켓 선단의 위치 정보를 시공 설계 데이터와 비교하여 설계지면을 따라 정확히 굴삭기의 엑츄에이터(붐, 암, 버켓)를 조작 제어할 수 있다. 버켓의 선단이 설계지면에 도달하면 작업기가 자동적으로 정지하고, 또한 버켓 선단이 설계지면을 따라 자동으로 움직이기 때문에 운전자는 용이하게 굴삭 작업을 할 수 있다(표 5-14).

<그림 5-68> 시공 자동화 기능을 갖춘 굴삭기

(출처: Komatsu)

<표 5- 14> 지능형 굴삭기의 예(출처: Komatsu)

기능명	동작 모습	내용
자동 평탄화 작업 기능		암을 조작하여 버켓이 설계지면을 따라서 움직이도록 자동으로 붐이 상승. 평탄화 1차작업을 자동으로 수행하는 기능
자동 정지제어 기능		붐 또는 버켓을 조작하여 버켓 선단이 설계지면에 도달하면 굴삭기가 자동으로 정지, 설계지면을 넘지 않게 하는 기능
최단거리 제어기능		설계지면에 맞춰 버켓의 폭과 윤곽 점의 가운데로 굴삭기를 자동제어 하여 설계지면에 맞춰 굴삭작업을 할 수 있는 기능

굴삭기 이외의 건설기계에서도 장비에 부착된 센서로부터 차량의 위치, 가동시간, 가동상황 등의 정보를 관리 시스템에서 전달받아 공사 설계에 따른 작업을 자동으로 할 수 있는 연구 및 개발이 진행되고 있다. 지능형 도저에서 적용된 기술의 예로서 그림 5-69의 캐터필러사의 도저를 살펴보면, 도저의 브레이드를 자동 제어하여 지면 정지의 마무리 작업을 진행한다. 또한 굴삭 작업의 효율을 높이기 위하여 브레이드 부하와 슈 슬립을 제어하여 설계지면에 따라 작업을 할 수 있는 기술을 적용하고 있다.

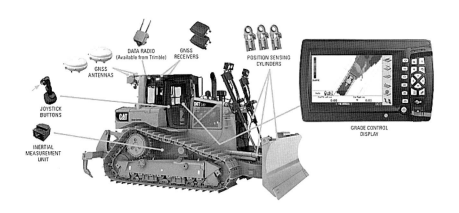

<그림 5-69> Caterpillar사의 자율무인주행이 가능한 도저

(출처: Caterpillar)

또 다른 건설기계의 자율 무인 주행의 예시로는 대형트럭의 자율 주행이다. 건설 현장에서 작업물을 이송하기 위해 대형트럭을 무인화 시키는 기술 또한 연구 및 실용화 단계에 가까워져 가고 있다. 그림 5- 70에서 보는 바와 같이 히타치 사에서는 광산용 트럭을 자율주행 자동차에 사용되는 Lidar, Radar, GPS, 전자제어식 파워 스티어링 모듈을 장착하여 직접적으로 주행이 가능하도록 연구를 진행하고 있다. 이를 통해 다른 건설기계와의 상호 통신을 통해 작업물을 적재하여 작업의 효율성을 향상시키는 방향으로 연구를 진행하고 있다.

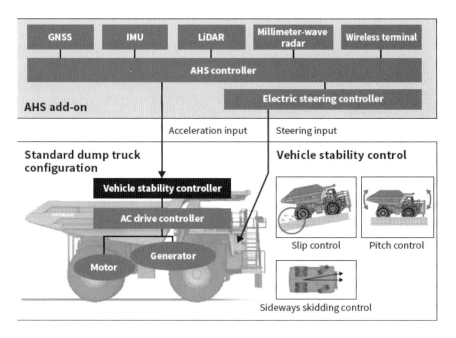

<그림 5-70> 히타치 사의 자율무인주행이 가능한 광산용 트럭

(출처: Hitachi)

이와 같은 방식으로 2016년에 볼보사는 굴삭기와 무인 트럭이 상호작용하여 건설현장의 업무가 가능하다는 것을 시연 하였다(그림 5-71). 각 차량에 장착되어 있는 건설기계간의 통신, 중앙 제어 컴퓨터에서 작업물간 통신을 통한 충돌을 회피하는 기술을 적용한 것이다. 추가적으로 상호 통신 및 작업의 정확성을 향상시켜 건설현장에서의 효율성을 높이는 방향으로 연구를 진행하고 있다.

<그림 5-71> 볼보사의 건설기계 상호작용 시연

(출처: 2016 Xploration Forum)

　앞으로 지능형 또는 자율주행 무인 건설기계 기술을 적용하면 운전자의 숙련도에 좌우되지 않는 공사 결과를 얻을 수 있고, 건설기계에 원격 제어 장치를 탑재하여 원격으로 무인 운전 또는 자율주행 운전(시공)을 할 수 있게 된다. 건설기계와 농업기계의 구조는 기본적으로 유사하기 때문에, 각 개별 장비 및 사용목적에 따른 차이는 있지만 전체적으로 기반 기술 측면에서는 무인 자율주행에서도 유사한 기술을 적용할 수 있다.

　무인으로 움직이는 농업기계가 세계적으로 아직 실용화가 되지 않고 있는 이유는, 무인 장비의 안전성 때문이다. 로봇 트랙터를 안전하게 사용할 수 있는 방법으로는 인간과 협조하여 유인, 무인 협조 작업 시스템이 있다. 이와 같은 유인, 무인 협조 작업 시스템은 농사 인력부족을 조속히 해소하기 위함이고, 그림 5-72과 같이 유인 트랙터의 전방에 무인 트랙터가 위치하고 유인 트랙터가 로봇 트랙터를 따라서 시비 또는 파종 작업을 한다. 그림 5-73(a)와 같이 여러대가 협조 작업을 하게 되면 한 대가 작업하는 것 보다 지면 압력을 낮출 수 있어 농지에 손상을 줄일 수 있다. 그림 5-73(b)와 같은 경우에는 파토와 시비 및 파종 등의 2개의 다른 공정을 동시에 수행하여 날씨에 영향을 덜 받고 빨리 작업을 끝낼 수 있게 된다.

<그림 5-72> 유인 무인 트랙터 협조 작업 시스템

(출처: 훗카이도 대학)

무인 트랙터

유인 트랙터

(a) 협조에 의한 동일한 작업 예

무인 트랙터　　　무인 트랙터

(b) 복수의 작업을 동시 수행 예

<그림 5-73> 무인과 유인 트랙터의 작업 예

(출처: 훗카이도 대학)

로봇 트랙터는 이미 결정된 경로를 3cm 정도의 오차로 주행 가능하고, 후방의 유인 트랙터의 작업자가 로봇 트랙터가 남기는 자국을 따라가며 높은 정밀도의 작업을 수행할 수 있다. 또한 로봇 트랙터의 주행 정지·재개, 주행 속도의 변경, 심의 조절 등은 후방의 유인 트랙터에서 원격 조작이 가능하기 때문에 농지의 상태에 따라서 적절한 작업 설정이 가능하다. 이러한 유인·무인 협조 작업 시스템에 의하여 기존 작업과 비교하여 작업 시간을 약 42% 줄일 수 있다. 안전성을 확보하기 위하여 전방의 로봇 트랙터에 장애물 검출 센서를 장비하고 로봇 전후좌우에 카메라를 부착하여 로봇의 주변 상황을 유인 트랙터에서 모니터링 하는 것이 가능하다. 장기적으로는 무인으로 다양한 농작업을 야간에 하는 시스템 개발이 필요하다. 그림 5-74와 같이, 일본에서는 정지위성 시스템에서 받은 고정도 위치 신호를 활용하여 트랙터를 자동 제어하여 농작업을 수행하는 연구를 수행하고 있다.

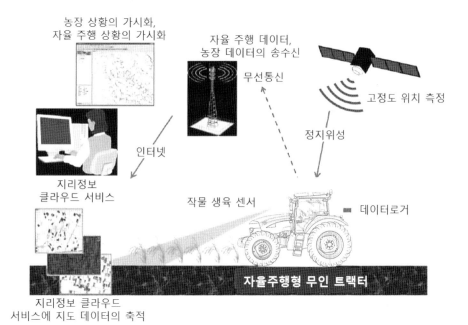

<그림 5-74> 정지위성과 트랙터를 이용한 농작업 무인화 연구 사례

(출처: Hitachi)

또한 트랙터에 탑재된 작물 생육 센서의 데이터와 자율주행형 무인 트랙터의 주행 데이터를 지리정보 클라우드 서비스를 이용하여 수집 및 통합하여 관리 시스템에 작물의 생육 상황과 트랙터의 주행 상황을 가시화하여 농작업의 공정 변화에 따른 자율주행 무인 트랙터를 이용한 작업 자동화 연구를 수행하고 있다.

자율주행 무인 트랙터에는 그림 5-75와 같이, 차륜의 회전 각도를 계산하기 위한 차륜 위치 센서, 실시간 주위 관측 및 장애물 판별을 위한 머신 비젼(machine vision) 비디오

카메라, 작업장에서 트랙터가 약 15km/h의 속도로 움직일 경우에 약 5cm의 정확도로 위치 결정이 가능한 GPS(global positioning system), 작업장에서 트랙터의 움직임을 측정하고 이동 경로를 계산하기 위한 관성 센서, 다양한 센서에서 입력되는 신호를 이용하여 유도 제어를 하기 위한 컴퓨터, 컴퓨터에서 신호를 받아 조향축을 제어하기 위한 전자 유압 조향 밸브 등이 장착되어 있어 트랙터의 위치를 파악하고 움직임을 제어할 수 있도록 구성이 되어있다.

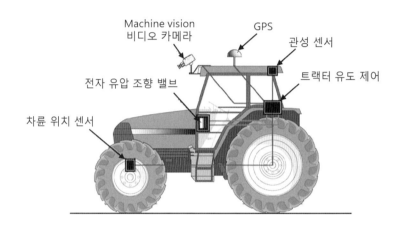

<그림 5-75> 자율주행 무인 트랙터에 장착된 센서의 종류

(출처: New Holland)

5.4.2 자율 무인 주행 및 작업 정보화 기술

앞선 5.4.1절에서 설명하였듯이 자율 무인주행 및 작업 기술은 다양한 센서로 장비의 상황 및 현재 진행되고 있는 작업의 현황을 파악하여야 하며 엑츄에이터의 기능을 제어할 수 있어야 한다. 이와 같은 기술은 반도체의 소형화 기술, 센싱 기술, 통신기술, GPS 기술의 진보와 같은 전자적인 발전이 급속하게 일어나면서 개발 속도가 더욱 더 빨라지고 있다. 또한, 개발로봇 또한 첨단 컴퓨터 및 전자 통신 기술의 급속한 발달에 힘입어 보다 정밀하고 소형화되는 추세를 보이고 있다.

향후 자율 주행 및 자율 작업이 가능한 무인장비를 이용하여 야간작업(그림 5-76)도 가능할 것으로 예상이 되어 날씨에 좌우되지 않는 작업이 가능할 것으로 예상되어 인력이 절약되고 비숙련자도 작업이 가능한 등의 생산성이 높아지게 된다.

작업전(낮)   작업중(밤)   날이 밝았을 때

<그림 5-76> **무인건설기계에 의한 야간작업의 예**

(출처: 홋카이도 대학)

이러한 기술은 건설현장에 3D 기술을 접목하여 신속·정확한 작업환경을 모델링하여 그 결과를 건설 자동화 장비운용에 활용하기 위한 기술 개발에도 지대한 관심을 가지고 연구를 진행하여 가시적인 성과를 거두고 있다.

따라서 이러한 연구에서 중점적으로 고려되는 것이 드론과 건설기계의 연동이다. 드론은 무인비행체를 지칭하는 단어로 현재 다양한 응용방향으로 각광받고 있다. 드론의 촬영 기능을 이용하여 건설현장에서의 상황과 지형을 촬영하고 이를 3D 기술을 이용하여 가상적인 데이터로 가공하여 자율 무인 작업의 제어에 사용하는 것이다. 그림 5-77에서 드론을 활용한 작업현장의 개요를 확인할 수 있으며 일본의 코마츠사에서는 이런 기능을 중점적으로 개발하고 있다(그림 5-78).

<그림 5- 77> **드론을 이용한 건설현장 촬영 개요도**

(출처: Komatsu)

<그림 5-78> 코마츠 사의 드론을 이용한 자율 무인 작업

(출처: Komatsu)

또한 장비를 원격으로 조작하여 주행 및 관리하기 위해서는 데이터를 원격으로 송·수신할 수 있는 무선 전송 기술이 특히 중요하다. 무선 통신의 거리에 따라서 세 가지로 나눌 수 있고, 각 특징은 표 5-15에 나타낸 바와 같다. 그림 5-79에는 공사장에서 건설기계를 원격 제어를 위한 시스템의 구성 예를 나타내었다.

<표 5-15> 건설기계 등의 원격 통신 및 제어 방법

	거리	통신 특성
근거리	50m 이하	429MHz 및 작은 전력의 원격조정기를 사용하여 조작 직접 관측하면서 또는 영상을 이용하여 조작 또는 제어
중거리	300m 이하	• 50GHz 간이 무선을 이용하여 2~3km까지 데이터를 전송, 지향성을 높은 conical antenna 사용 • 무지향성 50 GHz omni antenna를 사용하여 영상을 전송 • 2.4 GHz 무선 통신 기술을 이용하여 영상을 전송
원거리	3km 이하	송·수신 양측에 parabola antenna를 이용, 기상 조건에 따라 전송거리가 변할 수 있음
유선	800m 이하	800m 정도까지는 유선으로 신호 송·수신이 가능. 800m 이상 및 10km까지는 광파이버 케이블로 연결이 가능

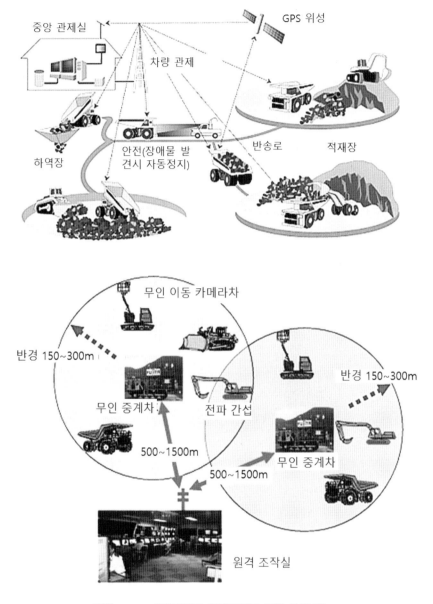

<그림 5-79> **건설기계의 원격제어를 위한 구성 예**

(출처: Komatsu)

건설기계에 GPS(Global Positioning System) 수신기를 장착하여 실시간으로 모니터 링이 가능한 구조를 텔레매틱스 서비스라고 지칭하는데 이를 중점적으로 중앙 관제실에 서 전체적인 자율 무인 주행 건설기계들을 제어하게 된다. 원격 관리 시스템은 해외에서 는 Caterpiilar사의 비전링크, 코마츠사의 콤트랙스, 케이스사의 사이트워치 등이 있고,

국내에서는 두산인프라코어사의 두산커넥트 등이 있다.

그림 5-80은 코마츠 사의 텔레매틱스 서비스인 콤트랙스를 나타낸 것으로 GPS 기능을 사용하여 굴삭기의 데이터를 받아오며 이를 휴대전화를 이용한 제어 시스템을 활용하여 사용자가 원거리에서도 자율 무인 주행 및 작업을 제어하는지 나타내고 있다.

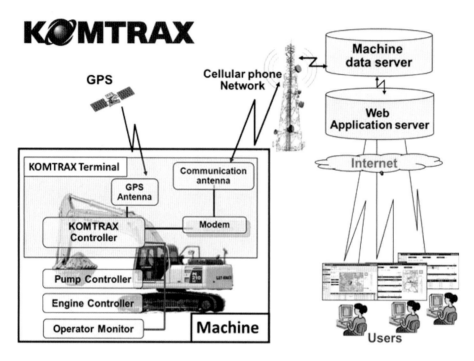

<그림 5-80> 코마츠 사의 콤트랙스

(출처: Komatsu)

건설기계에서 사용되는 정보화 기술과 동일하게 해외에서는 현재 농업 분야에서 상용으로 사용하고 있는 위성을 이용한 위치 정보 시스템으로는 미국의 WAAS(Wide Area Augmentation System), 유럽의 EGNOS(European Geostationary Navigation Overlay System), 그리고 일본의 MSAS(Multi-functional Satellite Augmentation System) 등이 있고, 정밀도는 2~10cm 범위에서 ±2~3cm 정도의 pass-to-pass accuracy(약 15분 이내의 위치 정확도)로 위치 정보를 제공하고 있다(그림 5-81). 유럽에서는 약 24만여 대의 트랙터가 위성을 이용한 위치 정보 시스템을 활용하고 있어 무인 트랙터의 구동 및 제어 기능 개발이 더욱 기대되고 있다.

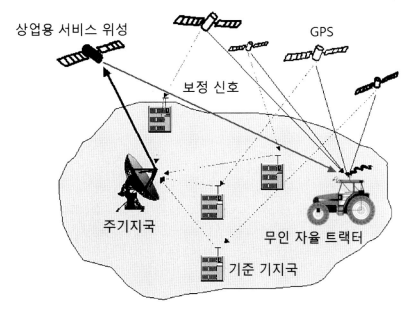

상업용 서비스 위성

GPS

보정 신호

주기지국

무인 자율 트랙터

기준 기지국

<그림 5-81> 인공 위성을 이용한 무인 자율 트랙터 위치 확인의 예

(출처: LS엠트론)

향후 무인 자율주행 농기계와 IT 기술의 결합에 의한 스마트 농업의 장점으로 4가지 정도를 요약할수 있다. 1. 에너지를 절약하고 대규모 생산을 하여 규모의 한계를 넘어서는 것이 가능한 점, 2. 센서 기술과 빅데이터를 활용한 정밀 농업에 의하여 다수확 및 고품질 생산이 가능한 점, 3. 수확물의 적재 등 노동이 많이 필요한 작업을 자동화, 4. 농기계의 운전 지원 장치 등을 활용하여 경험이 부족하거나 노동력이 부족한 환경에서도 농업이 가능한 점이다.

앞으로 무인 자율 주행 트랙터를 비롯한 농기계의 자동차 분야에서 연구 개발이 필요한 사항으로는, 협조 주행 시에 트랙터 간에 각종 정보의 고속 통신 기술 및 근거리 안정 원격 조작 장치의 개발, 장애물 판별 등을 위한 레이져 기술 및 화상 처리 기술의 개발, 토양 상황 및 주행 속도 등에 따른 조향 제어의 자동 제어 시스템의 개발, 관제실 등 외부 시설과 무인 농기계 간에 정보 통신 시스템의 개발, 그리고 고도로 자동화된 기술을 적용하여 작물의 상태에 따른 자동 농작업 제어 기술의 개발 등이 있다.

그림 5-82에는 2016년 9월 소개된 New Holland사의 무인 자율 주행 트랙터의 모습을 나타내고 있다. 자율 주행 자동차 및 건설기계 연구도 수행되고 있지만, 자율 주행 무인기는 농업기계 분야에서 가장 먼저 실용 보급될 것으로 예상이 되고 있으며, 협조 주행 무인 농업기계는 이미 상용화가 되고 있다. 그림 5-83에는 장래 자율 주행 무인 트랙터에 의한 농작업 상상도를 나타낸 것이다.

<그림 5-82> New Holland사의 무인 자율 주행 트랙터의 연구 예

(출처: New Holland)

<그림 5-83> 미래의 자율 주행 트랙터의 상상도

(출처: 영국 Harper Adams University)

5.5 대체 연료 엔진 기술

5.5.1 대체 연료의 특성

화석 연료를 사용하는 내연기관을 사용하는 건설기계에서 기존의 경유 또는 휘발유를 대체할 수 있는 연료가 되기 위해서는 그림 5-84와 같은 특성을 갖고 있어야 한다. 기존 연료에 비하여 탄소수가 적어서 CO_2를 적게 배출하는 특성을 갖는 연료에는 메탄이나 LPG 연료가 해당이 된다. 화석 연료를 대체할 수 있는 연료로는 바이오매스(가스)가 해당이 된다. 기존 연료에 비하여 배출가스가 적게 배출되는 특성을 갖는 가스상 연료이거나 발열량이 높아서 기존 연료를 적게 사용해도 되는 특성 등 가운데 하나 또는 복수의 특성을 갖는 연료를 대체 연료(alternative fuel)라고 할 수 있다.

<그림 5-84> **대체 연료의 특성**

전술한 바와 같이 배출가스 허용기준의 강화에 따른 엔진 가격의 상승과 함께 그림 5-85와 같이 비도로 장비(건설기계 및 농용트랙터 등)에서 낮은 평균 부하율로 인하여 배출가스가 낮은 문제점이 있다.

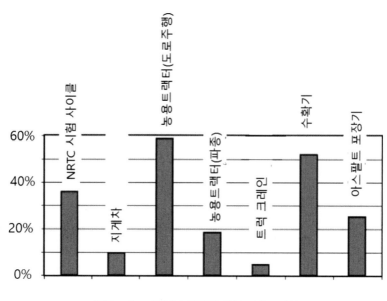

<그림 5-85> 비도로 장비에 따른 평균 부하율

장비에 따라서 그림과 같이 평균 부하율은 변하고 엔진의 최대 출력을 사용하는 시간을 짧기 때문에 사용하는 동안에 배기가스의 온도가 낮아지게 되어 높은 배기가스 온도가 필요한 촉매를 사용하는 배기가스 후처리 장치가 제대로 동작하지 않게 된다. 이와 같은 이유로 인하여 건설기계 및 농용트랙터에 대체 연료 사용 엔진을 적용한 연구 사례가 있다. 현재 사용되고 있는 대체 연료의 특성은 표 5-16과 같다.

<표 5-16> 주요 대체 연료의 특성 비교

구분		Methane	N-butane	Iso-butane	Propane
비점 (℃, 1atm)		−161.49	−0.50	−11.72	−42.04
저위발열량 (25 ℃, 정압, kcal/kg)		11,950	10,927	10,840	11,079
옥탄가 (세탄가)	RON	120	94.0	102.1	111.4
	MON	120	89.1	97.6	99.5

5.5.2 경유-바이오가스(메탄) dual fuel 트랙터

농촌에서 발효 등을 통하여 용이하게 생산할 수 있는 주성분(95~97%)이 메탄(CH_4)인 바이오가스를 디젤엔진(압축착화 연소 방식)에서 사용하기 위해서는 디젤연료(경유)를 소량 분사하여 공기와 혼합된 연료를 착화시키는 방식의 연소 방식을 이용해야 한다. 이와 같은 두 가지 연료를 사용하는 연소 방식을 dual fuel 연소라고 한다. 일반적으로 경유를 약 17~20% 사용하고 80~83%는 바이오가스 또는 천연가스를 사용하고, 가스 연료가 부족하면 경유만을 사용하여 연소를 할 수도 있다. 경유와 바이오가스(메탄) 사용(dual fuel) 엔진의 구성은 그림 5-86과 같다.

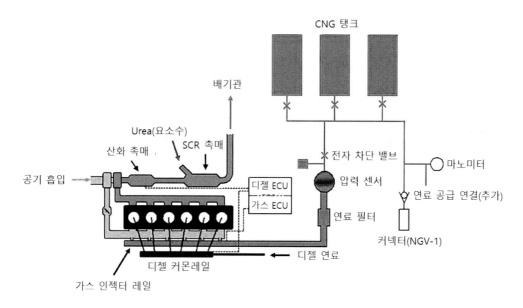

<그림 5-86> 경유-바이오가스(메탄) dual fuel 엔진의 구성

(출처: Komatsu)

그림 5-87과 같은 복합(composite)재료 바이오가스 연료탱크(200 bar 실린더)를 장착하여 일반적인 작업 시간에 해당하는 3~5시간을 사용할 수 있다. 농촌에서는 여러 가지 원료를 이용하여 바이오가스(메탄)를 생산하는 것이 용이하기 때문에 트랙터에 이와 같은 대체 연료(신재생에너지)를 사용하는 dual fuel 엔진 기술을 이용할 수 있고 경유만을 사용할 경우에 비하여 약 10~40% 정도의 연료비를 절약할 수 있다.

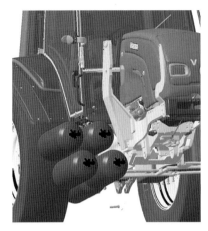
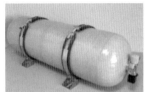

<그림 5-87> 경유-바이오가스(메탄) dual fuel 트랙터에서 가스 연료탱크

5.5.3 프로판 사용 트랙터

디젤엔진의 배출가스 기준 강화에 따라 Tier 4 수준 만족을 위한 엔진 시스템 구성을 위한 생산비 증가, propane 사용으로 인한 연료비 이익, 유지 보수 비용 감소, 디젤엔진에서 NOx 배출가스 저감을 위한 SCR 장치에 uread 보급 비용과 DPF 사용시 필터 관리 비용 등을 고려하면 트랙터에 LPG(propane)를 사용하는 것이 경제적인 경우도 있기 때문에 프로판을 연료로 사용하는 트랙터가 연구 개발되고 있다. 양산시에는 280 리터 탱크를 장착하여 약 9시간 작업이 가능하도록 할 예정(그림 5-88)이고, 배기량 5.9 리터 및 인라인 6 기통 터보과급 방식 엔진에 연료 공급 방식은 천연가스 또는 바이오가스 방식과 동일한 기체 분사 방식을 이용하여 엔진 출력은 145PS, PTO 출력은 120 마력의 성능을 만족하고 있다.

<그림 5-88> LPG(propane) 사용 트랙터에 연료 탱크 장착 예

그림 5-89와 같이 디젤엔진과 LPG 엔진의 토크와 출력 특성이 동등한 것을 알 수 있다. LPG(propane) 주입구의 노즐은 EN13760 타입의 표준 노즐 사용(그림 5-90)하도록 개발이 되고 있다.

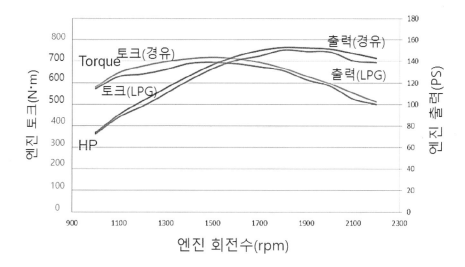

<그림 5-89> 트랙터용 LPG 엔진과 디젤엔진의 토크 및 출력 특성의 비교

<그림 5-90> LPG(propane) 사용 트랙터에 연료 주입구 설계

5.6 기타 건설기계 기술

5.6.1 양팔형 굴삭기

잡고 자르기, 누르면서 나누기, 긴 물체를 안전하게 운반 등과 같은 지금까지의 굴삭기로는 불가능했던 복잡한 작업을 수행하기 위한 양팔 굴삭기가 개발되어 실용화되어 두 개의 팔(arm)을 이용하여 대상 물체를 잡고 절단을 하거나 긴 물체를 접고 구부리거나 하는 작업이 가능하게 되었다. 암 조작은 인간의 팔의 움직임을 맞춘 전용 레버를 이용한 방식이고, 정밀 작업이 가능한 양팔 굴삭기는 건설현장 등 뿐만 아니고 재해 구조에도 사용할 수 있다. 이 굴삭기(그림 5-91)는 주로 목조 가옥이나 소규모 해체 또는 허물어진 물체의 철거 등의 목적으로 2010년부터 시판이 되었다.

<그림 5-91> 양팔 굴삭기의 여러 형태(일본)

이 양팔 굴삭기의 특징으로는

① 직감석인 양팔용 조작 레버

양팔 굴삭기의 2개의 팔을 움직이기 위해서는, 좌우 각각의 레버 1개로 좌우 팔을 움직이도록 되어 있고, 직감적인 동작이 가능한 조작 레버 방식으로 되어 있다.

② 간섭 방지 기능

양팔 굴삭기의 작업시에 한 쪽 팔의 선단이 다른 팔과 간섭이 되는 영역에 들어가는 경우도 있어 간섭 영역에 침입시의 경고 표시 기능이 있다.

③ 분리·분별용 양팔 굴삭기로서의 기능

우측 팔로 잡아서 끄는 작업을 하기 위하여 좌측 팔에 회전 기능이 있다.

④ 장래의 로봇화를 위한 기능

원격 조작시 잡고 있는 중량물을 파악하여 작업 속도 제어를 수행하는 하중 측정 시스템, 로봇화(원격 조작과 자립화)를 하기 위해서는 필요한 대상물 정보, 대상물 위치 인식, 조작 정보, 주면 환경 정보 등을 양 방향으로 전달하여 인식하는 양팔간에 정보 전달 시스템, 그리고 작업 대상물을 쥘 때 파쇄 등을 방지하기 위하여 쥐는 힘을 제어하는 쥐는 힘 제어 시스템 기술 등이 개발되어 포함되어 있다.

찾아보기